Karcev · Chazanovskij

Warum irrten die Experten?

Warum irrten die Experten?

Unglücksfälle und Katastrophen aus der Sicht technischer Zuverlässigkeit

Vladimir Petrovič Karcev
Petr Michajlovič Chazanovskij

3., bearbeitete Auflage

Verlag Technik GmbH Berlin

Der deutschsprachigen Ausgabe zugrunde liegende Originalausgabe:
Karcev, Vladimir Petrovič; Chazanovskij, Petr Michajlovič:
Stichijam ne podvlasten

Übersetzung aus dem Russischen:
G. Korzak, B. Steier, M. Fröbel

Wissenschaftliche Redaktion:
Dr.-Ing. O. Patzelt

Karcev, Vladimir Petrovič:
Warum irrten die Experten? Unglücksfälle u.
Katastrophen aus d. Sicht techn. Zuverlässigkeit/
Vladimir Petrovič Karcev; Petr Michajlovič Chaza-
novskij. – 3., bearb. Aufl. – Berlin: Verl.
Technik, 1990. – 248 S.: 39 Bilder
EST: Stichijam ne podvlasten (dt.)
ISBN 3-341-00545-5
NE: Karcev, Vladimir Petrovič: EST; Chazanovskij,
Petr Michajlovič:

ISBN 3-341-00545-5

3., bearbeitete Auflage

VT 201-2/5664-3(43)
Printed in the German Democratic Republic
Gesamtherstellung: Dresdner Druck- und Verlagshaus GmbH
Lektor: Dipl.-Ing. Klaus Lißner
Einband: Kurt Beckert
LSV 3009
Bestellnummer: 553 942 1

Vorwort zur deutschsprachigen Ausgabe

Immer wieder erreichen uns sowohl kurze, sachliche Meldungen als auch mehr oder weniger spektakulär oder sensationell aufgemachte Berichte über Unglücksfälle sowie Natur- und technische Katastrophen. Meist geraten solche Ereignisse schnell wieder in Vergessenheit, und erst, wenn etwas Ähnliches wieder passiert oder wenn besonders viele Opfer und besonders große Schäden zu beklagen sind, werden solche Fragen gestellt wie: Wie konnte es dazu kommen?, Wäre das nicht zu vermeiden gewesen?, Hat man aus ähnlichen Fällen nicht gelernt?, Hat die Technik oder hat der Mensch versagt?, Ist das vertretbare Risiko überschritten worden?

Wie schwierig es ist, derartige Fragen befriedigend oder überhaupt zu beantworten, wird deutlich, wenn man dieses populärwissenschaftliche Buch der beiden sowjetischen Autoren gelesen hat. Sie haben eine Vielzahl mehr oder weniger bekannter (Un)Fälle der älteren und jüngeren Vergangenheit aufgegriffen und deren „Was?", „Wann?", „Wie?" und „Warum?" zusammengetragen. So entstand eine interessante und spannend zu lesende Publikation darüber, wie es den Menschen gelang, im Laufe der Entwicklung von ihnen erdachte und hergestellte Dinge immer zuverlässiger zu machen und sich immer besser vor Naturgewalten zu schützen. Es wird deutlich, daß die alle hervorragenden wissenschaftlich-technischen Errungenschaften der Menschheit überschattenden Havarien und Katastrophen dennoch einen unschätzbaren Nutzen hatten: Indem der Mensch deren Ursachen erkannte, sammelte er Erfahrungen, die ihm später wieder zugute kamen, wenn sie nicht unverantwortlich großzügig oder leichtsinnig außer acht gelassen wurden.

Besonders die in diese Auflage neu aufgenommenen Vorfälle aus der jüngsten Vergangenheit (Challenger-Explosion, Reaktorhavarie in Tschernobyl, Schiffskollision „Admiral Nachimow – Piotr

Wassew“, Fährunglück vor Zeebrugge) zeigen, daß im Zeitalter der Hochtechnologien nicht in erster Linie die Unzuverlässigkeit der Technik, sondern die des Menschen für das Entstehen folgenschwerer Havarien und Katastrophen ausschlaggebend war. Weder übertriebene Technikeuphorie noch Technikfeindlichkeit, sondern nur das verantwortungsbewußte Handeln auf der Grundlage neuester wissenschaftlich-technischer Erkenntnisse lassen Katastrophen zu immer selteneren Ereignissen werden.

Das Buch erlebte bereits 1983 und 1984 zwei deutsche Auflagen. Beide fanden in kürzester Zeit ihre Abnehmer, so daß Autoren und Verlag ermutigt wurden, eine dritte folgen zu lassen, die sich von der vorangegangenen Auflage außer durch die o. g. Ergänzungen durch einen gänzlich neuen Bildanhang und beseitigte Druck- und Sachfehler unterscheidet. Die Bilder illustrieren Ereignisse, die z. T. im Buch beschrieben, z. T. den im Buch beschriebenen ähnlich sind. Einige Bilder sind – wie in den Vorauflagen – ohne direkten Textbezug und verstehen sich als bildliche Aktualisierung. Eine durchgängige Aktualisierung von Text und Bild, d. h. eine Beschränkung auf Ereignisse der jüngsten Zeit, war weder beabsichtigt noch möglich. Autoren und Verlag hoffen dennoch, daß auch diese Auflage das Interesse der Leser findet und im o. g. Sinn das Verständnis für das mit der modernen Technik Machbare fördert.

Inhaltsverzeichnis

Eine der größten Aufgaben der Wissenschaft ist es, vorherzusagen und vorauszusehen.

A. E. Fersman

Ein langer Weg der Erkenntnis

Die gesamte Geschichte der materiellen Kultur der Menschheit ist auch die Geschichte des Schaffens immer zuverlässigerer und dauerhafterer Güter, Wohnungen, Brücken, Straßen, Fahrzeuge und Schiffe. Allein Intuition und Erfahrung waren die Wegweiser der Baumeister und Ingenieure der Antike. Ohne den Nutzen der Wissenschaften zu kennen, dem Weg des „Naturexperiments“ folgend, waren sie Blinde in der voller Gefahren steckenden Welt. Die Galeonen sanken, die Zikkurate stürzten ein, und die Kampfwagen der alten Griechen und Römer zerbrachen. Aber die bitteren Erfahrungen waren nicht vergeblich. Der Mensch begann nach und nach, die Natur der Dinge zu verstehen. Er machte sich über ihre Zukunft Gedanken und begann, die Wissenschaft zu begreifen und zu schätzen.

Mühsames Erkennen

Erst in den letzten Jahren bekam das Wort „Zuverlässigkeit" einen so konkreten Inhalt, daß seine Auslegung in den entsprechenden Standards verankert werden mußte. Einem Ausspruch des Akademiemitgliedes *A. I. Berg* zufolge wurde die Zuverlässigkeit in der Gegenwart zum „Problem Nummer Eins der modernen Technik".

In den Militärarchiven kann man nachlesen, daß im Korea-Krieg die Radarstationen der USA nur an einem von sieben Tagen in Betrieb waren. In der übrigen Zeit wurden sie instand gesetzt. Was soll man dann über die modernen, noch komplizierteren Anlagen und Maschinen berichten, die durch das Zeitalter der wissenschaftlich-technischen Revolution hervorgebracht wurden? Die Computer der dritten und vierten Generation sind unvergleichbar komplizierter als die Rechner der fünfziger und sechziger Jahre; sie enthalten tausendmal mehr Funktionselemente. Vor dem zweiten Weltkrieg kostete die funktechnische Ausrüstung eines Jagdflugzeugs der USA drei- bis fünftausend Dollar und bestand aus insgesamt 40 Elektronenröhren. Gegenwärtig liegt der Preis einer solchen Bordelektronik, die Tausende aktive Bauelemente enthält, bei mehreren Millionen Dollar.

Vergleichbares spielt sich auch in anderen Bereichen der Technik ab. Die Folgen des Ausfalls eines scheinbar noch so unbedeutenden Elements können bisweilen sehr schwerwiegend, ja sogar katastrophal sein. Beispielsweise brach infolge ungeeigneter Konstruktion eine Befestigungsschraube des Triebwerkes in einem amerikanischen Flugzeug DC-10. Das führte zum Abreißen des Triebwerks und zum Tod von etwa dreihundert Passagieren. Eine Schraube! Scheinbar eine Lappalie ...

Verhielten sich etwa unsere Väter und Großväter und deren Vorfahren zu dieser Eigenschaft der von ihnen hergestellten Dinge gleichgültig? War es ihnen wirklich einerlei, ob das Haus, in dem sie wohnten, stehen blieb oder einstürzte, ob eine Brücke, über die sie fuhren, zusammenbrach?

Seitdem der Mensch begann, Arbeitsgeräte und Gebrauchsgegenstände zu fertigen, kümmerte er sich beständig um ihre Fehlerfreiheit. Wäre es dem Besitzer einer Steinaxt gleichgültig gewesen, ob dieses Werkzeug brüchig war und beim Schlagen leicht zersprang, hätte er wohl kaum begonnen, über den Austausch des Materials nachzudenken.

Ist nicht der ununterbrochene Kampf um die Qualität von Erzeugnissen eine der Triebfedern des technischen Fortschritts?

Unseren Vorfahren war die Sorge um die Zuverlässigkeit und Qualität der sie umgebenden Dinge durchaus nicht fremd. In der Gesetzessammlung des Königs *Hammurapi* (1792 bis 1750 v. u. Z.) aus der Zeit des Altbabylonischen Reiches können wir nachlesen:

„§ 229: Gesetzt, ein Baumeister hat für einen Mann ein Haus gebaut, sein Werk (aber) nicht fest gemacht, und das Haus, das er gemacht hat, ist eingefallen und hat den Eigentümer des Hauses getötet, so wird selbiger Baumeister getötet.

§ 230: Gesetzt, es hat ein Kind des Eigentümers des Hauses getötet, so wird man ein Kind jenes Baumeisters töten.

§ 231: Gesetzt, es hat einen Sklaven des Eigentümers des Hauses getötet, so wird er Sklaven für Sklaven dem Eigentümer des Hauses geben.“

Offenbar war es schwierig, aus den damaligen Baumaterialien qualitativ gute Bauwerke zu errichten. Man behauptet, daß es den in der Bibel erwähnten Turm zu Babel wirklich gab. Wenn das stimmt, so war sein Einsturz das erste in den geschichtlichen Überlieferungen aufgezeichnete Zeugnis einer Katastrophe, hervorgerufen durch den Wagemut des Menschen.

Der Mensch strebte aufwärts, der Sonne entgegen, hatte aber dafür weder Materialien noch das erforderliche Wissen. Im Schutt des Turms zu Babel wurden abermals die Hoffnungen des Altertums auf einen leichten Sieg über die Natur begraben. Um den Traum zu verwirklichen, bis in den Himmel ragende, scheinbar schwerelose Häuser zu bauen, Häuser mit hoher Qualität und Sicherheit, mußte die Menschheit viele Erfahrungen sammeln. Den Weg zur zuverlässigen Technik bahnten Genies, deren Namen wir ehren, und unbekannte Bauleute. Unausweichlich führte dieser Weg zu unserer modernen Technik.

Die wissenschaftlich-technische Revolution, deren Zeitgenossen wir sind, brachte so komplizierte Maschinen und Anlagen hervor, daß das traditionelle Herangehen an das Problem der Zuverlässigkeit zu einseitig und unzureichend war. Es waren ganz neue Betrachtungsweisen erforderlich.

Sine artificio sciens aut ignarus artifex[1)]

Die Anthropologen, Historiker, Kunstforscher und Bildhauer versuchen, das Äußere und den Charakter des vor mehreren tausend Jahren lebenden Menschen zu rekonstruieren. Der Mensch jener Zeit, der den kühnen Zweikampf mit der Natur aufnimmt, zeigt sich uns in Schönheit und Kraft. Er war durchaus kein schutzloses Wesen, das sich vor Kälte in Felle verkroch und der Umwelt ausgeliefert war. Er konnte Bauten aus gebrannten Ziegeln, Wagen und farbenprächtige Küchengerätschaften herstellen. Man beherrschte das Erschmelzen von Metallen, überquerte Meere und Seen mit Segelschiffen und Ruderbooten, kannte Pflug, Waage, Wasserwaage, Lot, Winkelmesser, Zirkel, Zange, Feile, Schere, Säge, Hobel und Handbohrer.

Unsere Vorfahren errichteten auch Bauwerke, die noch heute durch ihre Größe und Dauerhaftigkeit beeindrucken. Die ägyptischen Pyramiden, Sphinxe, Riesenstatuen, griechischen Tempel, römischen Staatsgebäude und Aquädukte widerstanden jahrhundertelang den Einflüssen der Natur.

Die Baumeister der Antike verfügten über eine sehr ausgeprägte Intuition, reiche Erfahrungen und ausgezeichnetes fachliches Können. Ohne über eine Theorie zu verfügen, fand man in der Antike viele fortschrittliche technische Lösungen, die erst Jahrhunderte später durchdacht wurden.

Die Stützweite der Balken des Parthenon, dessen Errichtung im 5. Jahrhundert v. u. Z. abgeschlossen wurde, betrug maximal 2,5 m. Als der attische Architekt *Mnesikles* in demselben Jahrhundert mit dem Bau der Propyläen der Akropolis zu Athen begann (erbaut 447 bis 432 v. u. Z.), mußte er mit Marmorbalken Spannweiten bis zu 6 m bewältigen. *Mnesikles* ließ im Marmor in speziellen Rinnen Eisenstäbe einmauern und schuf so einen „bewehrten Marmor". Das war eine große Leistung. Aber die Historiker der Wissenschaft haben gezeigt, daß bereits im Altbabylonischen Reich Schilf zur Verstärkung der Bauten aus getrocknetem Ton verwendet wurde. Unbekannte griechische Kolonisten verarbeiteten noch früher auf Sizilien bewehrte Eisenelemente, wodurch die Festigkeit von Konstruktionen verbessert werden konnte.

Wenn wir die imposanten Bauwerke der Antike aus heutiger Sicht betrachten, so verblüffen sie uns durch ihre Geringschätzung elementarer Grundlagen der Bauwissenschaft. Das, was bis auf den

[1)] Wissend, aber nicht schöpferisch, oder schöpferisch, aber nicht wissend. *Giambattista della Porta* (1538(?) bis 1615) in: „Magiae naturalis sive de miraculus rerum naturalium libri IV" (1558)

heutigen Tag erhalten geblieben ist, überdauerte nur infolge eines unvorstellbaren Übermaßes an Festigkeit, das einen riesigen Mehrverbrauch an menschlicher Arbeit und Materialien gefordert hatte.

Man muß zugestehen, daß dem Baumeister der Antike eine mächtige Waffe fehlte – die Wissenschaft. Hätte er über ihre Grundlagen verfügt, so hätten die vier Grundrechenarten ausgereicht, um vorhersagen zu können, ob ein Balken der angreifenden Kraft standhält. Dann hätte er genau sagen können, mit welchem Halbmesser man ein Gewölbe auf entsprechenden Säulen errichten kann und mit welchem nicht. Aber den Baumeistern der Antike waren auch die einfachsten wissenschaftlichen Theorien nicht bekannt. Nur Intuition und Erfahrung waren ihre Wegweiser.

Archäologische Ausgrabungen des Stufenturms Etemenanki aus dem Altbabylonischen Reich, von dem zahlreiche Forscher vermuten, daß er als Vorbild für den biblischen Turm zu Babel diente, zeigen folgendes: Der Stufenturm – die Zikkurat – war sehr groß (viele Dutzende Meter in Breite, Länge und auch Höhe), aus luftgetrockneten Ziegeln errichtet und lediglich mit Naturstein verblendet. Es ist verständlich, daß ein solches Riesenbauwerk aus einem nicht allzu festen Material nicht dauerhaft sein konnte. Schon allein die aus der eigenen Masse resultierenden großen Gewichtskräfte trugen zum Einsturz bei. Hinzu kamen Regen, Wind, Temperaturschwankungen. Die Kenntnis der Eigenschaften der Baumaterialien hätte die Katastrophe möglicherweise verhindern können.

Die Berücksichtigung der von den Baumeistern der Antike gesammelten empirischen Erfahrungen führte nicht immer zu den gewünschten Ergebnissen. Dann konnte man nur noch auf höhere Kräfte vertrauen, und mit allen Mitteln versuchte man, diese gnädig zu stimmen. Die gewählten Möglichkeiten waren nicht nur irrational, sondern bisweilen auch sehr grausam.

Im Altbabylonischen Reich wurden beispielsweise bei der Herstellung von Glas menschliche Embryonen verwendet. In Japan härtete man die Schwerter, indem sie in die Leiber von Gefangenen gestochen wurden. In die Fundamente von Brücken und Bauten wurden schöne Jungfrauen eingemauert, und erst in der Zeit des Alten Rom verwendete man statt dessen Attrappen …

In einem kleinasiatischen Tempel wurde eine Handschrift aus dem 9. Jahrhundert gefunden, in der ein „Rezept“ für die Herstellung einer Damaszenerklinge beschrieben wird:

„Erhitze die Klinge, bis sie zu leuchten anfängt wie die in der Wüste aufgehende Sonne, danach laß sie abkühlen bis zur Purpurfarbe. Steche die Klinge sodann in den Leib eines muskulösen Sklaven ... Die Kraft des Sklaven geht in die Klinge hinüber, verleiht dem Metall die Härte.“

Jedoch ließen der Scharfsinn und das Gedächtnis des Menschen der Antike nicht die Gesetzmäßigkeiten außer acht, die in der Natur beobachtet werden konnten. Schon frühzeitig wurde festgestellt, daß ein glutroter Sonnenuntergang Wind und der erdnahe Flug der Vögel Regen verheißen.

Mit der Zeit ging der Mensch weiter, versuchte zu erklären, warum ein Schiff schwimmt, warum man mit einem Hebel eine große Masse heben kann. Das Streben, die Ursachen der Erscheinungen herauszufinden, führte die Menschen zur Entdeckung einiger allgemeiner Gesetzmäßigkeiten, zu abstrakten Begriffen. Es bildeten sich die Begriffe „Länge“, „Gewicht“, „Verhältnis“, „Kraft“ und „Bewegung“ heraus. Die Weiterentwicklung von Produktion und Technik hat das Bewußtsein des Menschen unausbleiblich auf die Schaffung und Verwendung der abstrakten Begriffe vorbereitet, ohne die Wissenschaft nicht möglich ist.

In der Antike begann man zu begreifen, daß in der Natur bestimmte Gesetze herrschen. Indem man mit der religiösen, naiven Vorstellung von dem unerbittlichen und irrationalen Schicksal brach, begann man, sich nach den Gesetzen der Natur zu richten. Dafür war eine tiefgreifende Revolution im menschlichen Bewußtsein nötig. Sowohl die altchinesische Lehre „Tao“ als auch die Idee der „Logos“ bei *Heraklit* (544 bis 483 v. u. Z.) sind ihre Zeugen. Die großen Denker der Antike erkannten das Bestehen allgemeiner objektiver Gesetze, die alles Existierende steuern. Erst später wurde nach konkreten Gesetzen für konkrete Erscheinungen gesucht, z. B. in der Wissenschaft zur Zeit des *Archimedes* (287 bis 212 v. u. Z.).

Das wurde durch praktische Erfordernisse begünstigt. Der Handel brauchte ein genaues System des Rechnens und Zählens. Die Einteilung der Ländereien rief die Geometrie und die Mathematik auf die Tagesordnung. Die Seefahrt gab den Anstoß für die Entwicklung der Astronomie. Architektur und Baukunst forderten die Verbesserung der Baumechanik.

Die Werke des *Aristoteles* (384 bis 322 v. u. Z.) stellen bereits eine ganze Enzyklopädie des Wissens dar, bilden den Grundstock der Wissenschaft seiner Zeit.

Aristoteles, ein Schüler von *Platon* (427 bis 347 v. u. Z.), führte vor über 300 Jahren v. u. Z. im heiligen Garten des Apollon in Athen mit seinen Schülern Gespräche über das Wirkprinzip der

Waage und des Flaschenzugs sowie über die von ihm entdeckte Regel des Hebelgleichgewichts. Die Gedanken der Philosophen, die auf das Experiment und die Praxis gerichtet waren, gewannen neue Kraft.

Der Tod des Makedonierkönigs *Alexander des Großen* bedeutete ebenfalls den endgültigen Untergang seines Reiches. Im Jahre 323 v. u. Z. fiel auch die Athener Schule, an deren Spitze *Aristoteles* stand. In Athen gelangten die Gegner *Alexanders des Großen* an die Macht, und *Aristoteles* mußte ins Exil gehen. Er starb im 63. Lebensjahr in Chalcis auf Euböa.

Die Rolle des wissenschaftlichen Zentrums der antiken Welt ging auf die Stadt Alexandria im Nildelta über, die von Alexander dem Großen gegründet worden war.

Der dortige Herrscher, *Ptolemäus I. Soter*, der Begründer der ägyptischen Dynastie der Ptolemäerkönige, beauftragte *Demetrios von Phaleron*, einen Schüler des *Aristoteles*, ein neues Lyceum zu schaffen. In erster Linie trug Demetrios alle Arbeiten von *Aristoteles* zusammen. Allmählich vergrößerte sich der Kreis der Schüler. So wurde eine andere bekannte Schule der Wissenschaft gebildet, das Museion in Alexandria. Das Museion wurde allmählich zum größten wissenschaftlichen Zentrum. Seine zwei Bibliotheken zählten über 700000 Buchrollen.

Das Museion in Alexandria war möglicherweise das erste Beispiel für die Organisation gemeinsamer wissenschaftlicher Forschungen. Die vorzüglichen Bedingungen für die Entfaltung der Wissenschaften zogen die besten Gelehrten aus vielen Ländern nach Alexandria. Der Lebensunterhalt der Gelehrten wurde auf Staatskosten bestritten. In der gesamten antiken Periode leistete das Museion in Alexandria einen wesentlichen Beitrag zum Studium der Naturwissenschaften, in erster Linie der Mechanik und Physik. Die Alexandrinische Schule bestach durch die systematische Erforschung der konkreten Dinge und Erscheinungen der Natur.

Ein Gelehrter der alexandrinischen Tradition war der berühmte *Archimedes. Archimedes* wurde 287 v. u. Z. in Syrakus in der Familie des berühmten Hofastronomen *Pheidias* geboren. Die wissenschaftlichen Absichten des *Archimedes* waren in völliger Übereinstimmung mit der Tradition des Museion auf die Untersuchung konkreter Probleme und Erscheinungen gerichtet. So baute *Archimedes* eigene Brückenkonstruktionen, unter seiner Anleitung wurden Deiche für die Regulierung des Nilhochwassers errichtet, er erfand die „Archimedische Schraube". Als ein Mensch mit vielseitiger Begabung und umfangreichem Wissen gehörte *Archimedes* zu den allerersten Ingenieuren im weitesten Sinne des Wortes. Natürlich gab es vor *Archimedes* auch Ingenieure. Die Gesellschaft brauchte schon früher neben Ärzten, Priestern und Gelehrten auch Baumeister für die Errichtung von Häusern, Tempeln, Straßen, Brücken, Kanälen und Maschinen. Das Verdienst von *Archimedes* ist aber darin zu sehen, daß er in der Ingenieurpraxis die Ergebnisse wissenschaftlicher Studien einsetzte.

Archimedes erarbeitete die Grundlagen der Statik und der Hydrostatik. Die Bedingung für das Hebelgleichgewicht ist bei ihm nicht mehr in der unklaren Form wie bei *Aristoteles* angegeben, sondern in der präzisen mathematischen Interpretation: Der Hebel ist im Gleichgewicht, wenn die angreifenden Kräfte umgekehrt proportional zu den Hebellängen sind.

Archimedes entwickelte die Theorie des Schwerpunktes und schuf den Begriff des mechanischen Kräftemoments. Das Archimedische Prinzip bildete die Grundlage für das wissenschaftliche Konstruieren von Schiffen. Nicht hoch genug kann die Einführung des Begriffes „spezifisches Gewicht" durch *Archimedes* eingeschätzt werden.

Archimedes wurde nach römischer Überlieferung bei der Eroberung von Syrakus von einem unbekannten Soldaten getötet. Das geschah, als *Archimedes* seine geometrischen Figuren in den Sand zeichnete. Als Ingenieur, der sich über eine Zeichnung beugte – so ist der Gelehrte der Antike im Gedächtnis der Nachwelt verblieben.

Neben *Archimedes* waren weitere hervorragende Mechaniker und Erfinder tätig. Etwas älter als er war *Ktesibios*, der Erfinder der Wasserorgel, Wasseruhr und Feuerspritze.

Philon von Alexandria, ein Schüler des *Ktesibios*, hat in seiner Abhandlung „Mechanika" eine Vielzahl interessanter Erfindungen von sich und anderen beschrieben: komplizierte Kriegsmaschinen, das Automatentheater, Hohlspiegel, „spuckende" Gefäße, Springbrunnen mit trinkenden Tieren und singenden Vögeln, die „Kardan"-Aufhängung, Spender heiligen Wassers für Tempel. Fast alle diese Erfindungen waren gründlich durchdacht, viele beruhen darauf, daß *Philon von Alexandria* die wissenschaftlichen Theorien gut verstanden hatte. Er kannte das Prinzip des Hebers, wußte, daß sich Luft beim Abkühlen zusammenzieht und bei Erwärmung ausdehnt. Die wissenschaftlichen Kenntnisse des *Philon von Alexandria* förderten offensichtlich seine praktischen Erfolge.

Noch bekannter als *Ktesibios* und *Philon von Alexandria* ist *Heron von Alexandria* (150 bis 100 v. u. Z.), der Autor einer Vielzahl überlieferter Abhandlungen. In einem Werk ist die berühmte „Dampfmaschine“ des *Heron* beschrieben. Dort ist auch ein Kunststück erläutert, daß seine Zeitgenossen überraschte: das automatische Öffnen der Türen eines Tempels, wenn das Feuer auf dem Opferherd entzündet wurde.

In *Herons* Arbeiten ist die Beschreibung eines Gerätes für die Messung des zurückgelegten Weges angeführt, wir würden es heute Taxameter nennen. Die zahlreichen Werke des *Heron von Alexandria* bilden eine originelle Enzyklopädie der 2000 Jahre alten Technik. Hierzu gehört die Beschreibung von Winde, Hebel, Schraube, Zahnrad, Heber, Keil, verschiedenartigen Hebezeugen und Kriegsmaschinen.

Somit kann man feststellen, daß die Griechen der hellenistischen Periode umfassende Kenntnisse besaßen. Sie beherrschten die Technologie des Metallschmelzens, kannten das Rad, einfachste Lager und schließlich auch die antreibende Kraft des Dampfes. Offenbar waren sie bis in die unmittelbare Nähe vieler, in praktischer Hinsicht ausnahmslos wichtiger Entdeckungen vorgestoßen.

Stellen auch wir die Frage, die sich die Historiker der Wissenschaft schon oft gestellt haben: Warum hat man vor 2000 Jahren keinen Dampfwagen (Lokomotive) gebaut?

Einige Ursachen sind offenkundig. Warum sollte man zu jener Zeit an der Entwicklung eines dampfgetriebenen Motors arbeiten, wenn eine Vielzahl von Wasserrädern und „lebenden Motoren“ – Sklaven – zur Verfügung stand?

Die zweite objektive Ursache, die von den Historikern angeführt wird: Eisen und Brennstoff waren nicht an ein und demselben Ort vorhanden.

Es gibt noch eine nicht minder wichtige Erklärung: das unvollständige oder falsche Verstehen des Wesens der ablaufenden physikalischen Vorgänge durch die Alexandriner. *Heron von Alexandria* setzte offenbar den Dampf mit der Luft gleich. Aus seiner „Dampfkugel“ blies nach Meinung der alexandrinischen Gelehrten „Wind“. Deshalb ist es kein Zufall, daß diese Dampfkugel zu Ehren des griechischen Windgottes Äolus als „Äolipile“ bezeichnet wurde.

Somit können wir eine wichtige Schlußfolgerung ziehen: Die Entwicklung der Technik, die grundlegenden technischen Umwälzungen müssen durch die Erfolge der Wissenschaft vorbereitet werden, durch das richtige Verstehen des Wesens der beobachteten Erscheinungen und der ablaufenden physikalischen Vorgänge. Diese Wahrheit begriffen auch die Gelehrten der Alexandrinischen Schule.

Archimedes, der als Erster mathematische Theorien bei der Entwicklung seiner mechanischen Vorrichtungen einsetzte, zeigte den Nutzen der Anwendung wissenschaftlicher Methoden. *Heron von Alexandria* und andere Mathematiker folgten ihm.

Ein Vertreter des Museion, der griechische Mathematiker *Pappos von Alexandria* (3. bis 4. Jh. u. Z.), forderte, daß in der Ausbildung die Kunst des Bronzierens, das Eisen-, Bau- und Tischlerhandwerk sowie die Malerei und alles, was die Arbeit betrifft, gelehrt werden soll. Jener, der die Theorie gut gelernt habe, werde im folgenden ein besserer Erfinder und Konstrukteur auf dem Gebiet der Mechanik sein.

Die durch *Platon* und *Aristoteles* auf göttliche Höhen der Philosophie emporgehobene Wissenschaft der Antike wurde mit der Zeit zum Reisegefährten des Menschen, der Maschinen und Bauwerke schafft, zum Begleiter des Ingenieurs, Konstrukteurs und Architekten.

Epoche der Riesen

Das leuchtende und nur kurz währende Aufblühen Roms war ebenfalls der Entwicklung der Wissenschaften dienlich, jedoch in der Hauptsache nur für jene Wissenschaften, die eine unverzügliche praktische Anwendung versprachen. Zum Beispiel nutzten die alten Römer die Errungenschaften der Wissenschaft für den Bau von Städten, Tempeln, Aquädukten und Amphitheatern.

Die dem Untergang des Römischen Reiches folgende Zeit des Mittelalters ist bekannt als einer der dunkelsten Zeitabschnitte der menschlichen Geschichte. Die seltenen wissenschaftlichen Entdekkungen dieser Jahre konnten sich nur schwer den Weg durch die zahllosen Einschränkungen, Verbote und Tabus bahnen. Doch die fortschreitende Bewegung des menschlichen Gedankens ließ sich nicht aufhalten.

Das Lossagen von der Naturalwirtschaft, die geographischen Entdeckungen, der aufblühende Handel mit fernen Ländern – alles forderte eine Steigerung der Warenproduktion, die ohne die Entwicklung der Technik undenkbar gewesen wäre. Diese Entwicklung führte zur Arbeitsteilung, zu Manufakturen, zu neuen Maschinen und Antrieben. Die Menschheit sammelte das für sie notwendige Wissen auf dem beschwerlichen Weg des „Naturexperiments“, des Experiments in der täglichen Tätigkeit.

Erstaunlich sind die Errungenschaften der menschlichen Erfahrung! Die Überlieferung früherer Generationen verknüpfte in der

Kette der Ursachen und Wirkung manchmal allerdings die scheinbar ungewöhnlichsten und unwahrscheinlichsten Dinge.

Zum Beispiel beschreibt der byzantinische Mönch *Theophilus Presbyter* im 11. Jahrhundert in seiner „schedula diversarium artium“, einem Maler- und Kunstgewerbebuch, das Härten von Werkzeugen:

„Noch eine andere Härtung führt man bei den Werkzeugen aus, mit denen Glas und weichere Steine geschnitten werden, und zwar nach folgendem Verfahren. Nimm einen dreijährigen Bock und sperre ihn ohne Futter drei Tage lang ein, am vierten Tag gib ihm Farnkraut und nichts weiter zu fressen. Wenn er dies zwei Tage lang gefressen hat, stelle ihn in der folgenden Nacht in ein Faß, das unten durchlöchert ist. Unter die Löcher stelle ein anderes, undurchlöchertes Gefäß, worin du seinen Harn sammeln sollst. Ist dieser auf solche Weise zwei oder drei Nächte in genügender Weise gesammelt, so nimm den Bock heraus und härte in besagtem Harn deine Werkzeuge. Auch im Harn eines rothaarigen kleinen Knaben lassen sich (obige) Werkzeuge härten, und zwar härter als in bloßem Wasser.“

Spätere Untersuchungen haben tatsächlich Vorteile des Härtens von Metallen in Harn und Ammoniak gezeigt, und in der gegenwärtigen Praxis wird die Nitrierhärtung genau nach diesem Prinzip durchgeführt. Das Härten in biologischen Flüssigkeiten hat einen wesentlichen Vorteil: In diesem Fall ist der Wärmeaustausch effektiver, und an der Grenzfläche des Metalls bilden sich die harten nadelförmigen Eisennitrid-Kristalle, die das Erzeugnis verfestigen.

Beim Sammeln von Erfahrungen schuf die Menschheit viele wichtige technische Vorrichtungen und technologische Prozesse. Hebekräne, Windmühlen, Buchdruckpressen, Webstühle und andere Maschinen, verbesserte Schußwaffen, neuartige große Schiffe, das Hinwenden zu neuen Verfahren des Metallschmelzens – all das stellte der Wissenschaft neue Aufgaben. Unvermeidlich war eine wissenschaftliche Revolution, die die politische und religiöse Umwälzung begleitete.

Eine Wissenschaft, die in Klöstern und Universitäten betrieben wurde, konnte die Gesellschaft nicht zufriedenstellen. F. Engels wies darauf hin, daß das Mittelalter, das die antiken Zivilisationen vernichtet hatte, von ihnen nur das Christentum und einige halb zerstörte Städte entlehnte, während das intellektuelle Monopol der Kirche zuteil wurde. Nur die weitsichtigsten Köpfe konnten die Rolle einschätzen, die die Wissenschaft im Leben der Gesellschaft und beim Hervorbringen neuer Erfindungen spielen könnte.

Der der Ketzerei verdächtigte englische Franziskanermönch *Roger Bacon*, der 20 Jahre in Gefängnissen verbrachte, schrieb im 13. Jahrhundert:

„Ich werde von erstaunlichen Dingen der Natur berichten, denen keinerlei Zauber innewohnt. Wir werden gewahr werden, daß alle Kraft und Stärke der Magie unter diesen Dingen steht und ihrer unwürdig ist. Es ist möglich, Konstruktionen zu bauen, die ohne Ruderer schwimmen, Flußschiffe und Seeschiffe, die, von einem Mann gesteuert, schneller voranschwimmen, als wären sie voll besetzt mit Seeleuten. Ebenso können Wagen gemacht werden, die sich ohne Roß mit außergewöhnlicher Schnelligkeit bewegen ... Es ist möglich, Flugapparate zu bauen: Der Mensch, inmitten des Apparates sitzend, bewegt mittels einer gewissen Maschine Flügel, den Vögeln gleich ... Durchscheinende Körper können so bearbeitet werden, daß entfernte Gegenstände herangenahet erscheinen, und aus unglaublicher Entfernung werden wir die kleinsten Buchstaben lesen und die winzigsten Dinge unterscheiden. Auch werden wir in der Lage sein, die Sterne zu beobachten nach unserem Belieben."

Die wissenschaftliche Umwälzung ergoß sich schließlich wie ein wohltätiger Platzregen. Das 16. und 17. Jahrhundert sind durch einen ungeahnten Aufstieg der menschlichen Gedanken geprägt. In dieser Zeit wurden die Grundlagen der modernen Wissenschaft gelegt.

F. Engels schrieb über die Renaissance:

„Es war die größte progressive Umwälzung, die die Menschheit bis dahin erlebt hatte, eine Zeit, die Riesen brauchte und Riesen zeugte, Riesen an Denkkraft, Leidenschaft und Charakter, an Vielseitigkeit und Gelehrsamkeit."

Wahrlich, diese Zeit zeugte Riesen: Christoph Columbus, Fernao de Magalhaes, Semjon Ivanovic Deznev, Oliver Cromwell, Stepan Timofeevič Rasin, Nikolaus Kopernikus, Galileo Galilei, Johannes Kepler, Francis Bacon, Baruch des Spinoza, René Descartes, Christian Huygens, Isaac Newton, William Gilbert, Robert Boyle, Robert Hooke, R. Harmensz van Rijn (Rembrandt), Miguel Cervantes, Diego Rodriguez de Silva Velazquez, Michelangelo, Raffael, William Shakespeare, Jean Baptiste Molière und viele andere.

Möglicherweise verkörperte kein anderer den Geist der Renaissance so umfassend wie der berühmte Künstler und geniale Ingenieur *Leonardo da Vinci.*

Leonardo da Vinci, der die Umwelt beharrlich studierte und aufmerksam untersuchte, behauptete, daß das Experiment die Mutter der Weisheit sei. Das Experiment irrt nie, es irren nur unsere Beurteilungen, die von ihm Dinge erwarten, die nicht in seiner Macht stehen.

In seinem „Codex Atlanticus" stellt *Leonardo da Vinci* fest:

„Das Experiment ... war der Lehrmeister jener, die gut schrieben; so nehme auch ich es zum Lehrmeister, und in allen Fällen werde ich mich darauf berufen ... Obgleich ich auch nicht so gut wie sie Autoren zitieren konnte, werde ich eine weitaus ehrwürdigere Sache zitieren, indem ich mich auf das Experiment berufe, den Lehrmeister ihrer Lehrmeister. Sie stolzieren eitel und aufgeblasen umher, festlich gekleidet und geschmückt nicht mit eigenen, sondern mit fremden Werken, aber in den meinigen wird es mir verweigert; wenn man jedoch mich, einen Erfinder, verschmäht, wievielmal mehr müssen dann ... Trompetebläser und Wiedererzähler fremder Produkte verabscheut werden!"

Die Kompliziertheit der Aufgaben, die sich Leonardo da Vinci stellte, und die offenkundige Unmöglichkeit ihrer theoretischen Lösung führten in jener Zeit dazu, daß er häufig das Berechnen durch das Messen ersetzte. Er las von neuem die Gelehrten der Antike, suchte die Perlen des Ingenieurgedankens in den Werken der Vorgänger und Zeitgenossen, machte auch selbst Erfindungen. In seiner Werkstatt entstanden Geräte zum Messen der Windgeschwindigkeit, des Weges, der Luftfeuchtigkeit (Hygrometer) und viele andere.

In Mailand beteiligte sich *Leonardo da Vinci* an der Preisausschreibung um den Ausbau des Doms. Er arbeitete angestrengt an Kuppelkonstruktionen und brachte in der Tat die Baumechanik auf dem Gebiet der Theorie der Bogen und Gewölbe voran. Er beschäftigte sich auch mit Problemen der Werkstoffestigkeit und verfaßte sogar eine Abhandlung über Risse in Wänden sowie über deren Vermeidung.

Leonardo da Vinci sah die Erfolge der praktischen Wissenschaften bei der Lösung fundamentaler Probleme:

„Ihnen ist bekannt, daß Medicamente, gut verordnet, den Kranken die Gesundheit wiederkehren lassen und daß jener, der sie gut kennt, diese auch gut verordnen kann, wenn er dabei verstehen wird, was ein Mensch, was Leben, was Leibesbeschaffenheit und was Gesundheit ist ... Dasselbe ist auch einer kränklichen Kathedrale vonnöten, nämlich ein Arzt-Baumeister, der gut versteht, was ein Bauwerk ist, auf welchen Regeln die tadellose Baukunst beruht, woher diese Regeln entlehnt werden, und aus wieviel Teilen sie bestehen, was die Ursachen sind, dank derer sich ein Bauwerk hält, welche Ursachen es dauerhaft machen, worin die Natur der Schwere besteht, und in welche Richtung die Kräfte laufen ..."

Leonardo da Vinci erkannte mit genialem Scharfblick die Rolle der „abstrakten" Wissenschaften in der Entwicklung der Technik:

„Es wird keinerlei Glaubwürdigkeit in den Wissenschaften geben, wo man keine der mathematischen Wissenschaften anwenden kann, und auch nicht in dem, was keine Verbindung zur Mathematik hat. Jedwede Praxis muß auf einer guten Theorie zu Macht und Ansehen gebracht werden. Die Wissenschaft ist der Heerführer, aber die Praxis das Heer ... Jener, der die höhere Glaubwürdigkeit der Mathematik schmäht, ernährt sich von unsinnigem Geschwätz und läßt die Widersprüche der sophistischen Philosophie nicht still werden, die ewiges Geschrei lehrt ... Die Mechanik ist das Paradies der mathematischen Wissenschaften, durch sie erreicht man die mathematischen Früchte ..."

Leonardo da Vinci machte die Prophezeiung des *Roger Bacon* wahr und skizzierte flüchtig in seinen Tagebüchern die Entwürfe von Flugzeugen mit schlagenden Flügeln, den Entwurf eines Hubschraubers und eines Fallschirms. Aber die technische Verwirklichung dieser Ideen war zu jener Zeit noch unmöglich.

Dafür gelangen ihm Erfindungen, für die die Zeit gekommen war: Kettengetriebe (vergleichbar mit dem Fahrradantrieb), eine Feilenhaumaschine, zahlreiche Webmaschinen, Kriegsgeräte, Musikinstrumente.

Leonardo da Vinci machte sich häufig darüber Gedanken, warum manche Bauwerke fest und zuverlässig sind, über Jahrhunderte hinweg stehen bleiben und nicht einfallen, während andere unter gleichen Bedingungen untauglich werden. Einige Arten der Unzuverlässigkeit konnte man, wie er begriffen hatte, mit einer besser durchdachten Konstruktion beseitigen. Warum halten Schleusentore nur kurze Zeit? Vor allem, weil die Schleuse undicht ist. Das durchsickernde Wasser unterspült den Untergrund, und letztlich werden die Schleusentore durch das Wasser weggerissen. *Leonardo da Vinci* schlug vor, daß die Schleusentore nicht aus einem, sondern aus zwei Torflügeln bestehen sollten, die unter einem Winkel zueinander anzuordnen seien. Dann würde der Wasserdruck die Tore nicht öffnen, sondern im Gegenteil fester aneinander pressen. Nach diesem Prinzip werden Schleusentore bis auf geringe Veränderungen auch heute noch errichtet.

Leonardo da Vinci erkannte auch einen anderen Weg zur Steigerung der Zuverlässigkeit von Bauwerken und Mechanismen. Er schlug vor, nur solche Elemente zu verwenden, von denen bekannt war, daß sie den angreifenden Belastungen standhalten werden. Aber wie sollte man das im voraus wissen, wenn eine Brücke noch nicht gebaut, ein Tempel noch nicht errichtet und eine Maschine noch nicht hergestellt war?

Es gab nur einen Weg, und zwar die Bauteile und -materialien für Belastungen, die man in Wirklichkeit erwarten konnte, zu prüfen, bevor sie in einer Konstruktion eingesetzt wurden.

Leonardo da Vinci untersuchte Eisendraht vor der Verwendung auf einer speziellen Vorrichtung:

„Ziel dieser Prüfung ist es, die Belastung herauszufinden, die der Eisendraht aushalten kann. Man befestige einen zwei Ellen langen Eisendraht irgendwo so, daß er fest hält. Danach hänge man ein Körbchen, eine Kiste oder etwas Ähnliches an den Draht, durch die kleine Öffnung im Boden eines Trichters lasse man dorthin ein bißchen feinen Sand rinnen. Sobald der Draht reißt, wird die Öffnung des Trichters durch eine daran befestigte Feder verschlossen. Das Körbchen kippt beim Fallen nicht um, weil es nur aus geringer Höhe fällt. Das Gewicht des Sandes und die Bruchstelle des Drahtes sind festzustellen. Die Prüfung muß mehrmals zur Kontrolle der Ergebnisse wiederholt werden. Anschließend prüfe man einen halb so langen Draht, wobei die Zunahme der von ihm ausgehaltenen Belastung festgestellt werden kann. Im weiteren wird ein Draht geprüft, der nur $^1/_4$ der ursprünglichen Länge mißt, usw. Dabei stelle man jedesmal den Grenzwiderstand und die Bruchstelle fest."

Leonardo da Vinci untersuchte ebenfalls die Biegefestigkeit von Balken für Baukonstruktionen. Er prüfte zwei Balkenarten, einen Balken, der in einer Wand fest eingespannt ist, und einen anderen Balken, der auf zwei Stützen aufliegt. Er stellte fest, daß bei dem letzteren die Belastbarkeit umgekehrt zur Länge und direkt zur Breite zunimmt. Hinsichtlich des ersteren lautete *Leonardo da Vincis* Schlußfolgerung:

„Wenn ein zwei Ellen langer Balken ein Gewicht von 100 Pfund aushält, so wird ein nur eine Elle langer Balken 200 Pfund standhalten. Um wievielmal ein kurzer Balken kürzer ist als ein langer, um sovielmal größer ist die Last, die er im Vergleich zum längeren aushalten kann."

Leonardo da Vinci ließ auch die Festigkeit von Gebäudesäulen nicht außer acht. Er gab den Hinweis, daß ihre Tragfähigkeit reziprok zur Länge, aber direkt proportional zur Querschnittsfläche ist.

Diese Ratschläge von *Leonardo da Vinci* befolgten zweifellos die Baumeister und Bauarbeiter, die unter seiner Anleitung tätig waren. Man kann sich die Begeisterung und das Erstaunen vorstellen, mit denen die Worte eines Menschen aufgenommen wurden, der vorhersagen konnte, wie zuverlässig ein bestimmtes Konstruktionselement sein würde.

Leonardo da Vinci nutzte als erster die Wissenschaft der Statik zur Ermittlung der Kräfte, die auf die Elemente baulicher Konstruktionen einwirken. Außerdem leistete er mit diesen Untersuchungen einen wertvollen Beitrag für eine Wissenschaft, die damals noch keinen Namen hatte, für die Wissenschaft von der Zuverlässigkeit.

Leonardo da Vincis wissenschaftliche Entdeckungen blieben leider über lange Zeit in seinen Tagebuchaufzeichnungen, die nicht systematisch angelegt waren, verborgen. Häufig legte der Gelehrte seine Gedanken unklar dar (er schrieb von rechts nach links mit einer äußerst unleserlichen Handschrift).

Noch viele, sehr viele Jahre nach *Leonardo da Vinci* legten die Ingenieure wie zur Zeit der Römer die notwendigen Abmessungen der Elemente ihrer Bauwerke nach „Augenmaß" fest, gemäß der Erfahrung und der Intuition.

In der Praxis jedoch reifte nach und nach die Notwendigkeit der Theorie heran. Dieser Vorgang wurde in der geschilderten Zeit beschleunigt durch die grundlegenden Veränderungen in der Wissenschaft selbst, in ihrer Methodik. Praxis und Wissenschaft kamen sich unaufhaltsam näher.

Das erste Mal wurde das neue „induktive" Verfahren in der Wissenschaft, das auf der Suche nach Wahrheit nicht von der Deduktion, nicht von Syllogismen und formaler Logik, sondern von den Dingen an sich, vom Experiment ausging, von dem englischen Hofarzt *William Gilbert* (1544 bis 1603) angewandt. In seinem Buch „De magnete magneticisque corporibus et de magno magnete tellure physiologia nova" (1600), einem Werk über Magneten, magnetische Körper und den großen Magneten „Erde", beschrieb er über 600 speziell mit magnetischen Körpern angestellte Experimente, die ihn auf die außerordentlich wichtige und für seine Zeitgenossen unerwartete Schlußfolgerung brachten: Die Erde ist ein gigantischer Kugelmagnet. Diese Schlußfolgerung zog *Gilbert* aus der Tatsache, daß das „magnetische Verhalten" der Terra (Erde) in verschiedener Hinsicht völlig identisch ist mit dem „magnetischen Verhalten" einer kleinen aufmagnetisierten Eisenkugel „Terrella" (Erdkügelchen). Es gehörte ein erhebliches Maß an wissenschaftlicher Kühnheit dazu, um die Brücke der logisch notwendigen Verbindung zwischen zwei Erscheinungen mit so verschiedenem Maßstab zu schlagen.

Viele waren durch *Gilberts* Schlußfolgerungen erschüttert, und sogar *Galilei* sagte, daß sie der „Verwunderung wert sind". Der scharfsinnige *Galilei* erkannte *Gilberts* Rolle in der Entwicklung der experimentellen wissenschaftlichen Methode[1]. *Galilei* ging aber weiter. Er richtete diese Methode auf die Aufgaben, die aus der Praxis resultierten, auf die technischen Aufgaben.

[1] Zuweilen wird als Erfinder der neuen Methode in der Wissenschaft der englische Philosoph *Francis Bacon* (1551 bis 1626) genannt. Erwähnt werden muß jedoch, daß *Bacons* „Neues Organon" 20 Jahre nach *Gilberts* Werk erschien. Hinzu kommt, daß *Francis Bacon* sein Verfahren rein theoretisch entwickelte und es niemals von einem Physiker und Techniker befolgt wurde.

Galileis letztes Buch

Kurz vor dem Tod von *Galileo Galilei* (1564 bis 1642) druckte 1638 der Elsevier-Verlag in Leiden sein letztes Buch: „Discorsi e demonstrazioni matematiche intorno a due nuove scienze attenenti alla mecanica ed i movimenti locali“ (Unterredungen und mathematische Demonstrationen über zwei neue Wissenszweige, die Mechanik und die Fallgesetze betreffend). Wie aus dem Titelblatt der „Discorsi“ zu ersehen ist, stammte dieses Werk aus der Feder von „Signor GALILEO GALILEI LINCEO, Filosofo e Matematico primario del Serenissimo Grand Duca di Toscana“, dem ersten Philosophen und Mathematiker des erlauchten Großherzogs von Toscana (Anm. d. Übers.: Linceo bedeutet im Italienischen luchsartig, Luchs). Die Hinwendung zur Fauna im Titel des Gelehrten bedeutete, daß er Mitglied der Accademia dei Lincei war, der höchsten wissenschaftlichen Einrichtung Italiens. *Galilei* wurde die Fähigkeit zugeschrieben, daß er das sehen kann, was andere nicht sehen können, wie ein Luchs, der einen ungewöhnlich scharfen Blick hat.

Und in der Tat, *Galilei* erkannte vieles, was anderen verschlossen blieb. *Galilei* richtete sein Fernrohr gegen den Himmel und erblickte den keineswegs göttlichen Aufbau des Mondes, den „Ring“ des Saturns, die Jupitermonde, die namenlosen Sterne der Milchstraße. Diese Erkenntnisse überzeugten ihn von der Richtigkeit der Kopernikanischen Theorie, und er wurde zu ihrem leidenschaftlichen Verkünder. Diese Seite aus dem Leben des *Galilei* ist sehr gut bekannt, und es hat für uns wenig Sinn, wenn wir darauf tiefer eingehen. Jedoch hat das, was nach der Verurteilung durch die Inquisition und nach seiner formalen Abkehr von der ketzerischen Lehre geschah, zu dem Thema unseres Buches schon einen unmittelbaren Bezug.

In seiner erzwungenen Einsamkeit in Arcetri (ab 1633), unweit von Florenz, beendete *Galilei* die von ihm schon seit langem erdachten Bücher über Physik, Mathematik und Mechanik. Der „luchsäugige“ *Galileo Galilei* kam hier zu Ergebnissen, die hinsichtlich ihrer Wichtigkeit mit seinen astronomischen Entdeckungen verglichen werden können. Schon früher hatten weitblickende Gelehrte den Wert der Erfahrung und des Experiments erkannt, aber jedes Experiment war in seinem Wesen passiv, betrachtend und empirisch oder auf ausgesprochen wissenschaftliche Ziele ausgerichtet.

Galileo Galilei stellte die Frage nach einem neuen, gründlich durchdachten, speziell geplanten wissenschaftlichen Experiment, in dem die Erscheinung in „reiner“ Art studiert wird, von Begleiteinflüssen abgegrenzt ist und sich mathematisch beschreiben läßt. *Galilei* war davon überzeugt, daß das Buch der Natur in der Sprache der Mathematik geschrieben ist. Die Buchstaben dieses Buches sind Dreiecke, Kreise und andere geometrische Figuren, ohne die der Mensch die Sprache der Natur nicht verstehen kann, ohne die er vergeblich in einem dunklen Labyrinth umherirrt.

Galilei begann seine Überlegungen mit der Frage, warum große Schiffe untergehen, warum riesige Gebäude einstürzen. Er schrieb:

„Die allgemeine Annahme, daß große und kleine Maschinen gleich ausdauernd seien, ist offenbar irrig: beispielsweise werden kleine Obelisken und Säulen und anderes mit Sicherheit gehandhabt werden können ohne irgendwelche Gefahr des Zerbrechens, während sehr große bei jedem Zufall Gefahr laufen zu bersten, und zwar bloß wegen der eigenen großen Last."

Nachdem *Galilei* am 1. Tag seiner berühmten Discorsi Zugversuche an Stäben beschrieben hat, beschäftigt er sich am 2. Tag mit dem Problem der Biegefestigkeit des einseitig eingespannten Balkens und – ebenfalls kurz und genial – mit dem Balken auf zwei Stützen. Wenn auch nicht alle Schlußfolgerungen schon ganz richtig sind (z. B. die Lage der sogenannten Nullebene im Biegebalken), so beschreibt er doch die wesentlichsten statischen Probleme schon genau:

1. Die Bruchfestigkeit eines zugbelasteten Stabes ist um so größer, je größer seine Fläche ist.
2. Bei einem Rechteckbalken geht dessen Höhe quadratisch, seine Breite aber nur linear in den Durchbiegungswiderstand ein.
3. Die Durchbiegung eines Balkens wächst mit der 4. Potenz seiner Länge.
4. Ein Balken auf zwei Stützen verhält sich gleich einem Balken, der wie eine Waage in der Mitte gelagert ist.
5. Geometrische Ähnlichkeit bedingt nicht eine mechanische Ähnlichkeit. Er schreibt:

   „Hieraus erkennen wir nun, wie weder Kunst noch Natur ihre Werke unermeßlich vergrößern können, so daß es unmöglich erscheint, immense Schiffe, Paläste oder Tempel zu erbauen, deren Ruder, Rahen, Gebälk, Eisenverkettung und andere Theile bestehen könnten; wie andererseits die Natur keine Bäume von übermäßiger Größe entstehen lassen kann, denn die Zweige würden schließlich durch das Eigengewicht zerbrechen; auch können die Knochen der Menschen, Pferde und anderer Thiere nicht übergroß sein und ihrem Zweck entsprechen, denn solche Thiere könnten nur dann so bedeutend vergrößert werden, wenn die Materie fester wäre und widerstandsfähiger, als gewöhnlich; sonst müßten bedeutende Verdickungen der Knochen gedacht werden, damit keine Deformationen einträten ... Im Gegentheil finden wir, daß bei Verminderung des Körpers die Kräfte nicht in demselben Maße abnehmen, ja es findet sogar ein relatives Wachstum der Stärke statt. Daher glaube ich, würde ein kleiner Hund zwei oder drei andere von gleicher Größe tragen können, während ein Pferd wohl kaum imstande wäre, auch nur ein einziges Pferd auf seinem Rücken zu tragen".

6. Rohre, die durch ihr Eigengewicht auf Biegung beansprucht werden, tragen – bezogen auf ihr Konstruktionsgewicht – mehr als massive Stäbe, so daß Hohlprofile ideale Konstruktionselemente sind:

„Zum Schluß der heutigen Erläuterungen will ich einiges über den Widerstand der hohlen festen Körper hinzufügen, deren sich die Kunst und die Natur in tausend Fällen bedient; hier wird ohne Gewichtsvermehrung die Festigkeit bedeutend gesteigert: so z. B. bei den Knochen der Vögel und bei vielen Rohren, die leicht sind und doch sehr bieg- und bruchfest: so daß, wenn ein Strohhalm, der eine Ähre trägt, die schwerer ist als der ganze Halm, aus derselben Masse bestünde, aber massiv wäre, er viel weniger bieg- und bruchfest sein würde. So hat man künstlich beobachtet und durch den Versuch bestätigt, daß eine hohle Lanze oder ein Rohr aus Holz oder Metall viel fester ist, wenn diese Körper bei gleichem Gewicht und gleicher Länge massiv wären, wobei sie feiner und dünner sein müßten; daher erfand man das Aushöhlen der Lanzen, um sie fest und zugleich leicht zu machen."

Auf dem Weg des Verstehens

Die Renaissance rief zuvor nicht gekannte Organisationen ins Leben, die wissenschaftlichen Akademien. Der Grundstein dafür wurde in Italien gelegt. In Neapel wurde bereits 1560 die Akademia Naturae Curiosorum (Akademie der Naturgeheimnisse) gegründet. In Rom wirkte die Accademia dei Lincei. Die Familie der Medici schuf in Florenz eine eigene Accademia del Cimento (Akademie der Versuche). Ihre „Zierde" war *Evangelista Torricelli* (1608 bis 1647), ein Schüler Galileis. Seit 1666 erwarb in Paris die Academie Royale des Sciences einen offiziellen Status. Die Russische Akademie der Wissenschaften wurde 1724 gebildet.

Zu Beginn des 17. Jahrhunderts bildete sich in England ein Kreis von Gelehrten, die regelmäßig zusammenkamen, um Probleme zu erörtern, die weder religiöse noch staatliche Angelegenheiten betrafen. Wie sich ein Teilnehmer dieser Treffen erinnerte, kamen die Gelehrten überein, sich wöchentlich irgendwo in London an einem festgesetzten Tag und zu bestimmter Stunde zu treffen. Dabei wurde ein Eintrittsgeld gezahlt, und wöchentlich wurden Geldsammlungen durchgeführt, um die Kosten der wissenschaftlichen Experimente zu begleichen.

„Wir sprachen bei diesen Sitzungen über den Blutkreislauf, über die Ventile der Blutadern, über die Kopernikanischen Hypothesen, über die Natur von Kometen und fremden Sternen, über die Jupitermonde, über die ovale Form des Saturns, über Sonnenflecken ... über die Verbesserung des Fernrohrs, über die Wägung von Luft."

Dieses „unsichtbare College" wurde in der Folgezeit zur Royal Society. Die ersten Mitglieder waren *Robert Boyle* (1627 bis 1691), der Mathematiker *Thomas Willis* (1621 bis 1675), der Baumeister *Christopher Wren* und viele andere.

Für jede Sitzung mußte der Kurator drei bis vier große Demonstrationsexperimente vorbereiten. In der Entstehungszeit der Royal Society hatte das Amt des Kurators *Robert Hooke* (1635 bis 1703) inne, der auf Empfehlung von *Boyle* eingesetzt worden war.

Robert Hooke war ein sehr vielseitig interessierter Mensch. Er befaßte sich mit dem Konstruieren einer Luftpumpe, verbesserte das Mikroskop, schlug eine Theorie des Lichts vor, kam sehr nahe an die Entdeckung der Gravitation heran (eine der Ursachen für seine gespannten Beziehungen zu *Isaac Newton*) und ließ London nach dem großen Stadtbrand von 1666 wieder aufbauen.

Aber nicht wegen dieser Leistungen blieb er der Nachwelt unvergessen.

Im Jahre 1687 erschien das Buch „Über die wiederherstellende Kraft ...", das *Hookes* Überlegungen enthielt, die unter dem Eindruck seiner zahlreichen Gespräche mit dem berühmten Uhrmacher *Thomas Thompson* entstanden waren. Hier wurde auch letztlich jenes Anagramm entschlüsselt, das schon mehr als drei Jahre Hookes Mitstreiter in der Royal Society zu enträtseln versucht hatten.

Drei Jahre zuvor veröffentlichte *Robert Hooke* ein sonderbares Werk mit dem Titel „Zehn Erfindungen, die ich zu veröffentlichen beabsichtige". Eine der zehn „Erfindungen" war die „Wahre Theorie der Elastizität und Steifigkeit". Unter der Überschrift standen nur einige Buchstaben, die man lediglich als Anspruch auf die Priorität in dem Falle ansehen konnte, wenn in den drei folgenden Jahren jemand zu denselben Schlußfolgerungen kommen würde wie *Robert Hooke*. Sehen wir selbst, welch sonderbare Buchstabenreihe unter der Überschrift gestanden hat:

ceiiinosssttuv.

Dieses Anagramm war nicht erforderlich, denn nach drei Jahren war niemand zu denselben Schlußfolgerungen wie *Hooke* gelangt.

Er konnte nun sein Geheimnis lüften und die richtige Reihenfolge der Buchstaben bekanntgeben:

ut tensio sic vis,

d. h. „Wie die Dehnung, so die Kraft".

Diese Feststellung beschreibt die elastischen Eigenschaften der Stoffe. *Robert Hooke* hatte erkannt, daß jeder Körper durch die Einwirkung einer Kraft in einem bestimmten Bereich Dehnungen oder Stauchungen erfährt und daß er nach Beendigung der Krafteinwirkung wieder seine Ausgangsform und -abmessungen annimmt.

„Ausgehend von diesem Prinzip wird man leicht die Kraft der Armbrüste, Katapulte und Wurfmaschinen, derer sich die alten Griechen und Römer bedienten, berechnen können ..."

Daß die elastischen Eigenschaften jedoch nicht bei allen Materialien gleich sind, wie noch *Hooke* annahm, erkannte etwas später *Georg Bernhard Bilfinger* (1693 bis 1750).

Das sogenannte Hookesche Gesetz, das die Beziehung zwischen Spannung und Dehnung beschreibt $(E={}^{\sigma}/_{\varepsilon})$, wurde nicht von *Hooke*, sondern von *Thomas Young* (1773 bis 1829) aufgestellt.

Hooke begann seine Untersuchungen mit Uhrfedern. Das forderte das Jahrhundert, in dem bereits eine genaue Zeitmessung benötigt wurde. Er kam zu weiterreichenden Verallgemeinerungen und Schlußfolgerungen. Die Durchbiegung infolge einer Belastung, vor der die Ingenieure der vergangenen Jahrhunderte Angst hatten, war nicht nur eine zulässige, sondern auch eine notwendige Eigenschaft beliebiger Träger und Balken. War die zulässige Durchbiegung bekannt, so konnte man Konstruktionen wesentlich leichter und billiger machen, ohne gleichzeitig dabei ihre Zuverlässigkeit herabzusetzen.

Die Schlußfolgerungen von *Galileo Galilei* und *Robert Hooke* wurden immer wieder aufs neue überprüft und präzisiert, die Wissenschaftler der verschiedenen Generationen verliehen ihnen einen genaueren Sinn.

Der Prior des Klosters von Saint-Martin-sous-Beaune, *Edmé Mariotte* (um 1620 bis 1684), der zur Pariser Academie Royale des Sciences gehörte, gelangte zu der Feststellung, daß die Galileische Theorie zu große Werte für die Bruchlast ergibt. *Mariotte*, der mit dem Bau der Rohrleitungssysteme für das Schloß in Versailles beauftragt worden war, mußte *Galileis* Versuche nochmals überprüfen und berücksichtigte dabei die Hookesche elastische Verformung.

Zahlreiche Wissenschaftler leisteten einen Beitrag zur Lösung der Festigkeitstheorie der Bauwerke. Zu ihnen zählen *Leonhard Euler* (1707 bis 1783), die Bernoullis[1)] und andere, die anfänglich durch wissenschaftliches Interesse, später durch die Forderungen der Kriegs- und Bautechnik angetrieben wurden. Zu Beginn des 19. Jahrhunderts waren alle relativ einfachen Aufgaben der Festigkeit von Bauwerken gelöst. Das Leben brachte immer kompliziertere Aufgaben hervor, an deren Bewältigung sich erneut Theoretiker machten.

Zusammenfassend kann man also feststellen: Die Konstrukteure und Baumeister des 19. Jahrhunderts besaßen schon die Möglichkeit, relativ komplizierte Probleme theoretisch zu lösen, theoretisch das Verhalten von Konstruktionen und Vorrichtungen unter bestimmten Bedingungen vorherzusagen.

Aber das Leben und die von ihm auferlegten Rätsel sind kompliziert, und die Ingenieure des neuen Jahrhunderts, die von der scheinbaren Macht der theoretischen Kraft, die sich in ihren Händen befand, getäuscht wurden, machten immer öfter Fehler. Genauso wie früher tasteten sie mitunter umher, und die Meilensteine – Ereignisse, die ihnen die Augen öffneten für das Nichtuntersuchte, für die Notwendigkeit, bei den Berechnungen immer neuere Faktoren zu berücksichtigen – waren nach wie vor die bitteren Lehren des Versuchs und des Naturexperiments.

[1] *Daniel Bernoulli* (1700 bis 1782), *Jakob Bernoulli* (1654 bis 1705), *Johann Bernoulli* (1667 bis 1748) und *Nikolaus Bernoulli* (1687 bis 1759)

Ein langer Weg mußte zurückgelegt werden, voller Zweifel und Katastrophen (in der Art des Schicksals der Brücke über den Firth of Tay), bis sich die Ingenieure vom Nutzen der Festigkeitsberechnungen überzeugten.

J. Gordon. Structures or Why things don't fall down

Bittere, aber nützliche Lehren

Die Ingenieure und Baumeister, die sich mit Müh und Not die neuen Berechnungsverfahren zu eigen gemacht hatten, wurden kühner; ihr Schöpfertum, durch den Reichtum der bereits erlernten mathematischen Methoden angeregt, wurde immer verwegener und wagemutiger. Und die Geschichte begann sich zu wiederholen: Neue Havarien und Katastrophen, noch erschütternder, zeigten dem Menschen, so schien es, die Grenzen seiner Macht; aber immer kunstvoller wurden auch die Methoden des Menschen im Kampf um die Zuverlässigkeit; auf jeden Fehler folgten Analysen, Schlußfolgerungen und der feste Glauben, daß sich diese Fehler nicht mehr wiederholen werden ...

Schottische Tragödie

In der Londoner „Times“ vom 29. Dezember 1879 ist an kaum sichtbarer Stelle eine durchaus alltägliche Meldung enthalten:

„Dundee, 29. Dezember. Ein Orkan ungewöhnlicher Stärke. In den nächsten Tagen wird es keinen Zugverkehr über den Firth of Tay auf der Strecke St. Andrews – Dundee geben.“

Wenn man diese Meldung aus der Sprache des britischen halbamtlichen Blattes in eine härtere und einfachere Sprache übersetzt, um sich Klarheit darüber zu verschaffen, was diese Zeilen verbergen, so muß die in der „Times“ stehende Notiz durch neue, sehr wesentliche Details ergänzt werden.

... Ende Dezember 1879 wurde die Gegend um den Firth of Tay von einem heftigen Sturm heimgesucht. Der kalte böige Wind, der eine Geschwindigkeit von 40 Metern in der Sekunde erreichte, hatte alle, die auf den Zug aus dem Süden warteten, in das wenig Bequemlichkeit bietende Bahnhofsgebäude der Stadt Dundee getrieben. Das war am 28. Dezember 1879.

Der Zug aus dem Süden hatte Verspätung. Wie sich später herausstellte, kam der bereits aus St. Andrews abgefahrene Zug niemals in Dundee an.

Als nach vielen Stunden der Sturm abgeklungen war und die Bahnwärter sich von beiden Seiten den Ufern des Tay näherten, sahen sie ein Bild des Schreckens. Anstelle der fast vier Kilometer langen herrlichen Brücke ragten aus dem ruhig gewordenen Wasser des Firth of Tay nur die verunstalteten Brückenpfeiler hervor.

Der Zug wurde von Tauchern gefunden. Er lag in acht Metern Tiefe und war in dem Tragwerk der Brücke wie in einem riesigen Käfig eingeschlossen. Auf dem Grund lagen dreizehn Brückenbogen. Eine Orkanbö hatte sie in den Tay gerissen. Vierundsiebzig Reisende kamen bei der Katastrophe ums Leben. Der Zugverkehr wurde für lange Zeit eingestellt, was von der äußerst zurückhaltenden „Times“ ebenfalls gemeldet wurde.

Um die Ursachen dieser schweren Katastrophe zu klären, die Menschenleben gefordert und große materielle Verluste gebracht hatte, ist es vielleicht sinnvoll, eine kleine geographische und geschichtliche Abschweifung vorzunehmen.

Wer einen Blick auf die Karte Großbritanniens wirft, erkennt sofort, daß einige Flüsse – Tay, Forth, Humber – breite Mündungen bilden, die sich weit in das Festland hineinschneiden.

Diese Meerbusen bilden ein ernsthaftes Hindernis für die Verbindung des Südens des Landes mit Nordschottland. Man muß entweder mit einer Fähre übersetzen oder einen kilometerlangen Umweg machen.

Die Idee, in der Nähe der Stadt Dundee eine Eisenbahnbrücke über den Firth of Tay zu errichten, entstand in der dortigen Eisenbahngesellschaft schon in der Mitte des vorigen Jahrhunderts. Nachdem zahlreiche Industrielle die Gewinnträchtigkeit eines solchen Unternehmens geprüft und ihre Unterstützung zugesichert hatten, begann eine Initiativgruppe mit Erschließungsarbeiten. Es wurden Erkundungsbohrungen niedergebracht, die an einem Flußabschnitt einen zuverlässigen Untergrund vermuten ließen. Man fertigte eine Projektzeichnung der Brücke an. Der Kostenvoranschlag für den Bau betrug 150000 Pfund Sterling.

Das Projekt mußte durch das britische Parlament bestätigt werden. Das Genehmigungsverfahren zog sich über 15 Jahre hin. Im Jahre 1870, nach der dritten Lesung, wurde die Konzession der Regierung für den Bau der Brücke erteilt. Die Geschichte der Bauvorbereitung war abgeschlossen, nun begann die Geschichte der Bauausführung.

Zu dieser Zeit war bereits das Arbeitsprojekt der Brücke fertiggestellt worden. Es war in der Tat ein grandioses Bauwerk. Die Brükkenlänge betrug 3600 Meter. Sie hatte eine eigenartige Form, der Mittelteil war gerade, am südlichen und nördlichen Ende machte die Brücke einen Bogen von 90°. Sie sollte von mehr als 100 Stützpfeilern getragen werden, die so hoch waren, daß die Schienen 26,2 Meter über dem Wasserspiegel verliefen. Mit diesem Abstand wollte man den Schiffsverkehr unter der Brücke gewährleisten. Aus dem gleichen Grunde wurde vorgesehen, das Tragwerk der Brücke zwischen den 16 Hauptstützen oberhalb der Schienen anzuordnen, so daß der Zug wie durch einen Tunnel aus Gitterwerk fuhr. Auf dem übrigen Abschnitt der Brücke sollte sich das Tragwerk unterhalb der Schienen befinden.

Im Ergebnis der Verhandlungen erhielt den Vertrag für den Bau der Brücke dieselbe Firma, die die Erschließungsarbeiten ausgeführt hatte. Jedoch lag der Voranschlag für die Baukosten jetzt um 100000 Pfund Sterling über der ursprünglich veranschlagten Summe. So viel Geld hatte der Auftraggeber nicht. Infolgedessen mußten schnell Wege gefunden werden, um die Kosten zu senken. Einer der Autoren des Projektes machte den Vorschlag, anstelle der ursprünglich vorgesehenen Steinpfeiler zusammengesetzte Pfeiler zu errichten: Die Steinsockel sollten nur einen Meter aus dem Wasser ragen, und der übrige Teil der Pfeiler sollte aus einer Vielzahl von Gußeisenrohren mit einem Durchmesser von 0,38 bis 0,46 Metern bestehen. Bei den niedrigen Tragwerken wollte man sechs und bei den großen, wo die Pfeiler um 6 bis 7 Meter höher sein mußten, acht solcher Rohre übereinander montieren. Jeder Pfeiler sollte aus 5 bis 7 solcher Rohrsäulen gebildet werden, die untereinander durch Querstreben und Diagonalstäbe zu verstärken waren. Anfänglich war geplant, die Querstreben und Diagonalstäbe aus Winkeleisen zu fertigen, aber später beschloß man, sie aus Gründen der Sparsamkeit aus Bandmaterial herzustellen. Sie sollten mit den Rohren verschraubt werden. Diese Vereinfachung der Pfeilerkonstruktion verhieß eine große Einsparung und wurde unverzüglich gebilligt.

Die Bauarbeiten, die 1870 begonnen wurden, schritten erfolgreich voran. Allerdings stellte man gleich fest, daß die Qualität vieler Rohre ungenügend war, weshalb man sie an den Hersteller zurückschickte.

Im Jahre 1876 wurden die Bauarbeiten nochmals gefährdet.

Als man mit der Errichtung der Hauptstützen begann und den Untergrund überprüfte, stellte sich heraus, daß er überhaupt nicht felsig war. Bei der ersten Bohrung hatte man eine mehrere Meter dicke Schicht aus zusammengepreßtem Geröll als Fels angesehen, aber unter dieser Schicht lag bis in große Tiefen nur Schwemmsand. Die Sache wurde komplizierter, weil den Fehler jene Firma begangen hatte, die jetzt bauausführend war. Nach dieser unangenehmen Entdeckung löste sie den Vertrag, bezahlte eine riesige Vertragsstrafe und stellte die Bauarbeiten ein. Man mußte sich an eine andere Firma wenden, die bereit war, die erforderlichen Veränderungen im Projekt zu erarbeiten und die Brücke fertigzustellen. Der Abschluß der Bauarbeiten wurde hinausgeschoben.

Ursprünglich war der Bodendruck der Pfeiler mit 0,59 Megapascal (6 Kilopond je Quadratzentimeter) berechnet worden. Einem solchen Druck konnte das Steingeröll nicht standhalten. Daher wurde beschlossen, die Grundfläche der Stützpfeiler so zu vergrößern, daß der Bodendruck nur 0,32 Megapascal betrug. Um die Verteuerung der Stützpfeiler zu kompensieren, wurde entschieden, ihre Anzahl zu verringern. Die Stützweiten sollten nicht 61 Meter, sondern 76 Meter betragen, und außerdem sollten nur sechs anstelle von acht Rohren verwendet werden.

Gleichzeitig stellte sich noch ein Umstand ein, der vielleicht für die Katastrophe ausschlaggebend war: Es gab damals noch keine genauen Verfahren zum Berücksichtigen von Windkräften, und die Annahmen für den Winddruck wurden, wie man sagt, „aus der Luft gegriffen“. Bei den Berechnungen der Brücke über den Firth of Tay wurde von einem Winddruck von 462 Pascal (47 Kilopond je Quadratmeter) ausgegangen. Bereits während der Bauarbeiten stellte sich 1876 heraus, daß man in anderen Ländern die Bauwerke für einen Winddruck auslegte, der drei- bis fünfmal größer als der genannte Wert war. Eine größere Lastannahme für den Winddruck hätte aber zur nächsten Änderung des Projekts und zu einem noch stärkeren Ansteigen der Baukosten geführt. Die Aktionäre und Eigentümer der Eisenbahngesellschaft wollten nichts von einer Verteuerung hören. Kostensenkung, Kostensenkung und nochmals Kostensenkung – so lautete die Devise. Außerdem stellten sie die Forderung, daß die Bauarbeiten in jedem Fall Ende 1877 abzuschließen seien.

Die bauausführende Firma ging auf die Forderungen der in der Technik nicht bewanderten Aktionäre ein. Von einer Korrektur der Winddruck-Lastannahme konnte natürlich keine Rede sein. Hinzu kam, daß die Ingenieure, die die Bauaufsicht führten, bisweilen auch durch direkte Hinweise veranlaßten, Defekte und Ausschuß außer acht zu lassen. Jetzt „bemerkte" man weder die Lunker in den Gußrohren noch die schiefen Bohrungen. Man sah auch darüber hinweg, daß die Bauarbeiter die Diagonalstäbe nicht mehr verschraubten, sondern einfach verkeilten.

Die Brücke wurde tatsächlich Ende 1877 fertiggestellt. Der erste Zug fuhr über die Brücke. Im Februar 1878 fand die offizielle Abnahme der Brücke statt. Und schließlich wurde die Brücke am 30. Mai 1878 in Anwesenheit hochgestellter Persönlichkeiten feierlich eröffnet und für den Betrieb freigegeben. Bereits anderthalb Jahre später geschah die schreckliche Katastrophe.

Für die Untersuchung der Ursachen wurde eine Regierungskommission gebildet, die zwei Monate tätig war. Das eingestürzte Bauwerk wurde eingehend geprüft. Die Arbeitsergebnisse der Kommission bewiesen, daß bei einer derartig falschen Berechnung und gewissenlosen Bauausführung eine Katastrophe unvermeidlich war.

Aus dem Befragen der Zeugen wurde klar, daß schon in den ersten Betriebsmonaten ein gewisses Schütteln und Schwanken der Brücke beobachtet wurde, wobei die Maler, die mit dem Anstreichen beschäftigt waren, die Farbbehälter festbinden mußten, da diese sonst beim Vorbeifahren eines Zuges in den Fluß gefallen wären. Bereits vier Monate nach der Aufnahme des Verkehrs über die Brücke wurden einige Diagonalstäbe locker. Ein Inspektor will über 100 solcher Schwachstellen festgestellt haben. An einigen Säulen waren bis zu 2 Meter lange senkrechte Risse aufgetreten.

Die Untersuchung des eingestürzten Brückenteils zeigte, daß die

Rohre, aus denen sich die Säulen zusammensetzten, Fertigungsmängel aufwiesen. Die Wanddicke betrug anstelle der geforderten 2,5 manchmal 3,6 Zentimeter, aber zuweilen auch nur 0,9 Zentimeter. Häufig fand man Lunker, die nicht ausgebessert worden waren, sondern einfach einen Anstrich erhalten hatten.

Und letztlich der Winddruck: Bei einer Windgeschwindigkeit von 40 Metern in der Sekunde würde er etwa 1864 Pascal betragen, d. h. viermal mehr als der berechnete. Das Kippmoment infolge dieser Belastung war natürlich für diese schlecht projektierte und aus minderwertigen Teilen errichtete Brücke viel zu groß.

Sowohl technische Unkenntnis als auch der für diese Gegend unerwartet starke Wind, aber ebenso die Gewissenlosigkeit und die Eile waren also die Ursachen dieser schrecklichen Tragödie.

Am Beispiel der Brücke über den Firth of Tay konnten sich die Bauingenieure der ganzen Welt von der Notwendigkeit überzeugen, daß bei den Berechnungen auch das, was früher nicht bekannt war oder was man vernachlässigte – nämlich das durch den Winddruck bedingte Kippmoment – genauestens berücksichtigt werden muß. Das Kippmoment war aber nicht der einzige Faktor, von dem die Zuverlässigkeit der großen ingenieurtechnischen Bauwerke des vergangenen Jahrhunderts – der Brücken – abhängig war.

Die „unglückliche“ Quebec-Brücke

Die Brücke, die man über den St.-Lorenz-Strom in der Nähe von Quebec in Kanada bauen wollte, sollte ein sehr eindrucksvolles Bauwerk werden. Die etwa einen Kilometer lange Brücke war laut Plan für zwei Eisenbahnlinien, zwei Straßenbahngleise, zwei Autobahnstraßen und zwei Fußgängerwege ausgelegt worden. Der Mittelabschnitt sollte 544 m messen, die Höhe des Tragwerks über dem Pfeiler 96 m betragen. Die Gesamtmasse des als Auslegerbrücke projektierten Bauwerks betrug fast 40000 Tonnen.

Zuerst berechnete man für den Mittelabschnitt der Brücke, der die größten Belastungen aushalten mußte, eine Länge von 488 Metern, aber in diesem Fall hätte man noch einen Brückenpfeiler errichten müssen, was bei einer Flußtiefe bis zu 60 Metern sehr teuer gewesen wäre. Deshalb beschloß man auch, den Mittelabschnitt um 56 Meter zu verlängern und den zusätzlichen Pfeiler einzusparen.

Mit dem Bau der Brücke wurde am 22. Juli 1905 begonnen. Nach zwei Jahren waren der südliche Teil der Brücke und drei Felder des hängenden Tragwerks fertig. Die Brückenmontage erfolgte frei tragend mit zwei Kranen. Die Krane hatten eine Masse von 1100 und 250 Tonnen. Bildhaft gesprochen, sah die Brücke jetzt wie ein verdrehtes „L“ aus. Das kurze Ende war der Brückenpfeiler, am langen Ende befanden sich die beiden Krane. Hier wuchs die Brücke ständig, und ihr frei schwebendes Ende sollte letztlich das andere Ufer erreichen.

Im August des Jahres 1907, gegen Ende der Bausaison, drängten die Bauunternehmer die Arbeiter zur Eile: Man mußte die letzten Sommertage richtig ausnutzen. Die Bauarbeiten verzögerten sich dennoch. Im August bemerkte man, daß sich einige Rippen der Felder der frei tragenden Konstruktion verbogen hatten. Davon wurde der technische Berater der Eisenbahngesellschaft, die den Bau leitete, in Kenntnis gesetzt. Aus diesem Anlaß begann ein Schriftwechsel zwischen dem Berater und der bauausführenden Firma, die beteuerte, daß dieser Fehler infolge einer falschen Montage entstanden wäre und unangenehme Folgen nicht zu befürchten seien.

Am 20. August stellte der Inspektor der Brücke solche Ausbiegungen schon an drei Rippen fest, bereits auf der anderen Seite des Tragwerks.

Am Morgen des 27. August bemerkte man, daß sich die Ausbiegungen des Tragwerks weiter ausbreiteten. Der Chefingenieur der Quebecer Firma wurde herbeigerufen. Er schätzte die Lage als ernst, aber nicht bedrohlich ein. Abermals wurde nichts unternommen. Man beschloß lediglich, den Berater und den Generalauftraggeber in Kenntnis zu setzen. Um die alarmierende Lage vor den Arbeitern zu verschweigen, geschah dies nicht per Telefon oder Telegraf, sondern man schickte einen Eilboten nach New York.

Mit Beunruhigung erwarteten die an den Bauarbeiten Beteiligten den nächsten Morgen. Nichts Neues wurde festgestellt. Die Arbeiten sollten fortgesetzt werden. Man ersetzte an einigen Stellen des Tragwerks die Schraubenverbindungen durch dauerhaftere Nieten. Plötzlich stellten die Arbeiter, die mit dem Vernieten beschäftigt waren, noch eine Ausbiegung fest, auf die die Ingenieure sofort ihre Aufmerksamkeit richteten. Jedoch auch jetzt wurden die Arbeiten nicht eingestellt. Der Chefingenieur bestand auf Fortsetzung der Arbeiten. Er befürchtete, daß die Arbeiter abreisten und die Bausaison abgebrochen werden müßte, falls die Arbeiten eingestellt würden.

Am Morgen des 29. August ging ein Telegramm des Beraters der Firma ein. Er machte den Vorschlag, die Belastung für das Tragwerk nicht weiter zu erhöhen, sah die Lage aber nicht als katastrophal an. Er schickte sogar eine Skizze für Korrekturen und war der Meinung, daß für alle Korrekturarbeiten 3 Arbeitsstunden und 100 Dollar erforderlich wären. Hier lag eine völlige Fehleinschätzung der Situation vor: Die Belastung für den Untergurt hatte den kritischen Wert bereits überschritten, und die Zerstörung war nicht mehr aufzuhalten.

Am selben Tag, 15 Minuten vor dem Ende des Arbeitstages, stürzte die Brücke ein. Alle auf der Brücke befindlichen Arbeiter und Techniker – 74 an der Zahl – kamen ums Leben. Es gab drei Augenzeugen der Katastrophe. Der erste arbeitete am anderen Flußufer. Der zweite hielt sich auf dem Kran auf, der am Brückenpfeiler befestigt war. Er wurde zwar mit in den Fluß gerissen, konnte sich aber retten. Der dritte befand sich auf dem Uferabschnitt der Brücke und konnte sich noch rechtzeitig in Sicherheit bringen.

Die Regierungskommission, die die Ursachen dieses schrecklichen Unglücksfalls untersuchte, fand heraus, daß an der Katastrophe zwei Ingenieure schuld waren: der Projektant und der Berater, der das Projekt gebilligt hatte.

Die Schuld des Projektanten bestand darin, daß er die Gewichtskräfte im Bauwerk bei den Berechnungen nicht richtig berücksichtigt hatte. Aber was heißt „nicht richtig“? Der Projektant verwendete bei der Berechnung der in der Brücke auftretenden Kräfte die allgemein gebräuchlichen Annahmen, mit denen er schon seit seiner Studienzeit vertraut war. Die Überprüfung der Berechnung zeigte, daß die theoretischen (und nach den Formeln richtig berechneten!) Gewichtskräfte im Bauwerk um 20 bis 30 Prozent kleiner waren als die tatsächlichen (!). Als der Berater über die Ausbiegung von Stäben informiert wurde, führte er die Nachrechnung genauso aus, wie es am College gelehrt wurde. Er fand nichts Ungewöhnliches und empfahl, die Bauarbeiten fortzusetzen. Eine solche Entscheidung kann man durch die ungenügenden praktischen Erfahrungen beim Bau von Stahlbrücken begründen. Der Berater hatte formal die Erfahrungen beim Bau von Holzbrücken auf die prinzipiell neuen Bauwerke aus Metall übertragen.

Der gemeinsame Fehler des Projektanten und des Beraters lag darin, daß sie eine falsche Methode für die Berechnung der Festigkeit der Konstruktion verwendet hatten. Diesen Umstand stellte auch die Regierungskommission fest. Nach dem Einsturz der Quebec-Brücke begannen sich die Methoden der Festigkeitsberechnung sehr schnell zu entwickeln. Einen großen Beitrag auf diesem Gebiet der Baumechanik leisteten sowjetische Wissenschaftler, insbesondere Prof. *V. Z. Vlassov.*

Die Quebec-Brücke lehrte die Projektanten der ganzen Welt die richtigen Berechnungsmethoden für Brücken aus Stahl. Allen wurde klar, daß man eine neue Konstruktion, die wesentlich größer ist als zuvor gekannte und die darüber hinaus aus anderen Werkstoffen gebaut werden soll, nicht nach alten Formeln berechnen kann, ohne einen hohen Sicherheitszuschlag zu geben, ohne eine Modellüberprüfung vorzunehmen.

Ähnliche Vorfälle gibt es auch in der Gegenwart. Wir bringen einige Beispiele aus dem Buch „Metalle der kosmischen Ära" von *E. M. Sawitzkij* und *W. S. Klatschko*, das 1982 im VEB Deutscher Verlag für Grundstoffindustrie, Leipzig, erschienen ist. Dieses Buch beginnt folgendermaßen:

„Am frostigen 31. Januar des Jahres 1951 stürzte eine Autobrücke in Quebec (Kanada) zusammen, obwohl zu dieser Zeit nur ein einziges Fahrzeug über die Brücke fuhr. Drei Teile dieser Brücke mit je 54 m Länge fielen in den Fluß. Jeder wird denken, die Brücke war alt. Im Gegenteil, sie war erst 1947 für den Verkehr freigegeben worden.

In Belgien mußte von 52 geschweißten Brücken, die in den Jahren 1934 bis 1938 gebaut wurden, fast ein Fünftel bis 1940 gesperrt werden. Einige Brücken davon brachen völlig zusammen. Am 14. März 1938 stürzte eine Brücke mit 13,5 m Spannweite über dem Albert-Kanal nahe Hasselt ein, die gerade ein Jahr zuvor dem Verkehr übergeben worden war. Zwischen 1947 und 1955 traten 14 weitere ähnliche Fälle auf.

Diese Beispiele aus Belgien sind leider keine Ausnahmen. Im Dezember 1951 versagte in der ČSSR eine provisorische Eisenbahnbrücke von 12 m Spannweite, die nach der Überfahrt einer Lokomotive zusammenbrach. Vor einigen Jahren stürzte in Wien die Reichsbrücke, ein wichtiger Teil der Verkehrsmagistrale, zusammen.

Die spektakulärsten Havarien dieser Art sind von amerikanischen Schiffen her bekannt, wo erstmalig in großem Umfang Schiffskörper geschweißt wurden.

Von 5000 während des zweiten Weltkrieges gebauten Handelsschiffen hatten bis zum April 1946 mehr als 1000 Schiffe Risse. Zehn Tanker und drei Transporter eines bestimmten Typs brachen in der Mitte durch. Bei 25 anderen Schiffen wurden entweder die Decks oder die Böden der Schiffe vollständig zerstört. Andere Schiffe zeigten bereits Risse, bevor sie in Dienst gestellt wurden. Im Januar 1943 brach bei ruhiger See am Kai der Schiffswerft während der Vorbereitungen zur Probefahrt der Tanker ‚Scanactady' mit 7230 t Wasserverdrängung auseinander. Das gleiche Schicksal erlitt bei Windstärke 2 und leichter See sowie einer Geschwindigkeit von 14 Knoten der Tanker ‚Esso Manhattan' mit 10344 t Wasserverdrängung.

Im August 1964 stürzte eines der höchsten Bauwerke der Welt, der 400-m-Antennenmast am Südwestufer Grönlands, zusammen ..."

Die Ursachen liegen hier, so geben die Autoren an, nicht in der fehlerhaften Bauweise, sondern in der unzureichenden Untersuchung der Werkstoffeigenschaften und in der Methode der Festigkeitsberechnung.

Offenbar war der letzte Aspekt das wichtigste strategische Versäumnis der Ingenieure. Die Mängel der Berechnungsformeln hätten durch gründliche Untersuchungen von Modellbrücken experimentell aufgedeckt werden müssen. Dieses Versäumnis kann man nicht verzeihen, da die Methode der Modellierung bereits zu Beginn unseres Jahrhunderts eingesetzt wurde. Weiter vorausblikkende Ingenieure hatten schon längst begriffen, daß nur die Modelle die Ingenieure von den Aufregungen und Unruhen des „Naturexperiments" befreien und jene Informationen liefern können, die man noch nicht mit mathematischen Formeln gewinnen kann.

Spielzeug für den Ingenieur

Im ersten Kapitel unternahmen wir den Versuch, darüber zu berichten, wie der Mensch auf der Grundlage von Naturexperimenten lernte. Früher konnte man nicht von vornherein wissen, ob ein Gebäude stehen bleibt; es wurde einfach gebaut. Danach sah man, was mit ihm passierte, d. h., man stellte mit dem Produkt der menschlichen Arbeit ein Naturexperiment an.

Aus einem solchen Experiment kann man natürlich unschätzbare Informationen gewinnen. Die Nachteile des Naturexperiments liegen aber auf der Hand: Es ist kostspielig und trifft keine Aussagen über Bauwerke, die sich irgendwie von dem geprüften Gebäude unterscheiden.

Unter den gegenwärtigen Bedingungen läßt man sich auf das Naturexperiment nur in Ausnahmefällen ein: Wenn die Massenproduktion aufgenommen werden soll, oder wenn einmalige Vorrichtungen, Bauwerke und Anlagen (superleistungsstarke Generatoren, Überschallflugzeuge, kosmische Flugapparate) gebaut werden.

Im wesentlichen gehen die Ingenieure schon seit über 100 Jahren einen anderen Weg, um Informationen über die Eigenschaften künftiger großer, einmaliger Bauwerke zu erhalten. Sie bauen Experimentalmodelle, die äußerlich verkleinerte Kopien der Vorrichtungen und Anlagen darstellen, deren Eigenschaften vorhergesagt werden sollen. Die Experimente an Modellen, die aus eigens dafür ausgewählten Werkstoffen unter Berücksichtigung von Ähnlichkeitsgesetzen angefertigt werden, können mit großer Sicherheit die Frage nach dem zukünftigen Verhalten der zu bauenden Vorrichtung oder Anlage beantworten. Allerdings gibt es keine Ähnlichkeitsgesetze, die eine absolute Annäherung der Eigenschaften des Modells an die Eigenschaften des noch nicht existierenden Originals ermöglichen.

Der englische Ingenieur *Telford* (1757 bis 1834) projektierte zahlreiche Brücken, darunter auch die Hängebrücke mit Eisenketten über die Menai-Straße. Berechnen konnte man damals die Hängekonstruktionen noch nicht. *Telford* ging so vor wie auch seinerzeit *I. P. Kulibin* (1735 bis 1818): Er fertigte ein Modell der Brücke, legte es über eine Erdkluft und fand nun an diesem Modell einen sinnvollen Verlauf der Kettenlinien heraus.

Als die Brücke gebaut war, erwies sie sich dennoch als nicht stabil genug. Die Fahrbahn neigte sich manchmal derartig, daß die Pferde hinfielen. Man mußte die Fahrbahn befestigen. Klar wurde, daß Modelle keine vollständigen Vorstellungen von einem künftigen Bauwerk vermitteln können. Die Ingenieure mußten weiterhin mit Unruhe und Aufregung die Fertigstellung ihrer „Kinder" abwarten.

Wie schon bei der Besprechung der galileischen Experimente erwähnt, hatte *Galilei* erkannt, daß aus einer geometrischen Ähnlichkeit kaum eine mechanische Ähnlichkeit folgt.

Im Laufe der Jahrhunderte wurden Kennzahlen ermittelt, die das Verhältnis vom Modell zum Objekt genau beschreiben. Zu Ehren von Galilei gibt es die Galilei-Zahl:

$$\mathrm{Ga} = \frac{\text{Länge} \cdot \text{Dichte}}{\text{Spannung}} .$$

Druck- und zugbeanspruchte Konstruktionen sind vergleichbar, wenn sie gleiche Galilei-Zahlen haben.

Schiffe, Flugzeuge, Vögel und fliegende oder schwimmende Modelle sind vergleichbar, wenn sie gleiche Reynolds-Zahlen haben:

$$\mathrm{Re} = \frac{\text{Länge} \cdot \text{Geschwindigkeit}}{\text{Viskosität des Mediums}} .$$

Beispielsweise kann man auf diese Weise einen Flugzeugrumpf mit dem Rumpf eines Haifisches vergleichen. Da der Haifisch eine ideale Form hat, kann der Flugzeugrumpf ähnlich gestaltet werden.

Den Einfluß der Schwerkraft auf schwimmende Gegenstände (z. B. auf Schiffe und auf deren Modelle) beschreibt die Froude-Zahl:

$$\mathrm{Fr} = \frac{\text{Geschwindigkeit}}{\text{Schwerkraft} \cdot \text{Länge}} .$$

Aus diesen Ähnlichkeitsgesetzen folgt unter anderem, daß sich z. B. bei einem Konstruktionsmodell im Maßstab 1:20, in dem sich die Elastizitätsmoduln wie 1 : 10 verhalten, die Kräfte von Prototyp und Modell wie 4000 : 1 verhalten müssen und die Spannungen wie 10 : 1.

Kleiner Modelle bediente sich beispielsweise *Robert Stephenson* (1803 bis 1859), um die Möglichkeiten der Errichtung verschiedener komplizierter Bauwerke, besonders Brücken, aus dem neuen Werkstoff „Stahl" zu untersuchen.

Zu jener Zeit gingen die Stahlpreise rapide zurück, fast auf 1/10, und die Ingenieure sahen sich plötzlich einem neuen Werkstoff gegenüber. (Man kann sich kaum vorstellen, wie selten damals Stahl verwendet wurde: Sogar der Kessel des majestätisch auf dem Hudson River fahrenden Dampfschiffes von *Robert Fulton* [1765 bis 1815] bestand aus Holz.)

Stephenson machte den Vorschlag, ausgehend von seinen Berechnungen und Modelluntersuchungen, neue Brücken zu bauen – riesige Träger in Kastenform aus Eisenblechen – und durch sie Züge fahren zu lassen.

Das Projekt einer neuen Brücke über die Menai-Straße bestach durch seine Kühnheit. Die Stephensonschen „Träger" hatten eine Masse von je 1500 Tonnen. Sie wurden von Flößen aus, die in dem reißenden Strom verankert waren, mit primitiven Hebewinden gehoben. Nicht alle glaubten an den Erfolg des für jene Zeit außergewöhnlichen technischen Unternehmens, aber Stephenson blieb ruhig. Er behielt recht. Die Stephensonsche „Brücke" – ein Kasten aus Eisenblechen – war so stabil, daß sie selbst beim Durchfahren von Eisenbahnzügen nicht ins Schwanken geriet.

Die verhältnismäßig kleinen, zu verschiedenen Zeiten gebauten Modelle – physikalische Modelle von Brücken und Schiffen – bewahrten viele Menschenleben, schützten die Menschheit vor bitteren Erfahrungen und halfen, zusätzliche Ausgaben zu sparen. Andererseits führte die Vernachlässigung von Ergebnissen, die aus physikalischen Modellen gewonnen worden waren, zu tragischen Folgen. Beispiel dafür ist ein Vorfall, der sich 1870 in England ereignete.

Die Admiralität wollte auf See das neue Panzerschiff „Captain" erproben. Der englische Gelehrte und Schiffbauer *W. Read*, der ein physikalisches Modell dieses Schiffes angefertigt hatte, stellte eine beunruhigende Instabilität fest. Das Schiff war schon bei geringem Wellengang auf offener See zum Kentern verurteilt. Die Admiralität wurde von *Reads* Ergebnissen in Kenntnis gesetzt. Die seriösen Admirale beachteten jedoch jene Schlußfolgerungen nicht, die mit

„Spielzeugschiffen“ erhalten worden waren. Die „Captain“ lief ins offene Meer aus. Bei der ersten größeren Welle kenterte das Panzerschiff. Wegen der Starrköpfpigkeit der Beamten der Admiralität ertranken 523 Matrosen, und das Kriegsschiff ging verloren.

Mit den Arbeiten von *W. Read* und *W. Froude* wurden die Grundlagen der Theorie der Schiffsmodellierung geschaffen, die in der Folgezeit von dem sowjetischen Akademiemitglied *A. N. Krylov* weiterentwickelt wurde. *Krylov* war es gelungen, an kleinen Modellen die Theorie von Erscheinungen zu präzisieren, die während der Fahrt eines Schiffes ablaufen.

Es ist interessant, sich noch einmal davon zu überzeugen, wie hoch die fortschrittlichsten und weitsichtigsten Admirale die Theorie und Praxis der Modellierung bewerteten. Wir führen als Beispiel den folgenden Auszug aus den „Verhaltensregeln über den Gebrauch von Mitteln der Sinksicherheit“ an, die 1897 von dem namhaften russischen Admiral *Stepan Ossipovič Makarov* aufgezeichnet wurden:

„... 167. Das Modell. Oben wurde gesagt, daß man während einer Havarie eine klare Beurteilung darüber haben muß, in welcher Stellung sich das Schiff befindet, ob es sich lange halten kann und ob kein Umkippen bevorsteht.

Allein der Versuch kann die gebührenden Hinweise geben. Da man aber derartige Versuche mit Schiffen nicht anstellen kann, muß man sich den Versuchen mit Modellen zuwenden.

168. Die Versuche mit dem Modell des Panzerschiffes ‚Victoria‘. Zum ersten Mal habe ich dieses Modell im Jahre 1894 angefertigt. Das war gleich nach dem schrecklichen Vorfall mit dem Panzerschiff ‚Victoria‘, das ein Kugelleck erhalten hatte und bis zu einem gewissen Grade mit Wasser gefüllt wurde, sodann unerwartet für alle kenterte und Admiral *Troinne*, 22 Offiziere und 336 Mann Besatzung mit in die Tiefe nahm.

Zur Klärung der näheren Umstände dieses Vorfalls fertigte ich ein Modell des Panzerschiffes entsprechend den Angaben, die in den englischen technischen Journalen veröffentlicht waren, und stellte mit dem Modell Versuche an. Es stellte sich heraus, daß das Modell sehr richtig alles wiederholte, was mit dem Panzerschiff ‚Victoria‘ geschehen war. Im übrigen hätte es auch nicht anders sein können: Falls das Modell richtig gemacht ist, so muß es auch dieselben Qualitäten haben, über die das eigentliche Schiff verfügte.

Die Versuche mit dem Modell des Panzerschiffes ‚Victoria‘ führten mich auf den Gedanken, daß auf jedem Schiff ein Modell für die Erprobung hinsichtlich der Schwimmsicherheit vorhanden sein muß.

169. Allgemeine Beschreibung des Modells. Diese einfache Idee erfuhr ihre Verwirklichung erst in diesem Jahr, als von mir ein Modell des Eisbrechers ‚Jermak‘ gefertigt wurde. Die Versuche mit diesem Modell brachten

durchaus belehrende und anschauliche Materialien; insgesamt sind, nach meiner Vorstellung, 60 Rubel für jedes Panzerschiff zur Anfertigung ihrer Modelle mit eigenen Mitteln zu bewilligen ..."

Wenn wir schon von „Spielzeugschiffen" sprechen, so sollten wir noch an eine Begebenheit erinnern. Der Großvater von *James Clerk Maxwell* (1831 bis 1879), der Geologe *John Clerk Maxwell*, ließ sich auch von Spielzeugschiffen bezaubern, die er auf einem Teich schwimmen ließ. Viele Stunden verbrachte er damit, daß er gedankenvoll die in Schlachtordnung stehenden Spielzeugschiffe bewegte und diese Ordnung mit gleichen Spielzeugschiffen, aber mit andersfarbigen Segeln, durchbrach. Der niemals zur See gefahrene John Clerk schrieb auf der Grundlage der mit den Schiffsmodellen erhaltenen Ergebnisse ein Buch über die Taktik bei Seeschlachten. *Maxwells* „Etüde über die Seetaktik" wurde 1803 in Rußland von Kapitänleutnant *Jurij Lisjanskij* übersetzt, bevor dieser zur Weltumschiffung auslief. Die englischen Admirale befolgten einige taktische Hinweise aus diesem Buch und konnten so etliche große Seeschlachten gewinnen. Unter anderem besiegten sie die französische Flotte vor Jamaika. Das besiegelte schließlich das Schicksal der französischen Kolonien in Amerika.

Welcher Unterschied besteht zwischen den Schiffsmodellen von *Read* und *Makarov* und denen von *Maxwell*? Wir können an diesem Beispiel erkennen, worin sich ein einfaches Modell von einem physikalischen Modell unterscheidet.

Read und *Makarov* gewannen wertvolle Informationen über die Kippsicherheit der Schiffe. Natürlich verwendeten sie bei der Anfertigung ihrer Modelle verschiedene Ähnlichkeitskriterien, wählten gründlich die Abmessungen, die Materialien und die Masse ihrer Modelle. Dadurch konnten die mit dem Modell erhaltenen Daten auf das reale Schiff übertragen werden.

Maxwell interessierte etwas anderes, nämlich allein die gegenseitige Lage der Schiffe während des Gefechts. Vom Prinzip her hätte er, sagen wir, mit Streichholzschachteln oder Münzen auskommen müssen, die er auf einem Tisch bewegt hätte. Natürlich wäre im letzteren Fall die Stärke der Assoziationen erheblich zurückgegangen, die für Menschen mit plastischer, bildhafter Denkweise notwendig ist, aber für Menschen, die gewohnt sind, abstrakt zu denken, hätte dies völlig gereicht. Jedoch nehmen die meisten Menschen die anschaulichen Modelle um so besser auf, je genauer sie ausgeführt sind. Dann ist auch die Menge der erwirkten Assoziationen größer.

Die Wissenschaftler des Institutes für Physik der Erde „O. Ju.

Schmidt" der Akademie der Wissenschaften der UdSSR bauen ganze Berge aus Sand auf: Sie modellieren Explosionen.

Die Anwendung von Sprengungen für die Verlagerung gewaltiger Erdmassen zu dem für sie bestimmten Ort hat sich in den letzten Jahren sehr verbreitet. Immer mehr Sprengstoff kommt gleichzeitig zum Einsatz. Als in der Nähe von Alma-Ata ein Schutzdamm gegen Muren errichtet wurde, detonierten 5000 Tonnen Sprengstoff auf einmal. Für Sprengungen dieser Größenordnung gibt es natürlich Berechnungsverfahren, die auf empirischen Gleichungen basieren. Sie sind jedoch mit Ungenauigkeiten behaftet. Manchmal werden durch die Sprengung anstelle der 1 Million Kubikmeter, die nach der Berechnung zu erwarten sind, 2 Millionen bewegt. Sogar die schnellsten Computer sind noch nicht in der Lage, die Berechnung schwieriger geplanter Explosionen großen Maßstabes zu bewältigen.

Das führte zur Notwendigkeit, die Sprengungen im Laboratorium zu modellieren. In einer Spezialkammer werden aus Sand Berge, Schluchten und Flußläufe nachgebildet. In den Sand werden anstelle der Sprengladungen kleine Gummikugeln und -zylinder gelegt, die mit Preßluft gefüllt sind. Zu diesen Kugeln und Zylindern führen feine Nickel-Chrom-Drähte, die an einer Stromquelle angeschlossen sind. Die Luft aus der Kammer wird so weit abgepumpt, wie es für die Ähnlichkeitstheorie erforderlich ist. Wenn alles bereit ist, betätigt der Experimentator den Schalter, die Drähte beginnen zu glühen, die Gummikörper platzen, und die Preßluft verlagert den Sand so, wie sich die Erdmassen während einer richtigen Sprengung verhalten. Mit einer Hochgeschwindigkeitskamera wird der gesamte Vorgang aufgezeichnet.

Die Berechtigung einer derartigen Modellierung von Sprengungen wurde auch praktisch überprüft, indem man schon durchgeführte Sprengungen nachträglich modellierte. Beim Vergleich der Aufnahmen von den realen Sprengungen und den im Laboratorium modellierten stellte sich heraus, daß die Bilder praktisch übereinstimmten. Die Methode der Modellierung von Sprengungen hat breite Anwendung gefunden. Sie wurde beispielsweise bei der 700-Tonnen-Sprengung am Fluß Burlykija im Tienschan, bei der 600-Tonnen-Sprengung in der Schlucht Ach-Su, 70 Kilometer von Machačkala entfernt, eingesetzt. Und erneut stimmten die Aufnahmen der Wirklichkeit mit denen des Modells praktisch überein.

Im Institut für kosmische Forschungen der Akademie der Wissenschaften der UdSSR gibt es sogar ein Modell unseres Planeten. Es wurde zur Untersuchung der Wechselwirkung von Strömen des Sonnenplasmas mit dem Magnetfeld der Erde angefertigt. Man gab dem Modell – wie seinerzeit *Gilbert* – den Namen „Terrella“. Dieses Modell ist eine kleine Kugel aus Epoxidharz, in die ein Magnet eingegossen ist. Der Magnet erzeugt ein dem Erdfeld vergleichbares magnetisches Feld. Die Forscher bringen das Modell ins Vakuum, lassen es von Plasma umströmen und untersuchen anschließend anhand von Röntgenaufnahmen, wie uns das Magnetfeld vor den gefährlichen Plasmaströmen der Sonne (dem Sonnenwind) schützt.

Die Versuche mit Modellen müssen sehr gründlich durchgeführt werden. Andernfalls können Fehler entstehen, die beim Übergang vom Modell zur Wirklichkeit um ein Vielfaches anwachsen. Ein Beispiel: In der amerikanischen Stadt Boston wurde ein 60 Stockwerke zählender Wolkenkratzer zur feierlichen Übergabe vorbereitet. Es stellte sich heraus, daß die dicken Spiegelscheiben der Fenster schon bei nicht allzu starkem Wind herausgedrückt wurden. Der Wolkenkratzer wurde mit einer Absperrung versehen, um die Passanten vor herabfallenden Glassplittern zu schützen, und die herausgefallenen Fensterscheiben wurden durch Sperrholztafeln ersetzt.

Vorläufige Berechnungen und Prüfungen des Gebäudemodells im Windkanal besagten, daß das 6 Millimeter dicke Glas den Windstößen standhalten mußte. Warum aber zerbrachen die Fensterscheiben?

Nach langwierigen Untersuchungen stellte sich heraus, daß die Versuche im Windkanal nicht mit der erforderlichen Sorgfalt durchgeführt worden waren. Der Grundriß des Gebäudes erinnerte an die Tragfläche eines Flugzeuges. Wenn der Wind aus einer bestimmten Richtung kam, so erfuhr ein Teil der Fenster einen zusätzlichen Druck, der von den Luftströmungen erzeugt wurde.

Der Eigentümer des Wolkenkratzers mußte sämtliche Fensterrahmen auswechseln lassen, dickeres Fensterglas wurde eingesetzt. Der Fehler der Projektanten und Prüfer kostete 7 Millionen Dollar.

Bedeutet dies, daß man im modernen Experiment keine Baumuster benötigt, sondern nur Modelle? Im Gegenteil. In der Praxis der modernen Projektierung beginnen die Baumuster eine enorme Rolle zu spielen. Das „Komplizierterwerden“ der technischen Projekte von Betrieben, Kraftwerken mit vielfältigen Verkehrswegen und Verbindungsleitungen, mit komplizierten Schemata, verschiedenen Diensten, die von unterschiedlichen Fachleuten und Organisationen projektiert werden, führt nicht selten zu erstaunlichen technischen Irrtümern: Es fehlt der Platz für irgendeine Anlage, Rohrleitungen passen nicht zusammen, auf ein und demselben Ort müssen zwei unterschiedliche Vorrichtungen montiert werden. Die

Ursache dieser schlechten oder fehlenden Koordinierung bei der Arbeit liegt häufig darin, daß selbst Menschen mit einer sehr entwickelten Vorstellungskraft sich den komplizierten Komplex im ganzen nicht mehr vorstellen können.

Um Fehler zu vermeiden, werden in der Praxis der Projektierung und Konstruktion immer häufiger „dreidimensionale Modelle" (gewissermaßen die Baumuster der künftigen Komplexe) geschaffen, die aus den einzelnen Anlagen und Verbindungen zusammengesetzt sind. Ein derartiger „Baukasten für Konstrukteure" erlaubt es, während der Projektierung unterschiedliche Varianten für die gegenseitige Anordnung der Bestandteile des Anlagenkomplexes auszuprobieren.

Früher haben wir von Modellen gesprochen, die zumindest in dem Maß, das für ein bestimmtes Experiment notwendig war, die physikalische Natur der modellierten Anlage bewahrten. Jedoch klären diese sogenannten physikalischen Modelle die gesamte Vielfalt der Modelle nicht erschöpfend.

Wichtig ist nicht, ob sich das Modell und das Objekt ähnlich sehen, sondern ob die mathematischen Gleichungen, die das Modell und das reale Objekt beschreiben, Ähnlichkeiten aufweisen. Das ist das Prinzip einer weiteren Art von Modellen, die in der Praxis umfangreich genutzt werden. Bei der Anwendung dieser Modelle kommt es darauf an, die mathematischen Gleichungen herauszufinden, die den Prozeß oder die Vorrichtung beschreiben.

Bekannt ist die Ähnlichkeit der mathematischen Gleichungen für das elektrische und magnetische Feld. Dadurch ist es möglich, elektrische Erscheinungen mit magnetischen, aber auch magnetische mit elektrischen Erscheinungen zu modellieren.

Die Ähnlichkeit der Strömungsgleichungen einer Flüssigkeit und der Gleichungen des elektrostatischen Feldes gestattet es, elektrische Modelle des Strömungsverhaltens von Flüssigkeiten aufzustellen. Sie bietet aber andererseits auch die Gelegenheit, elektrische Erscheinungen im Windkanal zu untersuchen. Das vergleichsweise leichte Studium elektrostatischer Vorgänge mit halbleitendem Papier hat zum Aufbau spezieller Vorrichtungen geführt, mit denen man eine breite Klasse von Aufgaben anderer physikalischer Natur mühelos modellieren kann, die aber mit denselben Gleichungen beschrieben werden.

Als Beispiel für analoge Gleichungen sei hier die Differentialgleichung für elastische Torsion

$$\frac{\partial^2\varphi}{\partial x^2} + \frac{\partial^2\varphi}{\partial y^2} = -\frac{2G \cdot \tau}{l}$$

der Gleichung für eine Seifenhautmembran

$$\frac{\partial^2 z}{\partial x^2} + \frac{\partial^2 z}{\partial y^2} = -\frac{p}{T}$$

gegenübergestellt, die beide die gleiche Struktur haben. *Ludwig Prandtl* (1875 bis 1953) hat gezeigt, daß durch diese Analogie mit Hilfe eines einfachen Seifenhautversuchs die elastische Torsion, z. B. in einem beliebigen Stab, bestimmt werden kann, was rein mathematisch sehr kompliziert wäre.

Auf eine andere Weise können sogenannte Strukturmodelle genutzt werden. Jedes Element des Strukturmodells führt mit der Eingangsfunktion irgendeine bestimmte mathematische Operation aus: differenziert, integriert, multipliziert, dividiert usw. Durch das Aneinanderreihen von Blöcken, das der mathematischen Beschreibung der Aufgabe entspricht, können wir für einen sehr breiten Kreis von Erscheinungen „analoge Modelle" aufstellen.

Wenn aber nun schon die Rede ist von der Modellierung physikalischer Erscheinungen gleicher Natur und darüber hinaus einfach durch das Lösen von Gleichungen, so muß man folgerichtig den nächsten Schritt unternehmen: die Modellierung von Erscheinungen und Prozessen einfach durch Gleichungen und Zahlen. Wenn die Aufgabe kompliziert ist, nimmt man dazu am besten einen Computer. So entsteht ein neuer Typ von Modellen, die mathematischen Modelle, die in nicht geringerem Maße als das physikalische Modell eine Antwort auf die Frage nach der Zuverlässigkeit einer künftigen Vorrichtung und Anlage geben können.

Nochmals über unzureichende Kenntnisse oder den Schaden und „Nutzen" von Katastrophen

Die Wissenschaftler können anhand der „Modellspielzeuge" in ihren Laboratorien das Verhalten von Bauwerken untersuchen und deren Zukunft vorhersagen. Deshalb geschehen immer seltener Havarien, die darauf beruhen, daß eine Erscheinung nicht untersucht wurde. Wer diese Möglichkeit allerdings vernachlässigt, den erwarten ernsthafte Mißerfolge.

Im vorigen Jahrhundert wollte man unweit der Stadt Johnstown im Staat Pennsylvania in den USA an dem kleinen Fluß South Fork einen Stausee errichten. Dadurch sollte im Kanal zwischen

Pittsburgh und Johnstown ein ausreichender Wasserpegel gewährleistet werden. Der Fluß sollte durch einen Erdstaudamm so abgesperrt werden, daß das Staubecken ungefähr 20 Millionen Kubikmeter Wasser aufnehmen würde. Der Staudamm war nach dem Projekt sehr groß: Die Länge betrug 284 Meter, die Breite am Fuße der Staumauer 61 Meter. Mit den Bauarbeiten, die zügig vorangingen, wurde 1839 begonnen. Am Fuß des Staudamms wurden 5 Wasserdurchlässe gebaut. Im Jahre 1862 stellte sich heraus, daß an den Wasserdurchlaßrohren das Wasser nur noch durchsickerte. Die Rohre waren verstopft. Das überschüssige Wasser konnte jetzt nur über den Wasserüberfall des Staudamms abfließen. Am 28. Mai 1889 setzten in der Region starke Regenfälle ein. Das Wasser strömte mit bedrohlicher Schnelligkeit in den Stausee. Der Wasserüberfall konnte mit den Wassermassen nicht fertig werden. Unverzüglich wurde mit dem Bau eines Überlaufkanals begonnen. Wegen des sehr harten Erdbodens konnte man aber nur einen 0,6 Meter breiten und 0,35 Meter tiefen Kanal graben. Durch das Wasser wurde er bald bis auf 7 Meter Breite ausgespült, aber das half nicht mehr. Es floß immer mehr Wasser in den Stausee, und es bahnte sich auf einer Breite von 90 Metern einen Weg über die Dammkrone. Die Wassermassen spülten den Damm aus, so daß er bald danach fast auf der gesamten Länge brach. Der riesige Stausee war innerhalb von 45 Minuten leer.

Unterhalb des Staudamms hat das Flußtal ein erhebliches Gefälle in Richtung Johnstown. Der Wasserstrom stürzte sich in das Tal, es bildete sich eine 10 bis 12 Meter hohe Welle. Sie spülte auf ihrem Weg alles weg, verursachte riesige Zerstörungen. Über 2500 Menschen kamen ums Leben. Die Kraft des Wasserstroms beweist die folgende Tatsache: Im Eisenbahndepot in 5 Kilometer Entfernung vom Johnstowner Staudamm befanden sich 16 Dampflokomotiven mit einer Masse von je 60 Tonnen. Nach der Katastrophe stellte sich heraus, daß das Gebäude des Depots völlig zerstört und die Lokomotiven im Umkreis von 400 Metern verstreut worden waren. Die Wasserkraft hatte die tonnenschweren Lokomotiven wie Strohhalme bewegt.

Die Kommission, die mit der Untersuchung der Ursachen der Katastrophe beauftragt war, kam zu der Feststellung, daß die Querschnitte der Wasserüberläufe nicht richtig berechnet worden waren. Sie waren zu schmal und konnten die Hochwassermassen nicht ableiten. Andererseits konnte man damals das Hochwasser noch nicht voraussagen, genauso wie man noch nichts gegen das Hochwasser unternehmen konnte.

Am 27. April 1895 brach in der Nähe der französischen Stadt

Epinal in den Vogesen der Steindamm des Bouse-Staubeckens. Der Durchbruch der Wassermassen war die Ursache für den Tod von 156 Menschen und für die Verwüstung des 2 Kilometer breiten und 25 Kilometer langen Tals. Vier Dörfer wurden völlig zerstört, die Eisenbahnlinie wurde beschädigt, so daß der Verkehr auf dieser Strecke zum Erliegen kam.

Der Staudamm war zwischen 1879 und 1881 errichtet worden. Die Staumauer war 520 Meter lang, 22 Meter hoch und die Sperrmauerkrone 4 Meter breit. Die Gesamttiefe des Stausees betrug 15 Meter. Schon vor der Katastrophe stellte man zahlreiche örtliche Beschädigungen fest. Gleich nach dem Bau der Staumauer bildeten sich im Dammkörper zwei senkrechte Risse. Deshalb wurde das Füllen des Stausees um 3 Jahre verschoben, bis die Beschädigungen beseitigt waren. Jedoch beim Füllen des Staubeckens trat eine weitaus stärkere Havarie auf.

Am 15. März 1884, noch bevor sich der Stausee vollständig gefüllt hatte, konnte der Staudamm dem Druck der Wassermassen nicht mehr standhalten, und der Mittelabschnitt geriet in Bewegung. Es bildeten sich weitere vier senkrechte Risse. Es ist seltsam, aber dabei konnte weder ein Nachsacken noch ein Kippen des Damms festgestellt werden. Der Staudamm rutschte einfach auf dem lehmigen Untergrund entlang. Durch die Verschiebung des Staudamms entstanden Auskolkungen im Sandstein des Untergrundes, und es konnte verstärkt Wasser abfließen.

Eiligst wurden Arbeiten zur Beseitigung der Schäden und zur Verstärkung des Staudamms in Angriff genommen. Im Jahre 1889 waren diese Arbeiten abgeschlossen. Sie bestanden im folgenden: Der Fuß des Staudamms war erheblich verstärkt worden. Über Tunnel hatte man aus dem Bereich des Dammfußes die bei der Bewegung des Damms beschädigten Abschnitte entfernt und die betreffenden Stellen zugemauert.

Im Jahre 1890 begann endlich die Inbetriebnahme des Staudammes. Die ruhige Zeit dauerte nur bis zum verhängnisvollen 27. April 1895. Die Zerstörung begann damit, daß aus dem Dammkörper ein 22 Meter langer Abschnitt herausgedrückt wurde. Die Wassermassen konnten durchbrechen, rissen die angrenzenden Abschnitte mit weg und weiteten den Durchbruch bis auf 170 Meter aus. Die Katastrophe war passiert. Welche Ursachen hatte sie?

Während der Zerstörung stand der untere Teil des Staudamms unbeweglich. Das bedeutet, der Untergrund war nach den vorangegangenen Havarien ausreichend befestigt worden. Aber die vorherigen Havarien konnten nicht spurlos vorübergegangen sein. Im Dammkörper waren zweifellos viele Risse. Diese Risse verminderten die ohnehin zu geringe Festigkeit des Damms. Als unmittelbare Ursache der Katastrophe sah die Untersuchungskommission die Bildung eines langen, waagerecht verlaufenden Risses im Dammkörper an, auf dessen Linie der Damm dann abgerissen wurde. Eine bedeutsame Rolle haben hier auch die Wellen gespielt, die, den Angaben der Untersuchung zufolge, in den drei Tagen vor der Katastrophe senkrecht zum Damm gerichtet und am Tag der Katastrophe besonders mächtig waren.

Die Untersuchungsergebnisse der Havarie des Bouse-Staudamms wurden veröffentlicht und waren so allen Ingenieuren der Wasserbautechnik zugänglich. Um so unverständlicher ist, daß wenige Jahre später, am 30. September 1911, aus praktisch denselben Ursachen ein Staudamm in der Nähe von Austin im Staat Pennsylvania (USA) brach. Der Staudamm war relativ klein: ungefähr 170 Meter lang und 15 Meter hoch. Die Folgen des Dammbruchs waren dagegen gewaltig. Etwa 100 Menschen kamen ums Leben.

Die Zerstörung des Staudamms in Austin erinnert sehr an die Katastrophe des Bouse-Dammes. Schon bald nach dem Abschluß der Bauarbeiten (1. Dezember 1909) setzte die allmähliche Zerstörung des Damms ein. Nach einem Monat hatten sich im Dammkörper zwei senkrechte Risse gebildet. Einen Monat später, am 22. Januar 1910, nachdem der Stausee mit Wasser gefüllt war, verschob sich ein Teil des Damms um 45 Zentimeter nach unten, und es bildeten sich noch weitere Risse.

Zum Verringern des Wasserdrucks auf die Staumauer wurde der Stausee geleert, ein Teil der Mauer mit Dynamit weggesprengt und repariert. Nach einem Monat füllte man das Staubecken erneut, aber der eigentliche Untergrund wurde, genauso wie beim Bouse-Damm, nicht befestigt. Das Wasser sickerte weiterhin durch. So stand der Staudamm 21 Monate lang – bis zum Tag der Katastrophe.

Aus ingenieurtechnischer Sicht ist die Wiederholung von Katastrophen unter gleichen Bedingungen eine völlige Ungereimtheit, ja sogar ein Verbrechen.

Unzureichendes Wissen und das Unvermögen der Ingenieure der Wasserbautechnik, sich fremder Erfahrungen zu bedienen, haben zu riesigen Zerstörungen und zum Tod vieler Menschen geführt. Gleichzeitig aber waren die Dammbrüche ein Stimulus für die Entwicklung der Wissenschaft der Festigkeit von Wasserbauten, ohne die die riesigen Staudämme an den sibirischen Flüssen, an der Wolga oder der Assuanstaudamm nicht hätten gebaut werden können.

Es wurden spezielle Methoden entwickelt, um das Verhalten von Staudämmen zu modellieren und ihre Zukunft vorhersagen zu können. Man kann mit Sicherheit behaupten, daß die Wiederholung der oben geschilderten Katastrophenarten unter heutigen Bedingungen fast ein Ding der Unmöglichkeit ist. Die Präzisierung der Berechnungsverfahren und das Studium der Erfahrungen beim Bau und Betreiben von Staudämmen schließen heute praktisch vollständig solche Katastrophen bei Wasserbauwerken aus, die durch Unerfahrenheit der Ingenieure hervorgerufen worden waren. Sehr große Verdienste erwarben sich hierbei die Forscher, die für die Vorhersage des Schicksals künftiger Bauwerke „Spielzeugmodelle" der geplanten Stauanlagen verwendet hatten.

Die Ursache für vergleichbare Katastrophen ist in den wenigsten Fällen fehlendes Wissen, sondern der Wettlauf um den Profit auf Kosten der Sicherheit.

Im Jahre 1976 brach im östlichen Teil des USA-Staates Idaho, in der Nähe der Stadt Titon, am Snake River ein kurz vorher fertiggestellter Staudamm, der die Höhe eines 36 Stockwerke zählenden Gebäudes hatte. Die gewaltigen Wassermassen des Stausees stürzten ins Tal und rissen auf ihrem Weg alles fort. Der Wasserdruck war so stark, daß nach Aussagen von Augenzeugen die gesamte schwere Bautechnik – Schlepper, Bulldozer, Bagger und andere Maschinen –, die nach Abschluß der Bauarbeiten noch nicht abtransportiert worden war, wie Spielzeug von den Wassermassen weggespült wurde.

Die Städte Titon und Shugar-City standen völlig unter Wasser. Von der Überflutung waren auch andere Städte in der Talsohle des Snake River bedroht. Die Mehrzahl der Einwohner mußte ihre Wohnungen verlassen und sich in Sicherheit bringen. Die Zahl der Toten betrug den Angaben der örtlichen Behörden zufolge über 150. Große Verluste gab es in der Landwirtschaft dieser fruchtbaren Gegend. Viel Vieh ertrank in den Wassermassen. Vom Wasser wurden auch bebaute Flächen überflutet oder weggespült.

Bei der Untersuchung der Ursachen der Katastrophe wurde klar, daß verschiedene Ingenieure das Projekt des Titon-Staudamms, der von den Gesellschaften „Morrison & Hundson Co." und „Peter Quitt Co." errichtet wurde, schon vor Baubeginn kritisiert hatten. Die Mitarbeiter der örtlichen Behörde für Umweltschutz hatten die Nutzlosigkeit des Staudamms für die Landwirtschaft dieser Gegend bewiesen und sich sogar an das Bundesgericht gewandt, um zu verhindern, daß der Bau genehmigt wird. Die Baugesellschaften aber hatten die Erlaubnis zur Realisierung des millionenschweren Auftrags durchgeboxt, der, wie sich herausstellte, in aller Eile in den Pausen zwischen den Gerichtsverhandlungen mit groben technischen Fehlberechnungen ausgeführt wurde.

Profitdenken war auch der Grund für eine der schwersten Umweltkatastrophen, deren Folgen den Küstenbewohnern Frankreichs bis heute zu schaffen machen.

Die Wetterprognose am Morgen des 16. März 1978 für den Golf von Biscaya war wenig erfreulich: Der mit Stärke sieben einsetzende steife Wind sollte abends bis auf Stärke zehn, also schweren Sturm, zunehmen. Alarmstimmung herrschte auf den Schiffen, die sich dem Ärmelkanal näherten, und das waren nicht wenige: Nicht umsonst schließlich wird diese Durchfahrt als Meereskreuzung Europas bezeichnet.

Mit Schiffbrüchen mußte bei diesem Sturm gerechnet werden, und darum beschloß *G. Weinert*, Kapitän des großen Bergungsschleppers „Pacific", auszulaufen, auch wenn noch kein Hilferuf eingegangen war. Um 8.24 Uhr machte der Schlepper im französischen Hafen Brest los, um bei notwendig werdender Hilfe sofort einsatzbereit zu sein.

Eines der allergrößten Schiffe, die sich zu dieser Zeit in der Nähe der Bretagne befanden, war der Tanker „Amoco-Cadiz". Er beförderte 233000 Tonnen Erdöl aus dem Persischen Golf nach Rotterdam. Der Tanker gehörte zwar der Chicagoer Gesellschaft „Amoco", fuhr aber unter liberianischer Flagge (ein beliebter Trick der Schiffsbesitzer – die Schiffssteuern in Liberia sind recht liberal gehalten; nicht minder liberal ist dort leider auch die technische Inspektion, so daß Schiffe unter liberianischer Flagge besonders oft in Not geraten).

Angesichts der Sturmsituation verließ der Kapitän der „Amoco-Cadiz" *P. Bardari* nicht die Schiffsbrücke. Das Steuern eines schweren Schiffes bei Sturm ist kein Kinderspiel, und auch der Zustand des Tankers ließ zu wünschen übrig: Viele Schiffsmechanismen und Steuerungssysteme waren stark verschlissen.

Die Vorahnung des Kapitäns sollte sich bewahrheiten. Um 9.45 Uhr wurde ihm gemeldet, daß der Tanker nicht mehr steuerfähig sei – die Ruder waren ausgefallen. Fast 300000 Tonnen Metall und Erdöl wurden zu einem hilflosen Spielball für Wind und Wellen. Die Gefahr war höchst akut, denn die Havarie geschah in Küstennähe, wo viele Schiffe auf Fahrt waren, die von dem manövrierunfähigen Tanker hätten gerammt werden können.

Kapitän *Bardari* faßte den Entschluß, die Maschinen zu stoppen und um Hilfe zu rufen. Der Schiffssender funkte pausenlos die Meldung in den Äther, der Tanker sei manövrierunfähig geworden und alle entgegenkommenden oder gleichen Kurs fahrenden Schiffe sollten ihm ausweichen.

Um 10.20 Uhr ist die Havariemeldung des Tankers von der Küstenstation „Conquet-Radio" in Frankreich aufgefangen worden. Kapitän *Bardari* wollte über diese Station Verbindung mit der Firmenleitung in Chicago aufnehmen, doch dies gelang ihm nicht. Erfolglos waren auch die Versuche, den Vertreter der „Amoco" in Genua zu erreichen.

Gleich nach der Feststellung der Havarie ging die Besatzung der „Amoco-Cadiz" an die Reparaturarbeiten, doch Tankerbesatzungen sind in der Regel zu klein, um komplizierte Instandsetzungsvorhaben auszuführen. Um 11 Uhr wurde klar, daß auf offener See der Schaden nicht beseitigt werden kann. Kapitän *Bardari* forderte über „Conquet-Radio" einen Bergungsschlepper an, der den beschädigten Tanker in den nächsten Hafen ziehen sollte.

Den Funkspruch mit der Bitte um Hilfe erhielt Kapitän *Weinert* um 11.28 Uhr. Zu diesem Zeitpunkt befand sich die „Pacific" 13 Seemeilen von der hilflosen „Amoco-Cadiz" entfernt. Der Schlepper machte sich sofort auf den Weg.

Die beiden Kapitäne nahmen gleich Funkverbindung auf und begannen mit den Verhandlungen. Doch Gegenstand der Beratung zwischen *Weinert* und *Bardari* war nicht etwa die Organisation der Bergungsarbeiten, sondern ... die Regelung der Bezahlung. Der Kapitän des Schleppers bot seine Hilfe zu Bedingungen der „Lloyd's open form" an. Das bedeutet, daß der Preis der Bergungsarbeiten vorher nicht abgesprochen, sondern, bei günstigem Ausgang, von einem speziellen Schiedsgericht festgelegt wird (gewöhnlich geschieht dies in London).

Kapitän *Bardari* hatte starke Bedenken: Schließlich könnten ja die Schiffseigner die Situation als nicht derart gefährlich werten und den enormen Bergungslohn nicht zahlen wollen. Immer wieder versuchte er, mit dem Sitz der Firma in Chicago und mit ihren Vertretern in Italien Verbindung aufzunehmen, doch dies gelang ihm auch jetzt nicht. Als die „Pacific" ein weiteres Mal die „open form" angeboten hatte, bat Kapitän *Bardari*, auch Kapitän *Weinert* möge versuchen, mit den Schiffseignern in Verbindung zu kommen.

Um 12.20 Uhr war die „Amoco-Cadiz" schon mehr als drei Kilometer vom Havarieort abgetrieben. Der mit Windstärke acht bis zehn blasende Sturm trieb das ungesteuerte Schiff auf Quessant zu, eine der zahlreichen kleinen Inseln in der Nähe der Bretagne-Küste. Die Gefahr, auf eine Sandbank aufzulaufen, nahm jede Minute zu, doch mit den Bergungsarbeiten wurde nicht begonnen, obwohl die „Pacific" nur 400 Meter entfernt war. Es wurde weiter um den Bergungslohn gefeilscht. Um 14.00 Uhr erteilt Kapitän *Weinert* dennoch den Befehl, auf die „Amoco-Cadiz" zuzusteuern und die Bergungsarbeiten einzuleiten. Doch Kapitän *Bardari*, der immer noch keine Verbindung zu seinen Firmengewaltigen hat, lehnt die Hilfe wieder ab ...

Von der Küste erreicht den Kapitän *Weinert* die Meldung, daß ein zweiter Schlepper, die „Simson“, zu Hilfe geschickt werden kann, doch er werde erst gegen 23 Uhr eintreffen.

Endlich, es ist inzwischen 16 Uhr, bekommt Kapitän *Bardari* Verbindung zur Firmenleitung. Ihm wird das Einverständnis mit der „open form“ bestätigt. Die „Pacific“ beginnt unverzüglich mit den Bergungsarbeiten.

Doch kostbare Zeit ist versäumt worden: Seit dem Zeitpunkt, da der Schlepper hätte in Aktion treten können, sind bereits über vier Stunden vergangen. Jetzt wütet der Sturm gewaltig. Beide Schiffe tanzen auf den Wellen einen Teufelstanz. Die „Pacific“ ist nicht in der Lage, sich auf die erforderliche geringe Distanz zu nähern, um die Schlepptrosse einzuhängen. Wellen von über acht Meter Höhe überspülen das Deck der Schiffe, der Orkan macht eine Annäherung unmöglich. Doch nach fünfzehn Minuten harten Ringens gelingt es, die Schlepptrosse anzulegen, aber nicht für lange – unter der gewaltigen Beanspruchung reißt die armdicke Stahltrosse wie ein Spinnfaden. Die Schlepperbesatzung wiederholt sofort den Versuch, die Trosse einzuhängen. Um 18 Uhr gelingt ihr das, doch zwei Matrosen von der „Pacific“ erleiden schwere Verletzungen.

Der Wind aber nimmt zu. Beide Schiffe werden jetzt auf die Insel Quessant getrieben. Die Maschinen des Schleppers laufen mit voller Kraft, können aber das Abtreiben des Riesentankers nicht verhindern. Der Kapitän der „Amoco-Cadiz“ versucht, einen Anker zu werfen, um das Schiff zum Stehen zu bringen, doch auch das hilft nichts – das Ufer kommt bedrohlich näher. Die eintretende Dunkelheit hat die ohnehin schwere Situation noch komplizierter gemacht. Kapitän *Bardari* informiert die Schiffseigner, daß die Bergungsarbeiten erfolglos bleiben und der Tanker auf Klippen auflaufen kann.

Die Bergungsversuche wurden noch eine Weile fortgesetzt, aber es war schon zu spät. Um 21.04 Uhr lief der Tanker auf Grund. Die »Pacific« bekam ihn zwar wieder frei, aber nicht für lange. Eine halbe Stunde später war das Riesenschiff endgültig gestrandet. Alle Versuche des Kapitäns *Weinert*, die »Amoco-Cadiz« wieder freizubekommen, schlugen fehl. Die »Pacific« stellte die Bergungsarbeiten ein und verließ den Ort der Havarie.

Die »Amoco-Cadiz« befand sich zu diesem Zeitpunkt nur zwei Meilen vom Ufer entfernt. Aus den durch Steine beschädigten Tankbehältern floß Erdöl ins Meer.

Die von der Tankerbesatzung abgeschossenen roten Leuchtkörper wiesen den Hubschraubern des Küstenschutzes den Weg, um die Menschen zu retten. Um zwei Uhr nachts befanden sich 42 Seeleute von der 44 Mann starken Tankerbesatzung bereits an Land. Nur Kapitän *Bardari* und sein Erster Offizier blieben bis 5 Uhr an Bord, dann wurden auch sie geborgen.

Gleich nach dem Unfall bemächtigte sich das orkangetriebene Erdöl der berühmten Badestrände der Bretagne. Am Morgen des 17. März, einen Tag nach der Havarie, hatte der Erdölteppich schon einen Durchmesser von vier Seemeilen.

Aus dem beschädigten Tanker strömte weiterhin Öl aus, doch nichts wurde dagegen unternommen. Die Situation artete zur Katastrophe aus. In nicht ganz fünfzehn Tagen war der Tanker vollkommen leer. Der gigantische Erdölteppich, über einhundert Kilometer im Durchmesser, brachte Fischen und Seevögeln den Tod. Die Fluten, in der Frühlings-Tagundnachtgleiche besonders gewaltig und zudem noch durch den Sturm verstärkt, schwemmten das Erdöl auf die Küste, bedeckten die Uferfelsen mit einer schmierigen Schicht. In den kleinen gemütlichen Buchten quabbelte eine ölige Masse.

Unermeßlichen Schaden fügte die Havarie der »Amoco-Cadiz« der Flora und Fauna des Meeres zu, denn Erdöl ist für alles im Meer Lebende das stärkste Gift. Der Wind wechselte seine Richtung und trieb den Erdölteppich in die Breite, so daß immer neue Küstengebiete und Meeressäume verschmutzt wurden.

Erst Anfang Mai hatte sich die Situation etwas stabilisiert. Das Verdunsten der Kohlenwasserstoffe und das Besprühen der Erdölfläche mit speziellen Reagenzien aus der Luft nahmen der unmittelbaren Gefahr einer weiteren Ausbreitung die Schärfe. Doch selbst viele Jahre nach der Katastrophe waren ihre Auswirkungen noch nicht gebannt. Im Jahre 1983 haben Ornithologen allein auf den Sandufern der Halbinsel Cotentin mehr als viertausend tote Möwen, Papageitaucher und andere Seevögel gezählt.

Enthusiasten des französischen Städtchens Can hatten für die Vögel eine Art Lazarett eingerichtet. Von Cherbourg bis Can sammelten sie an der Küste sechshundert halbtote Zugvögel auf, die in die Erdölfalle geraten waren. Mehr als zweihundert von ihnen konnten gerettet werden. Doch das ist nur ein Tropfen im Meer, verglichen mit den vielen Tausenden umgekommenen Vögeln.

Die Katastrophe der »Amoco-Cadiz« ist ein typisches Beispiel für das verantwortungslose Verhältnis zur Umwelt, das dem Profitdenken entspringt. Das Herumfeilschen der Kapitäne über den Bergungslohn hatte die nicht wiedergutzumachende Verzögerung der Rettungsarbeiten zur Folge. *Charles Bonnet*, damals Innenminister

Frankreichs, sagte aus diesem Anlaß: »Ich zögere keinen Augenblick, die Verhandlungen des Tankers mit dem Schlepper als niedrig, schmutzig, für Seeleute unwürdig zu bezeichnen.« Doch die Kapitäne *Bardari* und *Weinert* sind nur hörige Ausführer von Gesetzen; festgelegt aber werden diese Gesetze von den Schiffseignern. Die Angestellten der Funkstation »Conquet-Radio« hatten, obwohl sie über den Gang der Ereignisse bestens informiert waren, keine Mitteilung an die Behörden gemacht – sie wahrten getreu das Prinzip der Geheimhaltung von privaten Geschäftsverhandlungen. Erst nach der Havarie der »Amoco-Cadiz« ist ein Gesetz verabschiedet worden, das die sofortige Benachrichtigung der Behörden über alle Vorkommnisse vorschreibt, die eine Gefahr für das Meer darstellen könnten.

Wenn um des Profits willen voreilige Entscheidungen getroffen werden, kann das bei potentiell gefährlichen Produktionsprozessen ebenfalls zu Katastrophen führen. Moderne Chemiekombinate z. B. sind ein überaus kompliziertes Konglomerat aus riesigen Batterien, in denen chemische Reaktionen ablaufen, vielen Kilometern von Verbindungsrohren, Hunderten Reglern und Überwachungsgeräten. Die Zwischenprodukte der chemischen Reaktionen sind oft explosiv und toxisch, darum ist besonders gründlich auf die Dichtheit der Anlagen zu achten und auch darauf, daß der Druck und die Temperatur unterhalb der vorgegebenen Höchstwerte bleiben. Ein Vernachlässigen dieser höchst einleuchtenden Forderungen kann zu ernsten Katastrophen führen.

Das chemische Werk der Nipro Ltd., gelegen in dem Städtchen Flixborough, 260 Kilometer von London entfernt, produzierte Zyklohexanon, einen Ausgangsstoff für die Nylonherstellung. Dieses äußerst explosionsgefährliche Produkt wurde in sechs Reaktoren zu je 45 Kubikmetern erzeugt. Zum Sichern der Kontinuität des Prozesses waren alle Reaktoren in Reihe geschaltet.

Am 27. März 1974 war am Reaktor 5 ein Entweichen der Zyklohexanon-Dämpfe durch einen Senkrechtspalt in der Reaktorwandung festgestellt worden. Der für Arbeitsschutz verantwortliche Ingenieur (übrigens war seine Qualifikation, das stellte sich erst später heraus, vollkommen ungenügend für eine derart verantwortungsvolle Stellung) traf zusammen mit dem Direktor die Entscheidung, den Reaktor 5 stillzulegen, abkühlen zu lassen und danach den Schaden zu beseitigen. Zu einem völligen Abbrechen der Produktion hatte die Betriebsleitung nicht den Mut, darum wurden die Reaktoren 4 und 6 direkt verbunden. In der Eile jedoch fand man nicht das erforderliche 28-Zoll-Rohr. Bei der Hand hatte man nur einen Schlauch von 20 Zoll, den man auch einsetzte. Zudem wurde der Schlauch ungünstig angeschlossen, praktisch ohne jede Stütze, so daß er sich verwinden konnte. Die Prüfung der Verbindung wurde nachlässig ausgeführt, mit einem Druck von nur 0,9 MPa, obwohl der Betriebsdruck fast um ein Drittel höher war. Im Grunde hatte man die Verbindung nur auf Dichtheit geprüft, von einer Festigkeitsprüfung konnte keine Rede sein.

Im April und im Mai funktionierte die Anlage normal, aber der Verbindungsschlauch wurde allmählich morsch. Die Unannehmlichkeiten begannen am 29. Mai – Zyklohexanon-Austritt wurde registriert. Man stoppte den Prozeß, nahm in Eile die erforderliche Reparatur nebst Prüfung vor und setzte die Anlage wieder in Betrieb. Nach einigen Stunden wurde wieder ein Leck festgestellt. Die nötigen Werkzeuge und Vorrichtungen für eine sofortige und ordnungsgemäße Instandsetzung waren nicht vorhanden, doch daran störte man sich wenig, erst recht, weil der Gasaustritt bald von selbst aufhörte. Die nächsten zwei Tage arbeitete die Anlage mehr oder weniger normal, Druck und Temperatur lagen zwar etwas über der Norm, doch besonders beunruhigt zeigte sich das Personal nicht.

Die Katastrophe trat am Sonnabend, dem 1. Juni 1974, ein. Um 16.53 Uhr entwich aus dem rissigen Schlauch eine Zyklohexanon-Wolke. Binnen 30 Sekunden hatte sie 200 Meter Durchmesser erreicht. Der Wind trieb die hochexplosive Wolke auf eine einhundert Meter abseits stehende Anlage zu, die mit hoher Temperatur betrieben wurde. Es kam zu Direktkontakt, und das gasförmige Zyklohexanon explodierte mit einer Kraft, die der Explosion von 16 Tonnen Trinitrotoluol entspricht. Das Werk wurde praktisch vollkommen zerstört. Von den 72 Beschäftigten, die sich zur Zeit der Explosion im Werk befanden, kamen 28 um, 36 Personen erlitten schwere Verletzungen.

Die Detonation war so gewaltig, daß man sie 50 Kilometer weit hörte. Der nach der Explosion ausgebrochene Brand konnte lange nicht gelöscht werden – die Brandfackel war über einhundert Meter hoch.

Alle Gebäude im Umkreis von 600 Metern um die Katastrophenstelle wurden vollkommen zerstört. In den benachbarten Orten im Umkreis von dreieinhalb Kilometern wurden fast 2500 Häuser in Mitleidenschaft gezogen. 53 Personen erhielten schwere Verletzungen. Die Wiederherstellung des Werkes kostete fast 200 Millionen Dollar.

Die Schlußfolgerungen der Kommission über die Ursachen der Katastrophe in Flixborough wurden in vielen Zeitungen und technischen Zeitschriften veröffentlicht und hätten, so meint man, das

Verantwortungsgefühl der Spezialisten analoger Betriebe ansprechen müssen. Doch leider setzten sich die Katastrophen in Chemiebetrieben fort.

Jedes Jahr veröffentlichen die Zeitungen Meldungen über neue Havarien, über zahlreiche neue Opfer. Katastrophen gab es in Erdölraffinerien, in Mineraldüngerfabriken und in anderen Chemiebetrieben. Eine der größten Katastrophen, deren Auswirkungen bis heute noch nicht behoben sind, passierte 1976 in Italien.

In Seveso, 18 Kilometer nördlich von Mailand, war viele Jahre der chemische Betrieb „Icmesa“ des transnationalen Pharmazeutik-Konzerns Hoffmann-la-Roche aktiv. Er produzierte Trichlorphenol, einen Rohstoff für die Herstellung von Arzneimitteln und Kosmetikpräparaten. Die besondere Gefährlichkeit dieses Stoffs besteht darin, daß er bei hoher Temperatur zu Dioxin wird, zu einem schrecklichen Gift, von dem ein Kilogramm ausreicht, um fünf Millionen Menschen zu töten!

Grund zur Beunruhigung schien es nicht zu geben – das Verfahren der Reaktoraufheizung begrenzte die Temperatur bei 190 Grad Celsius, während die kritische Temperatur 230 Grad Celsius beträgt. Das recht günstige Temperaturverhalten hatte zur Folge, daß der Prozeß nicht laufend kontrolliert wurde, sondern nur ab und an, obwohl das Kühlsystem keine automatische Regelung aufwies. Eine automatische Anzeige und ein System der Prozeßunterbrechung in Notfällen war auch nicht vorhanden. Es war nicht einmal ein Alarmsignal vorgesehen.

Als am Sonnabend, dem 10. Juli 1976, eine rötliche Wölke aus dem Reaktor entwich, erfolgte keine Alarmmeldung. Die Wolke hatten in der Nähe spielende Kinder bemerkt. Bei der Untersuchung des Reaktors durch Fachleute stellte sich heraus, daß für das Entweichen der Wolke ein sprunghafter Temperaturanstieg im Reaktor auf 450 bis 500 Grad Celsius verantwortlich war. Dies bedeutete, daß die Wolke Dioxin enthalten mußte, denn alle Bedingungen dafür waren gegeben.

Die Wissenschaftler streiten sich noch heute, wieviel Dioxin bei der Havarie in Seveso freigesetzt worden ist. Auf jeden Fall aber waren es nicht weniger als zwei Kilogramm! Einige Schätzungen sprechen sogar von fünf Kilogramm.

Der Grund für den unerwarteten Temperaturanstieg im Reaktor des „Icmesa“-Werkes konnte nicht aufgeklärt werden. Die Betriebsleitung und die technische Direktion des Werkes behaupteten, das Ereignis wäre absolut unvoraussehbar gewesen und hätte zum erstenmal stattgefunden, obwohl die Untersuchungskommission es unwahrscheinlich fand, daß die leitenden Ingenieure des Werkes nichts von den in der Literatur bereits beschriebenen Fällen einer Dioxinbildung bei der Trichlorphenol-Produktion gewußt haben sollen.

Die Betriebsleitung war auf jede Weise bemüht, die Gefährlichkeit des Vorkommnisses abzuwerten. Im Brief an die örtliche Hygieneinspektion wurde behauptet, der Vorfall stelle keinerlei Gefahr für die Einwohner der angrenzender Bezirke dar (später ist dieser Brief als „Musterbeispiel sträflicher Vorspiegelung falscher Tatsachen" bezeichnet worden). Erst einige Tage später, nach Veröffentlichung der Ergebnisse der in der Schweiz ausgeführten Analysen, wurde klar, daß Seveso und seine Umgebung mit Dioxin verseucht sind. Sofort wurden alle Einwohner des Städtchens evakuiert, die Stadt wurde zur Zone erhöhter Gefahr erklärt. Die Behörden gingen an die Entgiftung des Geländes. Zu diesem Zweck mußten Arbeiter in Schutzanzügen und Gasmasken eine über einen halben Meter dicke Erdschicht mit Schaufeln abtragen. Die Erde kam in Fässer, die danach auf einem speziellen „Friedhof" an einem sicheren Ort eingegraben wurden. Im ersten Jahr der Entgiftungsarbeiten wurden 60 von den 95 verseuchten Hektar unschädlich gemacht. Doch bis jetzt wird den Autofahrern beim Durchfahren dieses Raumes empfohlen, die Fenster zu schließen, bis jetzt bekommen die Einwohner von Seveso und der Nachbarorte die Auswirkungen der Katastrophe zu spüren.

Eine unerwartete Fortsetzung fand diese Geschichte im September 1982. Ein schwer beladener Lastkraftwagen näherte sich der italienisch-französischen Grenze. Die Fässer in seinem Laderaum enthielten laut der vom LKW-Fahrer ausgefüllten Zollerklärung „feste Industrieabfälle mit aromatischen chlorierten Stoffen". Mißtrauen bei den Zollbeamten hätte die Tatsache wecken können, daß den Lastwagen italienische Polizisten auf Motorrädern und die schwarze Limousine des Senators *Luigi Nohe*, des Chefs der Kommission für die „Seveso-Probleme", begleiteten. Doch alles lief glatt ab, der LKW durfte nach Frankreich passieren, und seine Begleiter fuhren zurück. Erst mehrere Monate später wurde klar, warum der Fracht in Italien ein derart solider Begleitschutz gegeben worden war – in den Fässern mit den zweieinhalb Tonnen fester Abfälle aus Seveso befanden sich mehr als 30 Gramm Dioxin.

Warum hat man nun diese Abfälle nicht auf dem „Friedhof bestattet", auf den die Erde aus Seveso hingekommen war? Dagegen hatte die Regierung Italiens Einwände, die den Besitzern des Konzerns Hoffmann-la-Roche vorschrieb, die gefährlichsten Abfälle außer Landes zu bringen. Lange verhandelten die Konzernchefs mit den verschiedensten Regierungen, und keine von ihnen gab die Zustimmung zur Einfuhr der dioxinhaltigen Abfälle. Die italienische Niederlassung des westdeutschen Konzerns Mannesmann erklärte sich schließlich zur Beförderung der gefährlichen Fracht bereit, unter dem Vorbehalt jedoch, daß der Zielort niemals bekanntgegeben würde. So tauchte auf den Straßen Italiens und Frankreichs der dem französischen Fuhrunternehmer *Bernard Parengo* gehörende LKW auf.

Bei ihren Nachforschungen haben die französischen Behörden die Route der unheimlichen Fracht nur bis St. Quentin im Norden Frankreichs verfolgen können. Der von der Polizei festgenommene LKW-Fahrer sagte aus, in St. Quemtin hätte er gleich nach der Ablieferung der Fracht eine neue Tour zugewiesen bekommen. Nach seiner Rückkehr waren die Fässer mit den Abfällen verschwunden. Verantwortliche Sprecher von Hoffmann-la-Roche erklärten, die Fracht sei umweltsicher verwahrt, doch der Einlagerungsort sei ihnen nicht bekannt. Die Fässer mit dem Dioxin wurden erst nach mehreren Wochen intensiven Suchens ausfindig gemacht.

Eine riesige Gefahr stellen Abfälle chemischer Betriebe dar, da sie des öfteren toxische Stoffe enthalten. Weil die Chemieunternehmen freiwillig nicht einmal den geringsten Teil ihrer Gewinne für die Unschädlichmachung oder für die zuverlässige Einlagerung der giftigen Abfälle aufwenden wollen, vergiften sie im wahrsten Sinne des Wortes die Umwelt – die Flora und die Fauna, die landwirtschaftlichen Nutzpflanzen, die Haustiere und natürlich auch die Menschen. Leider ist diese umweltfeindliche Praxis weltweit verbreitet.

Experten schätzen ein, daß in den USA toxische chemische Abfälle in mindestens 50000 Müllhalden enthalten sind, verstreut über ganz Amerika. Die Behörden sagen offiziell aus, daß die Verseuchungsgefahr 14000 Städten und Gemeinden droht. Umweltexperten meinen jedoch, daß diese Zahl viel zu niedrig angegeben ist.

Im Jahre 1971 besprühte *Russel Bliss*, Inhaber einer Müllabfuhrfirma, die Pferdeställe der Farm *Judy Piatt* im Bundesstaat Missouri zwecks Staubbekämpfung mit Erdölabfällen. Mehrere Tage danach fielen Hunderte Vögel, die im Dachstuhl der Pferdeställe nisteten, tot zu Boden. In den folgenden drei Jahren starben 62 Pferde. Die Besitzerin der Farm und ihre Angehörigen erkrankten. Die Bundeszentrale für medizinische Kontrolle in Atlanta fand heraus, daß die Ursache in dem unglückseligen Dioxin bestand, das in den Erdölabfällen enthalten war, die *Bliss* aus einem damals geschlossenen chemischen Betrieb abgefahren hatte. Der Dioxingehalt in den Abfällen, mit denen der unternehmungsfreudige *Bliss* Wohnwagen und Pferdekoppeln, Straßen, Parkplätze und Farmen im ganzen Bundesstaat besprühte, lag mehr als hundertfach über der zulässigen Norm. Diese Dioxinabfälle gelangten auch in das Wasser des Flüßchens Meramek, wobei sich die Dioxinkonzentration im Wasser als noch höher erwies. Zumindest wurde den Einwohnern der Siedlung Times-Beach nach einem Hochwasser des Flüßchens und der damit verbundenen Überschwemmung empfohlen, nicht mehr in ihre Häuser zurückzukehren. Die größte Sorge bereitet den Behörden des Staates der Umstand, daß 18 Kilogramm Dioxin aus dem unheilvollen Werk in unbekannte Richtung verschwunden sind.

In den Bergen beim Städtchen Flint im Staat Michigan befindet sich hinter einem hohen Zaun die frühere Deponie für toxische Abfälle. Die Deponie ist 1975 auf Anweisung der Hygienebehörde geschlossen worden. Ihren Betreibern wurde mehrfach vorgeschrieben, Klärarbeiten auszuführen, doch sie ignorierten die Anweisungen hartnäckig. Die Experten können nicht genau sagen, welche Stoffe auf dem riesigen Müllplatz gelagert werden, doch allein das, was sie wissen, reicht aus, um die Situation als äußerst gefährlich einzuschätzen. Erhebliche Mengen Zink, Chrom, Kadmium, Blei und Zyanid sind bis zum Flint-River durchgesickert und nähern sich den Großen Seen – der Trinkwasserquelle für Millionen von Menschen.

Beispiele dieser Art könnten noch lange angeführt werden, doch schon die genannten reichen aus, um die sträfliche Mißachtung der Belange der Einwohner durch die Chemieunternehmen deutlich zu machen.

Der Transport gefährlicher Abfälle ist eine weitere Ursache der potentiellen Katastrophen. Allein auf den Autostraßen Kaliforniens kommen Unfälle oder Katastrophen bei der Beförderung chemischer Abfälle im Durchschnitt jeden Tag vor. Im Herbst 1982 gab es ein gefährliches Vorkommnis bei der Eisenbahn im Staate Louisiana. Bei Livingstone entgleisten 43 Eisenbahnwaggons mit Vinylchlorid, Phosphorsäure und anderen gefährlichen Frachten und prallten aufeinander. Die Explosionen und Feuersbrünste am Katastrophenort wüteten mehrere Tage. Zwei Kesselwagen flogen etliche Dutzend Meter durch die Luft. Die Einheimischen, die vom Ort der Katastrophe geflohen waren, konnten erst nach einer Woche in ihre Häuser zurückkehren.

Ein winziger elektrischer Funke

Am 6. Mai 1937 tauchte nach einem dreitägigen Flug über den Atlantik das riesenhafte Luftschiff „Hindenburg“ über New York auf. Sein gigantischer Körper war 245 Meter lang und hatte ein Volumen von 200000 Kubikmetern Wasserstoff. Das Luftschiff wurde von vier Schwerölmotoren angetrieben, von denen jeder eine Leistung von 806,8 Kilowatt (1100 PS) aufbrachte. Etwa 100 Passagiere, Teilnehmer der ersten Atlantiküberquerung, weilten an Bord des Luftschiffes, umgeben von noch nie dagewesenem Prunk und Luxus. Sportanlagen, Orangerien, Restaurants, komfortabel eingerichtete Kajüten, Promenadendecks – es fehlte nichts auf diesem Riesen, dem Stolz des Hitlerreiches. Die Atlantiküberquerung sollte regelmäßige Luftfahrten zwischen Deutschland und den USA einleiten.

Das Riesenschiff kreiste in geringer Höhe über New York. Die Straßenpassanten konnten die silberne „Zigarre“ mit dem Hakenkreuz auf dem Rumpf gut erkennen.

Auf dem Landeplatz herrschte schon seit dem frühen Morgen Aufregung. Im Radio brachte man eine Mitteilung über die Ankunft des Luftschiffes LZ 129. Die Reporter und Kameramänner warteten ungeduldig auf die Landung. Aber *Max Pruß*, der Kommandant des Luftschiffes, zeigte keine Eile. Wegen einer herannahenden Gewitterfront wurde geraten, mit der Landung zu warten. Gegen 18 Uhr wurde der Befehl zur Landung gegeben. Sie verlief sehr langsam und majestätisch.

Die Landemannschaft war bereit, das Luftschiff einzuholen; die Reporter berichteten über den Landevorgang. Plötzlich vernahmen die Anwesenden einen dumpfen Knall, und am Heck wurde eine riesige Stichflamme sichtbar. In wenigen Sekunden stand das ganze Luftschiff in Flammen. Jemand schrie: „Rette sich, wer kann!“, und die Landemannschaft lief vor dem nach unten strebenden und überschäumenden Flammenmeer nach allen Seiten weg. Die Rundfunkreporter waren der Hysterie nahe, sie wiederholten fortwährend: „Schrecklich ... schrecklich ...“

Es war schrecklich.

Nur wenige der Passagiere und Besatzungsmitglieder konnten sich retten. Viele starben in den Flammen, viele durch den Aufprall auf die Erde, als sie versuchten, durch die Bullaugen der Passagierkabine abzuspringen. Das war der Untergang der „Hindenburg“ und das Ende der Versuche, Luftschiffe für die Personenbeförderung einzusetzen. Die im Bau befindlichen Luftschiffe wurden „eingemottet“. In der Luft begannen die Flugzeuge, uneingeschränkt zu herrschen.

Die Ursache des Brandes der „Hindenburg“ war ein Blitzschlag. Als die „Hindenburg“ über New York kreiste und das Gewitter nahte, wurde die Außenhaut des Luftschiffes durch atmosphärische Elektrizität aufgeladen. Das begünstigte den Blitzeinschlag ausgerechnet in das mit Wasserstoff gefüllte Luftschiff, und dieser explodierte im Gemisch mit Luft (Knallgas!) wie Dynamit. Die Ingenieure hatten bei der Projektierung der Luftschiffe anscheinend alles berücksichtigt, sie konnten aber die Möglichkeit einer Erscheinung nicht einplanen, die nicht in das gewohnte Schema der Berechnungen paßte.

Bringen wir noch ein weiteres Beispiel, wie man annehmen könnte, aus einem ganz anderen Bereich.

Es passierte zu Beginn der 70er Jahre. Der Supertanker „Marpessa“ befand sich vor der Küste Senegals und wurde für die Aufnahme von Erdöl vorbereitet. Die Besatzung wollte keine Zeit verlieren und spülte die leeren Tanks mit starken Strahlen warmen Seewassers aus. Nach einer plötzlichen Explosion zerbrach der erst kurz zuvor gebaute Schiffsriese buchstäblich in zwei Hälften. Das Schiff sank in wenigen Sekunden.

Zwei Wochen später explodierte in der Straße von Mocambique der Supertanker „Mactra“. Bereits einen Tag darauf wurde der liberianische Tanker „Kong Haakon VII“ von demselben Schicksal betroffen.

Das Rätselhafteste an diesen Katastrophen war, daß den Explosionen immer das Ausspülen der Tanks mit Seewasser vorausging. Die Fachleute zerbrachen sich lange den Kopf über die Ursachen der Explosionen, bis der kanadische Physiker *Edward Piers* die Vermutung aussprach, daß die Strahlen des warmen Seewassers zu elektrostatischen Aufladungen führen können, wenn sie mit großem Druck auf die Wände der Tanks aufprallen. Den Beweis dafür erbrachte er in der eigenen Badewanne, auf die er warme Wasserstrahlen auftreffen ließ. Die Wanne lud sich dabei elektrostatisch auf. Wenn aber bereits in der Badewanne niedrige elektrische Potentiale aufgetreten sind, so müssen in den riesigen Erdöltanks Potentiale in der Größenordnung von mehreren 1000 Volt aufgebaut werden. Die dadurch hervorgerufenen Funken haben das Gemisch aus Luft und Erdöldämpfen zur Explosion gebracht.

Ebensolche großen elektrischen Potentiale, wie sie beim Löschen der Tanker entstehen, sind offenbar auch die Ursachen einer Katastrophe, die in Irland in der Bantry Bay geschah, wo sich die größten Erdöltanklager Europas befinden. Der Hafen für die Tanker und die Erdöltanks wurden Mitte der 70er Jahre von der amerikanischen Gesellschaft „Gulf“ gebaut. Als Ort für den Hafen wurde die Bantry Bay gewählt, da sie tief genug ist, um Supertanker aufzunehmen.

Ein solcher Supertanker, die „Bethelhaise“ mit einer Wasserverdrängung von 120000 Tonnen, lief in den Hafen Bantry in Irland ein. Das Löschen der Fracht lief auf Hochtouren, in den Ölbehältern des Tankers waren „nur“ noch 40000 Tonnen, als die Katastrophe geschah.

Zuerst ertönte ein kleiner, relativ schwacher Knall, dann folgte ein zweiter schrecklichen Ausmaßes. Nach den Worten von Augenzeugen war das die wahre Hölle. Auf dem Meer breitete sich ein Feuerstrom aus, der noch in 250 Meter Entfernung vom Ufer tobte. Die Explosion war so stark, daß auf der 15 Kilometer vom Hafen entfernten Insel Widdy die Fensterscheiben barsten. Der Supertanker zerbrach in Stücke, die von einem heftigen Feuer erfaßt wurden. Von einer Rettung der Besatzung konnte überhaupt keine Rede sein.

Am folgenden Tag konnten die Rettungsmannschaften die Leichen von nur 12 der 50 Besatzungsmitglieder bergen, die während der Katastrophe an Bord des Tankers waren. Die Leichen waren so stark verkohlt, daß sie nicht mehr identifiziert werden konnten. 50 Menschenleben forderte die Katastrophe, aber weitaus mehr Opfer wären es gewesen, hätten die Flammen auf die Erdöltanks übergegriffen, die in der Nähe der Anlegestelle des Tankers standen. Zum Zeitpunkt der Explosion lagerten auf der Insel über eine Million Tonnen Erdöl.

Was war an Bord der „Bethelhaise“ geschehen? Fachleute meinen, daß die Ursache der gleiche elektrische Funke war, der die Erdöldämpfe entzündete. Hinzu kommt, daß die Erdölmonopole zugunsten des Gewinns die Kosten gescheut hatten, um die Sicherheitstechnik zu verbessern und beim Löschen des Tankers Inertgas in die Tanks zu pumpen.

Ein elektrischer Funke, verursacht durch den Kurzschluß von Leitungen unter dem Sitz des amerikanischen Astronauten *V. Grissom*, führte am 27. Januar 1967 zu noch einer Tragödie, zum Brand im Raumschiff „Apollo“, das in der Spitze der riesigen Trägerrakete „Saturn-1“ durchgecheckt wurde. Die drei Astronauten – *Virgil Grissom, Edward White* und *Roger Chaffy* – und alle an der Vorbereitung Beteiligten konnten nicht ahnen, daß die routinemäßige Überprüfung mit einer Katastrophe enden würde.

Der Funke sprang zwischen zwei Kupferadern in der beschädigten elektrischen Leitung über. Die mit Sauerstoff angereicherte Atmosphäre und die brennbaren Materialien der Auskleidung hatten anscheinend nur darauf gewartet. Alles spielte sich in Bruchteilen von Sekunden ab. Die Kapsel verwandelte sich in eine lichterloh brennende Hölle. Von den Astronauten kamen nur wenige Worte:

„... es scheint, wir brennen! ...

... Brand in der Kapsel!!!"

Alles weitere waren nur Schreie des Schreckens. Nach 20 Sekunden war alles zu Ende. Verkohlte Finger waren innen auf der Ausstiegsluke zu sehen. Eine Rettung war unmöglich: Für das Öffnen der Luke waren mindestens 2 Minuten erforderlich, das aber unter normalen Umständen. Diese zwei Minuten hatten weder die Astronauten noch das Bergungspersonal.

Bittere Lehren mußten die Konstrukteure der Kapsel aus diesem Vorfall ziehen: Die Zusammensetzung der Atmosphäre in der Kapsel mußte verändert werden, sie mußte weniger brennbar sein. Ein schnell wirkendes System für den Notausstieg der Astronauten mußte entwickelt werden, und außerdem galt es, noch gründlicher die Zuverlässigkeit der gesamten elektrischen Anlage des Raumschiffs zu überprüfen.

Vor dem Hintergrund dieser tragischen Ereignisse hätte man durchaus einen relativ unbedeutenden Zwischenfall in der italienischen Kleinstadt Pinerollo auf dem Gehöft von *Buodenasc* übersehen können. Aber die Autoren dieses Buches möchten die Situation etwas entspannen.

Die ansässigen Landwirte waren bestürzt, als sie sechs Ochsen erblickten, die tot an der Tränke lagen. Die Todesursache war eine gewöhnliche Gartenschnecke. Sie kroch über die Drähte einer nahegelegenen elektrischen Leitung und überbrückte diese; die elektrische Spannung ging auf die Wassertränke über. Sobald die Ochsen ihr Maul ins Wasser senkten, schlug die schon getötete Schnecke auch die Ochsen k. o.

Die Ursache aller dieser großen und kleinen Katastrophen ist ein elektrischer Funke. Manchmal entsteht er infolge einer ungenügend zuverlässigen elektrischen Schaltung, und wir wissen, daß man sich hier in erster Linie für die Verbesserung der Qualität einsetzen muß, sei es für eine Qualitätsverbesserung der Leitungen oder für eine besser durchdachte Schaltung der elektrischen Energieversorgung.

Zuweilen kann ein Funke auch ohne jegliche Drähte und elektrische Netze entstehen, und dann ist er dadurch gefährlich, daß er an ganz unerwarteten Stellen auftritt: auf dem Kopf beim Kämmen der Haare, an den Wandungen von Tanks, auf Autoreifen. Die bei einem Tankauto klirrend auf der Straße schleifende „Eisenkette" ist keine Nachlässigkeit des Fahrers. Die Kette dient zur Ableitung elektrischer Ladungen auf die Erde.

Besonders anfällig für die Funkenbildung infolge statischer Elektrizität waren die Erzeugnisse des „Nylonzeitalters“ – Kleidungsstücke, Strümpfe, Küchengeschirr aus Kunststoff. Registriert wurde eine Vielzahl von explodierten Autos, die in den Kofferräumen Kunststoffkanister mit Benzin mitgeführt hatten. Ja, und jedesmal die „Elektrizität“ zu spüren, wenn man den Nylonpulli auszieht, ist auch nicht sonderlich angenehm. Das ergab für die Werkstoffentwicklung die Aufgabe, synthetische Materialien zu schaffen, die sich nicht elektrisch aufladen. Für die Projektanten resultierte daraus eine weitere Aufgabe: alle die Stellen vorauszuahnen, wo sich elektrische Ladungen ansammeln könnten, um den „elektrischen Schlag“ rechtzeitig von Personen und Konstruktionen abzuwenden.

Die Firma „Vebron Products“ (England) stellt beispielsweise Filzfilter mit elektrisch leitenden Polyesterfasern her, um die Brand- und Explosionsgefahr in Luftreinigungsanlagen herabzusetzen. Durch die Erdung dieser Filter wird eine Ansammlung statischer Elektrizität verhindert, die eine Explosion von Gemischen aus Luft und pulverförmigen Stoffen wie Mehl, Zucker, Stärke, Kunststoff-, Holz- und Kohlenstaub verursachen könnte. Die antistatischen Filter werden einer Spezialbehandlung unterzogen und haben einen sehr geringen elektrischen Widerstand.

Der elektrische Funke gehört zu jenen Erscheinungen, deren gefährliche Rolle vorauszuahnen zwar schwer, aber vom Prinzip her möglich war.

Gibt es auch Erscheinungen, die einfach nicht vorausgesehen werden können?

Ja, die gibt es. Bereits beim Start der ersten Sputniks in der Sowjetunion hätte es die Technik erlaubt, einen Menschen in den Kosmos zu entsenden, aber die Vorsicht behielt die Oberhand und wurde belohnt. Mit Hilfe der Sputniks entdeckte man die gefährlichen Strahlungsgürtel der Erde. Die Umlaufbahnen der bemannten Raumschiffe werden jetzt so berechnet, daß sie ihre verhängnisvolle Wirkung umgehen.

Sehr vorsichtig aus der Sicht der Zuverlässigkeit gingen die sowjetischen Konstrukteure ebenfalls vor, indem sie auf den Mond vorerst Automaten schickten. Die gelungene Mondlandung der amerikanischen Astronauten war natürlich eindrucksvoll; andererseits war das Risiko einer solchen Mission groß.

Betrachten wir noch ein Beispiel. Wir haben schon von *Stephenson* gehört, der eine Brücke in Form eines „Eisenkastens“ gebaut hatte. Diese Idee gefiel den Schiffbauern sehr. Was ist denn schon ein Schiff, wenn nicht ein Kasten? Mehr noch, auch ein Schiff kann von den Wellen so getragen werden, daß sich Bug und Heck auf Wellenkämmen befinden, während das Mittelteil wie bei einer Brücke „in der Luft hängt".

Je mehr Schiffe man nach dem Stephensonschen „Rezept" gebaut hatte, desto klarer wurde jedoch, daß diese Konstruktion für Schiffe nicht geeignet ist. Bei größeren Schiffslängen stieg nämlich stark die Wahrscheinlichkeit, daß die Schiffe bei hohem Wellengang „zerbrechen". Das passierte beispielsweise bei einem Sturm auf den Großen Seen in Amerika mit dem 100 Meter langen Dampfschiff „Shenectedy", das mit Erz beladen war.

Nach den Berechnungen waren die im Schiffskörper entstandenen Spannungen nur halb so groß wie die zulässigen! Außerdem haben unmittelbar auf Schiffen vorgenommene Prüfungen gezeigt, daß die auftretenden Spannungen sogar bei einem Sturm weitaus kleiner sind als die Bruchspannungen! Selbst wenn die Verringerung der Plattenfläche, bedingt durch Bullaugen und Luken, berücksichtigt wird, so bleibt immer noch eine vielfache Sicherheit.

Keiner der „Praktiker" beachtete die komplizierten Berechnungen einiger Wissenschaftler, z. B. des Russen *G. V. Kolossov* und des Engländers *Englease.* Die „Theoretiker" nämlich sahen „die Wurzel des Übels" in den Bullaugen, Luken und anderen Öffnungen im Schiffskörper. Das Problem bestand nicht so sehr darin, daß die Öffnungen die Fläche des Widerstand bietenden Stahls verringerten, sondern daß sich um die Öffnungen lokale Spannungskonzentrationen aufbauten. Die Wissenschaftler wiesen darauf hin, daß die größten Konzentrationen an scharfen Kanten, schroffen Übergängen und in spröden Werkstoffen entstehen.

Die Praktiker vernachlässigten die Ratschläge der Wissenschaftler, und die fortwährenden Havarien ließen sie noch lange im Zustand der Zweifel.

Wie weit manchmal die „Trägheit" der Konstrukteure geht, kann man auch an der Tatsache messen, daß in den sechziger Jahren unseres Jahrhunderts ein amerikanisches Verkehrsflugzeug „Comet" in der Luft auseinanderbrach. Es hatte rechteckige Bullaugen, in deren Ecken sich starke Spannungskonzentrationen bildeten. Nachdem die Bullaugen rund gestaltet worden waren, flogen die Flugzeuge dieses Typs sicher.

Sind mit den genannten Beispielen die möglichen Ursachen von Katastrophen erschöpft, die von vornherein nicht gesehen werden können? Haben wir nicht das Wichtigste vergessen – den Menschen –, der mit den Produkten seiner Hände Arbeit zu tun hat? Es ist doch weitaus komplizierter, das Verhalten und die Handlungen von Menschen vorherzusagen, als irgendwelche unerwarteten physikalischen und technischen Faktoren zu berücksichtigen. Heutzutage, im Zeitalter der komplizierten Technik, muß man immer häufiger vom sogenannten menschlichen Faktor sprechen, der mitunter den Betrieb der zuverlässigsten Systeme unzuverlässig macht. Man hat berechnet, daß bereits 1956 in den USA infolge von Fehlhandlungen der Arbeiter und Angestellten bei Industrieanlagen 2 Millionen Störungen zu verzeichnen waren, die Unkosten von 2 Milliarden Dollar verursachten. Im Jahre 1973 passierten in England und in den USA die meisten Flugzeugunglücke durch Verschulden der Piloten.

Durch fehlerhaftes Verhalten der Besatzung erklären die amerikanischen Experten auch das Unglück der „Boeing-707“ am 8. Dezember 1972 in der Nähe des Chicagoer Flughafens Medway. Bei dieser Katastrophe kamen 40 der 55 Passagiere, 3 der 6 Besatzungsmitglieder und 2 Einwohner ums Leben, denn das Flugzeug zerstörte beim Absturz fünf Häuser.

Augenzeugen berichteten, daß das Flugzeug ungefähr 2 Kilometer vor der Landebahn seinen Bug hochriß. Die Triebwerke heulten auf, und aus etwa 150 Meter Höhe begann das Flugzeug zu fallen, schnitt Baumkronen ab und stürzte auf ein Wohngebiet in der Nähe des Flughafens. Auf der Erde explodierte es und brannte aus.

Die erste Hypothese der Offiziellen, die das Unglück untersuchten, lautete, daß dem Piloten während der Landung schlecht geworden sei, daß er sogar möglicherweise an einem Herzinfarkt gestorben sei infolge der starken Erregung, bedingt durch die entstandene Situation: Das Flugzeug, das schon zur Landung angesetzt hatte, sollte auf Anweisung des Towers einen zweiten Anflug ausführen, weil die Landebahn belegt war. Die Obduktion ergab jedoch, daß das Herz des Piloten in Ordnung war. Aber richtig gehandelt hatte er trotzdem nicht. Die Sache lag nicht an einer Krankheit, sondern an der plötzlich entstandenen Verwirrung unter dem Eindruck der unerwarteten Situation. Dem Piloten waren offensichtlich in diesem Augenblick viele wichtige Dinge entfallen, die er bei der Landung hätte unbedingt berücksichtigen müssen.

Die Ursache des Absturzes waren die fehlbedienten Landeklappen – Metallplatten, die aus den Tragflächen des Flugzeugs quer zur Strömung ausgefahren werden, um den Landeweg zu verkürzen. Bei der Landung hatte der Pilot gemäß der Anweisung die Landeklappen ausgefahren. Er mußte jedoch erneut steigen und schaltete die Triebwerke auf volle Leistung, vergaß aber, die Landeklappen einzufahren.

Nach der Katastrophe gab man ein spezielles Bulletin für Piloten heraus. Darin wurde nochmals, damit dies zukünftig nicht vergessen, sondern automatisch befolgt wird, die Wirkungsweise der Landeklappen beschrieben, die bei Steig- und Sinkflug unterschiedlich ist.

Mit dem „menschlichen Faktor" erklären die Fachleute auch den Absturz der „DC-4" der Schweizerischen Luftverkehrsgesellschaft SWISSAIR am 15. Mai 1960.

Ein Hirte im Sudan hatte am Abend jenes Tages gesehen, wie ein großes Passagierflugzeug mit langgezogenem Geheul gegen einen Berghang stieß. Der aufflammende Treibstoff ließ nach wenigen Minuten vom Flugzeug nur noch verbrannte, formlose Metallklumpen am Felsen übrig. Es hatte den Anschein, als ob niemand und nichts die Gründe der Katastrophe aufklären könnte.

Die Ursachen sollte man nicht hier, an den afrikanischen Berghängen finden, sondern in den Archiven der Flughäfen, in der Logik der Ereignisse und in der Psychologie der Menschen. Die Archive gaben zum Beispiel Auskunft darüber, daß das obere Bullauge, wodurch bei Nachtflügen die Kurskorrektur nach dem Sternenhimmel vorgenommen werden konnte, an dieser Maschine schon seit langem stark zerkratzt war. Das Funkfeuer, an dem sich die Piloten orientierten, war zu weit entfernt. Die Besatzung war, so ergab sich aus den Untersuchungen, zum Zeitpunkt der Katastrophe schon über 36 Stunden unterwegs.

Man kann sich die Hilflosigkeit und Hoffnungslosigkeit vorstellen, die unter den Mitgliedern der unwahrscheinlich ermüdeten Besatzung herrschten, einer Besatzung, die keine Kraft mehr besaß, mit den Fehlern fertig zu werden, die sowohl von ihnen als auch von den unfreiwilligen „Gehilfen" auf den Flugplätzen begangen wurden.

Mit dem „menschlichen Faktor" erklären die sowjetischen und französischen Experten auch den Absturz des sowjetischen Überschallpassagierflugzeugs „TU-144" auf dem Flughafen von Le Bourget im Jahre 1974. Die Untersuchungskommission sammelte die verfügbaren Materialien und führte die notwendigen Prüfungen des Flugzeugs anschließend auf dem Territorium der Sowjetunion durch. Während dieser Prüfungen hätte jeder noch so kleine Mangel in der Konstruktion und Funktion des Flugzeugs oder seiner Baugruppen zutage kommen müssen. Alle Systeme des Flugzeugs funktionierten aber einwandfrei.

Die sowjetischen und französischen Fachleute kamen zu dem Schluß, daß die Ursache der Katastrophe wahrscheinlich der Streßzustand der Besatzung war. Es stellte sich heraus, daß während des Fluges der „TU-144" in gefährlicher Nähe ein Jagdflugzeug vom

Typ „Mirage-3P“ der französischen Luftwaffe auftauchte. Das Sachverständigengutachten über die Flugbahnen der Flugzeuge ließ die Schlußfolgerung zu, daß ein Zusammenstoß nicht aufgetreten wäre. Es ist jedoch sehr wahrscheinlich, daß der Pilot der sowjetischen Maschine eine plötzliche Kursänderung vornahm, um dem Jagdflugzeug auszuweichen und eine Katastrophe zu vermeiden.

Außerdem stellte sich heraus, daß ein Besatzungsmitglied, der Leiter der Prüfungen, sich zu dem kritischen Zeitpunkt in der Pilotenkabine aufhielt und gerade Filmaufnahmen machte. Er hatte die Anschnallgurte nicht angelegt, und es ist durchaus möglich, wie im Bericht festgestellt wurde, daß er bei dem schroffen Manöver des Flugzeuges hinfiel und so die Handlungsweise des Piloten blockierte.

Wir können auch ein Beispiel aus einem ganz anderen Bereich nennen. Bei einer Energiesystem-Havarieübung waren die Dispatcher starken Streßbedingungen ausgesetzt. Nicht alle Dispatcher erlangten sofort die Selbstbeherrschung und leiteten die richtigen Schritte zur Beseitigung der Havarie ein. Viele führten im Zustand der Fassungslosigkeit nicht das aus, was nötig war, und einige konnten vor lauter Aufregung überhaupt keinen Finger krumm machen. Bisweilen hat eben der „seelenlose“ Computer wichtige Vorteile vor dem intelligenteren, aber auch emotionellen (!) Menschen.

Die Fachleute der Ingenieurpsychologie stellen und beantworten in diesem Zusammenhang Fragen, die auf den ersten Blick sehr „gekünstelt“ anmuten. Wie groß soll beispielsweise die Kraft sein, einen Schalter zu betätigen? Was gibt es da schon für einen Unterschied? Jedoch die Experten haben bewiesen, daß es einen Unterschied gibt, einen sehr großen sogar. Wenn die Schalter oder Knopftaster sehr leicht ausgelöst werden können, so macht das Bedienungspersonal mehr Fehler, als wenn große Kraftanstrengungen aufzubringen sind. Optimal erscheint ein Kraftaufwand von etwa 7 Newton (0,7 Kilopond). In diesem Fall haben die Testpersonen praktisch keine Fehler gemacht.

Wenn wir daran denken, wieviel Knopftaster es überall gibt (eine Steuerung mit Knopftaster haben heutzutage praktisch alle Maschinen), wird verständlich, wie wichtig es ist, einen möglichen Fehler auszuschließen.

Die Vorstellungskraft reicht nicht aus, um vorherzusagen, welche Probleme das Leben manchmal aufwirft. Zum Beispiel wurden auf der superschnellen Eisenbahnlinie zwischen Tokyo und Osaka alle Anstrengungen unternommen, um die Schaben loszuwerden, die sich in den Wagen ausgebreitet hatten. Dafür wurden neuartige, wirkungsvolle Insektenbekämpfungsmittel eingesetzt. Man war gezwungen, das zu tun, da die „sechsfüßigen Fahrgäste" nicht nur den Ruf des superschnellen Expreßzuges schädigten, sondern auch eine unmittelbare Gefahr für das Leben der Reisenden darstellten. Durch das Eindringen in die Steuergeräte können die Schaben Havarien verursachen (denken wir nur an die Schnecke, die die Ochsen k.o. schlug). Als z. B. der Expreßzug einmal in Nagoya hielt, zeigte der Geschwindigkeitsmesser des „Autopiloten" 210 Kilometer je Stunde an! In das Schutzgehäuse des Meßgerätes war eine Schabe eingedrungen. Sie brachte die Funktion des Gerätes durcheinander.

Wie sieht die „Hand des Schicksals" aus?

Am 11. April 1970, um 22 Uhr und 13 Minuten Washingtoner Zeit brachte die gigantische amerikanische Trägerrakete „Saturn-V" das Raumschiff „Apollo-13" auf die Flugbahn zum Mond. Das Ziel war, genauso wie bei den Vorgängern „Apollo-11" und „Apollo-12", die Landung auf dem Mond. Diesmal sollten die Astronauten längere Zeit auf dem Mond verweilen und zahlreiche wichtige wissenschaftliche Experimente ausführen.

Der Flug begann normal. Die Astronauten bereiteten das Raumschiff vor, machten Fernsehübertragungen von Bord. Den amerikanischen Fernsehzuschauern und auch den Astronauten selbst bereiteten die ungelenken Versuche von *James Lovell*, sich unter den Bedingungen der Schwerelosigkeit zu kämmen, viele spaßige Minuten. Das Programm der Astronauten bestand aus Arbeit, Ruhe und Essen. Der Flug verlief gut, sogar frohgestimmt.

In der Nacht vom 13. zum 14. April wurde das Raumschiff von der „Flugbahn der freien Rückkehr" auf die sogenannte „Hybridbahn" gebracht. Ein Flugkörper, der sich auf der „Flugbahn der freien Rückkehr" befindet, wird ähnlich wie ein Stein immer zur Erde zurückkehren, auch wenn alle Triebwerke ausgefallen sind. Von der „Hybridbahn" ist eine Rückkehr zur Erde ohne Triebwerkseinsatz unmöglich. Beim Übergang auf diese Flugbahn steigt das Risiko für die Besatzung stark an, denn das Ausfallen der Triebwerke würde zum unvermeidlichen Tod der Astronauten führen. Alles verlief ruhig. Bis zur Mondlandung blieben 24 Stunden.

Das Unerwartete geschah morgens um 6.25 Uhr, als die Astronauten 330000 Kilometer von der Erde entfernt waren. In der Totenstille des Kosmos war plötzlich ein kurzer Knall zu vernehmen. Gleich danach fiel die Spannung der Brennstoffbatterien, der einzigen elektrischen Energiequelle der Kommando- und Antriebseinheit des Raumschiffs. Zuerst fielen zwei von den drei Batterien aus, und als die Leiter des Flugleitzentrums den Ratschlag gaben, sie abzuschalten, wurden auch Störungen in der letzten, der dritten Batterie festgestellt. Von der Erde aus wurde mitgeteilt, daß die dritte Batterie nur 15 Minuten lang elektrische Energie liefern kann.

Die Kommando- und Antriebseinheit – ohne Elektrizität und Wärme – wurde kälter und verwandelte sich in ein Stück Metall, das in den Tiefen des Kosmos schwebte. Und in diesem sich buchstäblich vor ihren Augen abkühlenden Raumschiff füllten sich die Herzen der drei Astronauten mit Schrecken ...

Ihre Hoffnungen waren jetzt auf die Mondlandeeinheit gerichtet, die noch mit der Kommando- und Antriebseinheit, in der sie saßen, gekoppelt war. Nur dort waren Reserven an elektrischer Energie erhalten geblieben, nur dort funktionierten die Systeme der Lebenssicherung, die aber bloß für die beiden Astronauten berechnet waren, die gemäß dem Programm den Abstieg zum Mond vornehmen sollten. Dort waren auch die Antriebsaggregate, mit denen die Mondlandefähre wieder von der Mondoberfläche starten und an die Kommando- und Antriebseinheit koppeln würde, die nun ein lebloser Teil des Raumschiffs war. Damit das Raumschiff zur Erde zurückkehrte, konnte die Flugbahn also nur mit den nicht dafür bestimmten Antriebsaggregaten der Mondlandeeinheit nach dem Umfliegen des Mondes geändert werden.

Um 9.00 Uhr teilte *Christopher Kraft*, der Leiter des Flugunternehmens „Apollo-13", mit, daß im Zusammenhang mit der entstandenen Havariesituation von einer Mondlandung abgesehen wird und „Apollo-13" nach dem Umfliegen des Mondes zur Erde zurückkehren soll.

James Lovell und *Fred Haise* stiegen in die Mondlandefähre um, *John Swigert* blieb in der Antriebseinheit. Der Sauerstoff gelangte dorthin durch die offene Umstiegsluke, als Lichtquelle benutzte er eine Taschenlampe.

Während der Havarie im Kosmos strömten aus dem Raumschiff Sauerstoff und Wasser aus. Die Sichtfenster des Raumschiffs froren zu, und die Beobachtungen wurden sehr erschwert. Um das Raumschiff bildete sich eine Wolke aus Splittern, offenbar aus Eiskristallen. Das Orientierungssystem der Mondlandefähre funktionierte schlecht, man mußte die Steuerung von Hand vornehmen.

Um 11.43 Uhr wurden die Triebwerke der Mondlandefähre gezündet. Das Raumschiff wurde auf die Bahn der „freien Rückkehr" gebracht. Am 15. April hatte „Apollo-13" den Mond umflogen und die Flugbahn zur Erde eingeschlagen. Damit war die Frage nach der Rettung der Astronauten aber noch nicht abgeschlossen. Würden die geringen Vorräte an elektrischer Energie, Wasser und Sauerstoff, die in der Mondlandefähre vorhanden waren, für die drei Astronauten und die 330000 Kilometer Flugstrecke ausreichen?

Eine Katastrophe im Kosmos ...

Die amerikanischen Journalisten, die über den Ablauf des Flugunternehmens berichteten, hatten nicht versäumt, ihre Leser auf die folgenden Umstände aufmerksam zu machen:

„Apollo“ hatte die Unglückszahl 13.

Der Flug begann um 22 Uhr und 13 Minuten.

Die Schwierigkeiten begannen am 13. April mit dem Einlenken von „Apollo“ auf die Hybridbahn. Der 13. April war kein Dienstag und auch kein Freitag, sondern ein Montag. Die Zahl „13“ sei zweifellos eine Unglückszahl und in Verbindung mit dem „Montag“ besonders gefährlich. So hatte bei allen Unannehmlichkeiten, die mit „Apollo-13“ passierten, wie die Journalisten meinten, „offenkundig das gewichtige Schicksal seine Hand im Spiel“.

Um uns klar zu werden, wie die „Hand des Schicksals“ aussieht, begleiten wir die drei Astronauten weiter auf ihrem gefahrvollen Weg zur Erde.

Die Vorräte an Wasser, Sauerstoff und elektrischer Energie wurden immer kleiner. Zur Einsparung elektrischer Energie wurden alle Systeme abgeschaltet, ausgenommen natürlich die Systeme der Lebenssicherung und Entfernungsmessung. Die Verbindung zur Erde wurde relativ selten aufgenommen. Dafür hatte man das Radioteleskop angepaßt, mit dem schwächere Signale empfangen werden konnten als mit der gewöhnlichen Nachrichtenapparatur des Raumschiffs. Die Beleuchtung wurde stark reduziert, in der Kommandoeinheit wurde sie überhaupt nicht eingeschaltet. Das Wasser wurde nicht zum Trinken, sondern hauptsächlich zum Kühlen der Bordapparatur verwendet.

Am 15. April um 6 Uhr sprach die Signalstation an: In der Atmosphäre des Raumschiffes war zuviel Kohlendioxid. Das Spezialsystem für die Adsorption von Kohlendioxid, das in der Mondlandefähre für zwei Astronauten, aber nicht für drei ausgelegt war, streikte. *Fred Haise* tauschte dieses System durch ein Reservesystem aus, danach ging der Kohlendioxidgehalt etwas zurück.

In den 24 Stunden, die seit der Havarie vergangen waren, kamen die Astronauten nicht zur Ruhe – die Aufregung verjagte die Müdigkeit. Nun sollten sie etwas schlafen. *James Lovell* und *John Swigert* waren in der Kommandokapsel. *Fred Haise* wachte weiterhin in der Mondlandefähre. Jedoch konnte der geplante fünfstündige Schlaf nicht eingehalten werden, da die Temperatur im Raumschiff auf 4 bis 7 °C zurückging. Die Astronauten begannen zu frieren.

Aus dem Antriebsteil, in dem die Explosion erfolgt war, strömten erneut Gase aus, das Raumschiff geriet aus dem Gleichgewicht. Es drehte sich willkürlich, und durch ein Bullauge konnte man das sich schnell und ungeordnet drehende Himmelsgewölbe erkennen. Neben der Kapsel tauchte wieder eine Wolke feiner Splitter auf. Offenbar ging die Zerstörung des Antriebsteils weiter. Es könnte notwendig werden, dieses Teil abzutrennen, obwohl dadurch die Orientierung des übrigen Raumschiffs erschwert würde.

Am 16. April um 21.58 Uhr hatte „Apollo-13" die Hälfte der Entfernung Mond – Erde zurückgelegt. Weitere Störungen traten nicht auf, es war nur sehr kalt, besonders in der Kommandoeinheit, und deshalb hatten die Astronauten diese verlassen; zwei hielten sich in der Mondlandefähre auf, der dritte im Umstiegstunnel. Es war an der Zeit, die Landung auf der Erde vorzubereiten.

Am 17. April, bereits unmittelbar vor der Landung, hatten die Astronauten die Antriebseinheit abgetrennt. Zum ersten Mal nach der Havarie konnten sie einen Blick darauf richten. Die Antriebseinheit sah jammervoll aus: Ein großes Stück des Mantels war auf der gesamten Länge herausgerissen, die Triebwerksdüse war beschädigt, an den Leitungen waren große Bruchstücke hängengeblieben.

Um 19.27 Uhr stiegen die Astronauten in die Kommandokapsel um, in der sie zur Erde zurückkehren mußten, und schlossen die Luke zur Mondlandefähre. Das Abtrennen der Mondlandefähre erfolgte um 19.43 Uhr über der Erde und nicht, wie es geplant war, über dem Mond. Beim Abtrennmanöver sagte *James Lovell*: „Goodbye Aquarius! Thank you." „Aquarius" war die Mondlandefähre, die ihnen nach der Havarie das Leben gerettet hatte. Die Astronauten landeten lebend und unbeschadet, nur etwas unterkühlt, glücklich im Stillen Ozean ...

Jetzt war es möglich, die Ereignisse gewissenhaft zu untersuchen.

Wie sich herausstellte, waren die Ursachen der Havarie denkbar einfach. Zwei Wochen vor dem Start von „Apollo" mit der „Unglückszahl 13" mußte ein Sauerstofftank der Antriebseinheit entleert werden. Der Tank konnte jedoch nicht völlig entleert werden, da das Filter beschädigt war. Man beschloß, ein Heizgerät einzuschalten, um so den restlichen flüssigen Sauerstoff einfach zu verdampfen. Wie sich in der Folgezeit herausstellte, hatte der damit beauftragte Techniker auf das Heizgerät die doppelte Spannung gegeben, um die Angelegenheit zu beschleunigen. Die Sicherungen des Heizgerätes schmolzen, die Temperatur war zu hoch. Infolgedessen wurde die Isolation der Zuleitungen der Ventilatoren, die für die Durchmischung des Sauerstoffs im Behälter sorgten, beschädigt. Die Leitungen hatten sich verbogen, und als die Astronauten während des Fluges die Ventilatoren einschalteten, gab es einen Kurzschluß. Die Isolation der Leitungen brannte, die Behälterwandung wurde zu heiß und schmolz sogar teilweise. Aus dem entstandenen Loch schoß der unter hohem Druck stehende Sauerstoff. Der Sauerstoffstrahl durchbrach die Seitenplatte des Mantels und beschädigte weitere Ausrüstungen.

Das war alles. Eine sehr einfache Baugruppe in dem Raumschiff, das Tausende und aber Tausende komplizierterer Elemente enthielt, war defekt. Zum Glück gab es keine menschlichen Opfer, aber der gewaltige Arbeitsaufwand von Zehntausenden Technikern und Wissenschaftlern, die diesen Flug vorbereitet hatten, war zunichte gemacht worden. Alles war durch die Nachlässigkeit eines Technikers passiert, der natürlich solch tragische Folgen des aus seiner Sicht harmlosen Schrittes nicht voraussehen konnte.

Die „Hand des Schicksals" war die Hand eines Technikers, der den Zeiger des Spannungsmessers auf den gefährlichen Teilstrich gestellt hatte. Die Hand jedes der zehntausend Mitarbeiter hätte genauso zur „Hand des Schicksals" werden können.

Hier ein weiteres Beispiel dafür, wie wichtig es in unserem Zeitalter der komplizierten Technik ist, auch scheinbar ganz unwesentliche Umstände zu beachten.

Am Sonnabend, dem 10. November 1979, näherte sich um Mitternacht ein langer Eisenbahnzug der großen kanadischen Stadt Toronto.

Der Zug war schon mehr als 10 Stunden unterwegs, und die Lokbesatzung konnte es kaum erwarten, endlich abgelöst zu werden – es ist keine Kleinigkeit, einen Zug mit 106 Güterwagen zu fahren. Zum Zugverband gehörten auch 38 Wagen mit besonders gefährlichen Stoffen – Kohlenwasserstoffen, Erdölprodukten, Natriumoxid. Ein Güterwagen enthielt 90 Tonnen Chlor. Eine derart gefährliche Fracht verlangte nach besonderer Aufmerksamkeit, und darum wurde der Zug auf seiner Fahrt 12mal inspiziert.

Der Zug hatte gerade die Vororte Torontos passiert, als um 23.53 Uhr das Unvorhergesehene eintrat – eine Wagenachse brach. Der Wagen kuppelte aus und stellte sich quer zum Gleis. Zwei Augenzeugen sagten später aus, daß 27 Güterwagen um 23.56 Uhr den Bahnübergang passiert hätten, während die übrigen auf den querstehenden Wagen auffliefen, umkippten und einen riesigen Metallberg bildeten. Dann folgte eine gewaltige Explosion.

Der Lokbesatzung gelang es, die ersten 27 Güterwagen 6 Kilometer vom Unfallort wegzubringen, doch viele Wagen mit brennbaren und explosiven Stoffen, darunter auch der mit dem Chlor, waren zurückgeblieben.

Sofort wurden Polizei und Feuerwehr alarmiert. Die ganze Nacht kämpften 500 Polizisten, 100 Feuerwehrleute und 200 Freiwillige gegen die Folgen der Katastrophe an.

Die Explosionen gingen weiter. Um 0.01 Uhr ertönte die zweite Detonation, nach fünfzehn Minuten die dritte und die vierte, noch gewaltiger.

Die Bemühungen der Feuerwehrleute, das Feuer zu löschen, wurden durch diese Explosionen stark behindert. Außerdem war die Ladung der brennenden Güterwagen unbekannt. Der Lokführer legte zwar eine Liste vor, in der die Fracht genannt war, doch niemand konnte sagen, wo die entsprechenden Wagen stehen. Die Wagenzettel mit der Angabe des Wageninhalts waren sofort verbrannt. Klar war nur, daß der Güterwagen mit dem Chlor sich unter dem betroffenen Teil des Zugverbandes befinden mußte.

Erst in der zweiten Hälfte des nächsten Tages wurde von Hubschraubern aus das Durcheinander an der Katastrophenstelle fotografiert. Der gesuchte Chlorwagen war auf den Bildern zu sehen – er lag auf zwei anderen Güterwagen, die Propangas führten. Die Wand des Chlorwagens zeigte einen etwa 80 Zentimeter langen Riß. Die Explosionsgefahr war demnach sehr groß. Nun muß man wissen, warum dem Chlor diese verstärkte Aufmerksamkeit galt: Erstens ist Chlor ein überaus aktives Oxidationsmittel und ruft bei Berührung starke Verbrennungen hervor, zweitens sind Chlorgase äußerst giftig und können sogar bei geringer Konzentration den Tod verursachen.

Achttausend Einwohner wurden schon nachts um halb zwei aus der Katastrophenzone evakuiert. Nach einer neuen Serie von Explosionen, die um 4 Uhr erfolgte, wurde angewiesen, weitere 20000 Einwohner zu evakuieren.

Gegen 13 Uhr war die Lage noch gefährlicher geworden – eine neue Explosion führte zur Freisetzung einer großen Menge an Gas. Der Wind hatte sich inzwischen verstärkt und die Richtung gewechselt, so daß die Gaswolke zu den Wohnvierteln zog. Die Evakuierung wurde fortgesetzt. 24 Stunden nach der Katastrophe waren 240000 Einwohner aus der Umgebung von Toronto evakuiert. Für die Nacht zum Montag sollten sich die Einwohner der östlichen Vororte von Toronto und Hamilton bereithalten.

Die Katastrophenzone war abgesperrt, die Straßen wurden abgeriegelt, Eisenbahnzüge mußten umkehren. Laut Verfügung der Behörden sollte jeder Unbefugte in der Sperrzone aufgegriffen werden; dafür sorgten die 500 Polizisten. Das Feuer hielt an, Experten rechneten mit langwierigen Arbeiten.

Erst um 9 Uhr am Dienstag konnte das Feuer gelöscht werden. Chlor strömte aber weiterhin aus dem beschädigten Güterwagen aus, seine Dämpfe ballten sich zu giftigen Gaswolken zusammen. Acht Angehörige der Rettungsmannschaft mußten ins Spital gebracht werden, nachdem sie in eine solche Wolke geraten waren.

Die Arbeiten dauerten pausenlos den ganzen Dienstag und Mittwoch an. Erst am Donnerstag war es im Morgengrauen gelungen, den Riß in der Bordwand des Güterwagens, in dem sich noch 10 bis 20 Tonnen Chlor befanden, abzudichten.

Am Freitag, dem 16. November, wurde schließlich, nachdem die restlichen 18 Tonnen Chlor aus dem Waggon entladen waren, den Einwohnern erlaubt, in ihre Wohnstätten zurückzukehren. Am Ort des Unfalls hatte man die Oberflächenschicht der Erde abgehoben, in die der giftige Stoff eingedrungen war; zum Glück war die verseuchte Schicht recht flach, denn der Boden war infolge des harten Winters tief gefroren.

Handelte es sich in diesem Fall um die „Hand des Schicksals"? Die Untersuchungskommission fand heraus, daß die Ursache des unheilvollen Achsbruches recht trivial war. Die Achsbuchse war bei der turnusmäßigen Durchsicht nachlässig gefettet worden, so daß zu wenig Schmierfett an die Lagerstellen gelangte. Die Buchse lief sich heiß, weitete sich infolge Erwärmung und fraß sich fest. So führte die Nachlässigkeit nur einer Person zu einem Schaden, der sich, wenn man nur die Kosten der Rettungsarbeiten zugrunde legt, auf mehr als 150 Millionen Dollar belief.

In der amerikanischen wissenschaftlich-technischen Zeitschrift „Flight Safety Bulletin" wurde eine spaßige Warnung für alle Ingenieure und Techniker veröffentlicht – „Murphys Gesetze" (Die Gesetze wurden nach ihrem „Erstentdecker" so genannt.):

„1. Ein fallengelassenes Werkzeug fällt dorthin, wo es den größten Schaden anrichten kann.
2. Ein beliebiges Rohr ist nach dem Kürzen immer zu kurz.
3. Nach dem Auseinanderbauen und Zusammenbauen irgendeiner Vorrichtung bleiben immer einige Teile übrig.
4. Die Anzahl der vorhandenen Ersatzteile ist reziprok proportional zu ihrem Bedarf.
5. Wenn irgendein Teil einer Maschine falsch eingebaut werden kann, so wird sich immer jemand finden, der das auch tut.

6. Alle hermetischen Verbindungen sind undicht.
7. Bei einer beliebigen Berechnung wird die Zahl, deren Richtigkeit für alle offensichtlich ist, zur Fehlerquelle.
8. Die Notwendigkeit, an Konstruktionen prinzipielle Änderungen vorzunehmen, steigt stetig in dem Maße, je näher der Abschluß des Projekts bevorsteht ..."

Bei allem Spaß steckt in den „Murphyschen Gesetzen" ein tiefer Sinn: Bei der Entwicklung moderner technischer Vorrichtungen muß alles berücksichtigt werden – nicht zuletzt auch die „Murphyschen Gesetze".

Aber kann man überhaupt alles berücksichtigen? Kann man so vorgehen, daß die vom Menschen geschaffenen Vorrichtungen niemals defekt werden? Und das Wichtigste: Braucht man es?

Die Katastrophe des Jahrhunderts

Am 9. November 1965 gab es auf dem Territorium der USA und Kanadas eine Havarie, die sogleich als „Katastrophe des Jahrhunderts" bezeichnet wurde.

An diesem Tag fiel innerhalb von 11 (!) Minuten auf einem Gebiet von 20000 Quadratkilometern, in dem solche Riesenstädte wie New York, Boston, Montreal und zahlreiche andere liegen, der Strom aus. Elektrolokomotiven und Trolleybusse blieben stehen. Tausende Fahrgäste blieben in der Metro stecken. Auf den in Dunkelheit getauchten Straßen irrten die Menschen fassungslos umher. Überall herrschte ein Verkehrschaos, denn alle Ampelanlagen fielen aus. Tausende waren in den steckengebliebenen Fahrstühlen eingeschlossen. Flugzeuge konnten nicht landen, da die Flughäfen in völliger Dunkelheit lagen. Die Betriebe und Werke standen still, das Metall in den Elektroöfen erstarrte.

Man sagt, daß der Anblick der lichtlosen Fenster der Riesenstadt New York unerträglich gewesen sei. In dieser Nacht stieg die Anzahl der Selbstmorde um das Mehrfache an. Eine junge Frau sprang aus dem 6. Stock, auf dem Tisch hinterließ sie einen Zettel: „Ich werde verrückt bei dieser Dunkelheit, ich kann nicht mehr."

Die Versorgung mit elektrischer Energie konnte erst am 10. November um 7 Uhr früh wiederhergestellt werden. Die Verluste infolge dieser Katastrophe lagen ungefähr bei 100 Millionen Dollar.

Wie konnte das geschehen?

Um das zu verstehen, muß man sich vergegenwärtigen, was ein großes Energieverbundsystem ist. Es ähnelt irgendwie einem lebenden Organismus. Dazu gehören elektrische „Herzen“ (Kraftwerke), „Blutgefäße“ (Hochspannungsleitungen, die die Kraftwerke verbinden) und „Adern“ (elektrische Netze, die Millionen von Verbrauchern mit elektrischer Energie versorgen). Alle Handlungen im System werden von einem „Riesenhirn“ bestimmt, von dem Steuer- und Schaltsystem, das Tausende Geräte, Relais und andere Elemente in sich vereinigt.

Außerdem muß berücksichtigt werden, daß die erzeugte elektrische Energie sofort verbraucht werden muß. Die Menschheit hat leider noch nicht gelernt, Elektrizität in großen Mengen zu speichern. Was passiert, wenn aus irgendeinem Grund eine Hochspannungsleitung ausfällt? An dem Ende, an dem die Elektroenergie verbraucht werden soll, wird sie fehlen, und die Verbraucher werden abgeschaltet. Jedoch die Generatoren, die diese elektrische Energie erzeugen, können nicht sofort angehalten werden, und die Energie wird in andere Leitungen eingespeist, die dadurch überlastet werden und sich ebenfalls abschalten. Wenn keine entsprechenden Maßnahmen getroffen werden, so breitet sich dieser Vorgang lawinenartig aus. Es wird eine Hochspannungsleitung nach der anderen abgeschaltet. Genau das geschah am 9. November 1965 in den USA.

Der Nordosten der USA und der Süden Kanadas werden von dem Energieverbundsystem CANUSE (*CAN*ADA – *US*A – *E*AST) versorgt. Die Gesamtleistung dieses Systems beträgt ungefähr 48 Millionen Kilowatt. 73 Prozent der elektrischen Energie werden von Wärmekraftwerken, 26 Prozent von Wasserkraftwerken und 1 Prozent von Diesel-Gasturbinen- und Kernkraftwerken erzeugt. Die Kraftwerke des Systems sind durch Hochspannungsleitungen verbunden, von denen einige 345 Kilovolt führen und die übrigen mit 230 und 115 Kilovolt betrieben werden.

An jenem Abend gab es keine Vorboten der Katastrophe. Das Verbundsystem funktionierte ordnungsgemäß, die Gesamtbelastung betrug 43,6 Millionen Kilowatt, was durchaus zulässig war. Um 17.16 Uhr bemerkte ein Ingenieur der Wasserkraftwerke der Niagarafälle auf dem Schaltpult das Signal, daß eine der fünf nach Kanada abgehenden Hochspannungsleitungen abgeschaltet war (Später stellte sich heraus, daß die Abschaltung wegen des falschen Ansprechens eines (!) Relais der Abschaltautomatik dieses Kraftwerkes erfolgt war.). Nun wurde die gesamte Leistung des Kraftwerkes auf die vier übrigen Leitungen abgegeben, die der Belastung nicht standhielten und auch sofort durch ihre Schutzautomatik abgeschaltet wurden.

Die weiteren Ereignisse entwickelten sich sehr schnell. Die Gesamtleistung des Wasserkraftwerks (ungefähr 1,2 Millionen Kilowatt) wurde in die Leitung Niagarafälle – New York eingespeist. Die Überlastung war verhängnisvoll. Um 17.21 Uhr erlosch Boston, das New-Yorker Netz wurde vom Verbundsystem New England getrennt. Um 17.23 Uhr schaltete das System von Zentral-Hudson ab. Eine Minute danach wurde das Verbundnetz Long Island getrennt, es schaltete sich ein gewaltiger Energieblock mit 1 Million Kilowatt Leistung ab (damals gehörte dieser zu den drei größten Aggregaten der USA). Schließlich erlosch um 17.28 Uhr New York. 8 Staaten waren ohne elektrische Energie.

Die Ursachen der Havarie wurden von einer Sonderkommission untersucht. In den Schlußfolgerungen der Kommission waren vorwurfsvolle Worte über die verschiedenen Mängel im Aufbau und Betrieb des Energieverbundsystems zu hören. Aber das alles war sozusagen wie das Ausholen zu einem Schlag nach einer Schlägerei. Wäre es möglich gewesen, vor der Havarie auf der Grundlage irgendwelcher Methoden zur Untersuchung der Betriebsfähigkeit des Systems Maßnahmen zu treffen, die eine vergleichbare Havarie nicht zugelassen hätten?

Nein, das war praktisch unmöglich.

Man kann bestätigen, daß aus der Sicht der klassischen Gesetze der Elektroenergiewirtschaft das System CANUSE praktisch tadellos projektiert war. Das hatte auch die jahrelange störungsfreie Arbeit gezeigt. Von der technischen Seite, aus der Sicht des sogenannten „gesunden Menschenverstandes" war hier für die Absicherung der Arbeit alles getan worden.

Der Mensch hat so komplizierte technische Systeme geschaffen, daß die natürlichen, in der Mehrzahl intuitiven Methoden zur Vermeidung von Havarien nicht mehr geeignet sind. Man kann von vornherein schon nicht mehr sagen, welche Elemente des Systems verstärkt und welche Teile entlastet werden sollen.

Man kann aber auch einen anderen Weg einschlagen, indem man gegen Havarien nicht ankämpft, sondern sie einplant. Die Systeme sind dann so aufzubauen, daß Havarien nicht zu Katastrophen werden.

Im Frühjahr 1978 gab es in einem Teil des Einheitlichen Energieverbundsystems des Europäischen Teils der UdSSR eine Havarie: Plötzlich schaltete sich eine 500-Kilovolt-Hochspannungsleitung ab, die Kasan mit Strom versorgte. Danach schaltete sich eine weitere Hochspannungsleitung ab. Innerhalb kurzer Zeit fielen auf dem Territorium der Tatarischen ASSR weitere Hochspannungsleitungen aus (ähnlich wie in den USA). Reparaturbrigaden stellten gerissene Leitungen und beschädigte Isolatoren fest. Ungeachtet der sehr schlechten Witterungsverhältnisse – dichter Nebel, Nieselregen, Wegelosigkeit in der Schlammzeit im Frühjahr, Eisgang und Hochwasser der Flüsse während der Schneeschmelze –, wurden die Schäden schnell behoben, und sie waren durchaus nicht tragisch.

Warum passierte die Havarie? Im Gebiet jenseits des Kaspischen Meeres tobten heftige Sandstürme, die größere Mengen eines pulverförmigen Stoffes in die Tatarische ASSR brachten. Schon Ende März hatten die Piloten bei meteorologischen Erkundungsflügen festgestellt, daß die Fensterscheiben der Flugzeuge mit einer grauen Masse beschlagen. Das brachte sogar Schwierigkeiten bei der Landung mit sich. Hinweise auf verschlechterte Sichtverhältnisse kamen auch von Kraftfahrern.

Dieses Pulver (der aus der Ferne kommende Staub) hatte auch die Isolatoren an den Hochspannungsleitungen bedeckt. Die chemische Untersuchung des unbekannten Stoffes zeigte, daß er zahlreiche lösliche Salze enthielt. Die Pulverschicht wurde bei hoher Luftfeuchtigkeit oder starkem Nebel stromleitend. Wegen der Zerstörung der Isolation setzten dann die Havarien ein, die Leitungen rissen und fielen auf die Erde.

Trotz der sehr angespannten Lage funktionierten in den Städten und Gebieten, wo Millionen Menschen leben, alle lebenswichtigen Objekte, die Betriebe der Lebensmittelindustrie und der Verkehr weiter. Die Einwohner spürten praktisch keine Unterbrechung in der Stromversorgung. Dieses Territorium wird von dem Einheitlichen Energieverbundsystem des Europäischen Teils der UdSSR bedient, das auf mögliche Havarien seiner Teilabschnitte ausgelegt ist. Deshalb hatte es in der Tatarischen ASSR keine „Katastrophe des Jahrhunderts“ gegeben. Das Energieverbundsystem des Europäischen Teils der UdSSR war unter Berücksichtigung der neuesten Erkenntnisse der Zuverlässigkeitstheorie projektiert worden.

Das Schiff der Verdammten

Am 28. Januar 1986 warteten Tausende auf dem Raumfahrtzentrum von Cape Canaveral und Millionen Fernsehzuschauer in vielen Ländern der Welt mit Ungeduld auf den Start des Raumschiffs. Es war der fünfundzwanzigste Flug des „Space-Shuttle“-Programms (Space Shuttle = Raumpendler). Zu seinem zehnten Flug startete eins der vier Raumschiffe mit der Bezeichnung „Challenger“, was im Englischen „Herausforderer“ heißt.

Bis dahin war der Start fünfmal verschoben worden, und fünf Tage seit dem geplanten Start waren bereits vergangen. Aber heute mußte der Flug unbedingt beginnen, denn für diesen Tag war die traditionelle Rede des Präsidenten der USA, *Ronald Reagan*, „Zur Lage der Nation" vorgesehen, in deren Verlauf er mit den im Orbit kreisenden Astronauten sprechen wollte.

Auf den Flug hatten sich sieben Astronauten vorbereitet, fünf Männer – *Francis Scoby, Michael Smith, Gregory Jarwis, Alison Onisuki, Ronald MacNear* – und zwei Frauen – *Judith Reznik* und *Sharon Christa Macoliff.* Sechs von ihnen waren Berufsastronauten, die siebente, die junge Mutter zweier Kinder, *Christa Macoliff,* war Geschichtslehrerin in einer Mittelschule. Das Programm „Ein Lehrer im Kosmos" entstand 1984 bei den Präsidentschaftsvorwahlen. Der Astronaut, der direkt aus dem Weltraum zwei Geographiestunden für alle Schüler der USA geben sollte, wurde unter 11000 Bewerbern in einem Wettbewerb ermittelt. Für diesen Wettbewerb wurde viel Reklame betrieben, und die Siegerin, *Christa Macoliff,* eine lebenslustige, bezaubernde und kluge Frau, wurde der Liebling von ganz Amerika. Es war verständlich, mit welcher Ungeduld Millionen Schüler an den Fernsehgeräten auf den Start warteten, denn sie sollten an der ungewöhnlichsten Unterrichtsstunde teilnehmen.

Es verblieben nur noch wenige Minuten bis zum Start. Auf den Bildschirmen Lächeln, Händeschütteln, *Christa Macoliff* kostet einen Apfel, den ihr jemand geschenkt hat. Schließlich verschwinden die Astronauten im Raumschiff und lassen sich in weichen Sesseln nieder, zwar in einer etwas unbequemen Lage, auf dem Rücken, aber diese Unbequemlichkeit ist nur vorübergehend, bis das Raumschiff in den Orbit gebracht ist.

Der Morgen auf Cape Canaveral war klar, es wehte ein schwacher Wind. Zwar war es etwas kühl, nur 3,3 °C, aber diese Temperatur lag vollkommen im Bereich, der für das „Shuttle"-Programm vorgegeben war. Ein Start kann bei einer Lufttemperatur von −0,5 bis +3,5 °C erfolgen.

Endlich, um 11.38 Uhr löste sich das gigantische Raumschiff, das fast die Höhe eines fünfzehngeschossigen Hauses und eine Masse von über 2000 Tonnen hatte, begleitet von Rauch- und Feuerwolken, von der Startrampe 39A und bewegte sich mit zunehmender Geschwindigkeit auf die Grenze der Atmosphäre zu. In jeder Sekunde seines Fluges verbrauchte der „Raumpendler" zehn Tonnen Treibstoff. In einer Höhe von 5700 Metern, nach Durchbrechen der Schallmauer, wurde auf Kommando der Computer der Schub der drei Haupttriebwerke auf 65 Prozent verringert. In der ersten Minute des Flugs verlief alles normal. Und plötzlich ... in der 73. Flugsekunde erstarben die pulsierenden Ziffern auf den

Bildschirmen des Flugleitzentrums. Die rote Linie auf dem Anzeigegerät, durch die die Aufstiegsbahn des Raumschiffs gekennzeichnet wurde, erstarrte, als würde sie auf ein unsichtbares Hindernis treffen. Der Kommentator, *Steve Nesbitt,* schwieg einen Augenblick und sprach dann völlig aufgeregt:

„Diejenigen, die hier im Zentrum den Flug steuern, verfolgen mit gespannter Aufmerksamkeit die Situation ... Es handelt sich offensichtlich um eine ernsthafte Störung ... Die Verbindung ist unterbrochen ..."

In diesem Augenblick explodierte an der Stelle des hellblauen Himmels von Florida, zu der Millionen Augen gespannt schauten, als sie den Start des Raumschiffs verfolgten, ein Feuerball. Nicht alle konnten sofort begreifen, was geschehen war. Erst als der Donner der Explosion zur Erde gelangte, als sich am Himmel über dem Atlantik der häßliche Rauchklecks zerstreut hatte, begriffen die Anwesenden, daß etwas Nichtwiedergutzumachendes geschehen war. Die Feuersbrunst vernichtete das Leben der sieben Astronauten. Aus den Rauchwolken fielen die ersten Trümmer.

Was war mit „Challenger" geschehen, warum kam es zu der Explosion, die bei Millionen Bewohnern unseres Planeten soviel Anteilnahme hervorrief? Mit der Suche nach Antworten auf diese Frage begannen die Spezialisten bereits, als die weißen Immersionsspuren von den Raumschifftrümmern, die in den Ozean fielen, noch nicht zerstreut waren. Am gleichen Tag wurde eine Kommission zur Untersuchung der Ursachen der Katastrophe unter Leitung des Präsidenten gebildet, zu der führende Spezialisten, darunter *Neil Armstrong,* der erste Mensch auf dem Mond, gehörten.

Es wurde eine Suche nach den Trümmern von „Challenger" organisiert, die eine riesige Fläche des Ozeans erfaßte. Die an der Suche Beteiligten mußten 240000 Quadratkilometer Oberfläche des Atlantik sorgfältig absuchen und 1115 Quadratkilometer Meeresboden untersuchen. In das Katastrophengebiet wurde das modernste Atom-U-Boot entsandt, das mit den verschiedensten Manipulatoren für Unterwasserarbeiten ausgestattet ist. Insgesamt waren über 6000 Menschen an der Suche beteiligt.

Vom Grund des Ozeans wurden zahlreiche Trümmer des Raumschiffs geborgen – insgesamt fast 236000 Teile. Am 7. März 1986 stießen die Bergungstrupps 27 km nordöstlich von Kap Canaveral auf die Trümmer der Besatzungskabine mit den Überresten der Astronauten.

Die Regierungskommission schloß die Befragung zahlreicher Augenzeugen und Experten ab, und am 9. Juni 1986 legte sie dem Präsidenten der USA einen 256 Seiten umfassenden Bericht vor.

Später wurden weitere vier Bände mit Ergänzungsmaterialien veröffentlicht. Welche Schlußfolgerungen waren nun im Bericht enthalten?

Kehren wir noch einmal zu den Ereignissen dieses schrecklichen Tages zurück und rekapitulieren wir die Reihenfolge der Ereignisse. Danach wollen wir versuchen, die Konstruktion des Raumschiffs „Challenger" und seiner einzelnen Baugruppen zu analysieren.

Also zurück zum Kosmodrom auf Kap Canaveral am 28. Januar 1986 um 11.38 Uhr. Das Raumschiff hat sich gerade von der Startrampe gelöst. Auf allen 518 Fernsehbildschirmen des Flugleitzentrums entsprachen die Daten exakt den vorausberechneten. Die drei Haupttriebwerke des Raumschiffs funktionierten normal, und nichts deutete auf Komplikationen hin.

Die Analyse der von über hundert Kameras aufgenommenen Fotografien und Filme zeigte, daß 0,531 Sekunden nach dem Start am unteren Kopplungsaggregat des rechten Feststoff-Starttriebwerks eine kleine schwarze Rauchwolke hervortrat, die innerhalb von 3,375 Sekunden größer wurde. Danach verschwand die schwarze Rauchwolke, das Raumschiff setzte seinen Flug fort. 58,762 Sekunden nach dem Start registrierten die Aufnahmegeräte, daß aus dem unteren Kopplungsteil des rechten Starttriebwerks ein heißer Gasstrom austrat. 0,7 Sekunden später schoß aus diesem Kopplungsteil eine intensive Flamme mit einer Temperatur von 3100 °C hervor. Die weiteren Ereignisse entwickelten sich sehr schnell. Bereits nach fünf Sekunden entzündete die Flamme die Wand des Behälters für den flüssigen Wasserstoff, in dem sich der Druck langsam senkte. In den folgenden drei Sekunden löste sich der Heckteil des rechten Starttriebwerks vom angehängten Treibstoffbehälter und schlug gegen das Gehäuse des Raumschiffs. Anschließend zerstörte der Bug des Starttriebwerks durch seine Bewegung die Trennwand zwischen den Treibstoffbehältern, und in der 73. Flugsekunde lief aus den beschädigten Behältern der erste flüssige Sauerstoff und flüssige Wasserstoff aus. Sie vermischten sich miteinander, so daß es 73,35 Sekunden nach dem Start zur Explosion kam. Der Bug des Raumschiffs, in dem sich die Astronauten befanden, löste sich bei der Explosion vom Mittelteil des Rumpfes, stieg entsprechend der Trägheit bis in eine Höhe von 20 km auf und fiel erst dann herunter.

Das vom Meeresboden geborgene Tonband gab die Gespräche zwischen den Astronauten, insbesondere den Ausruf von Pilot *Smith*, wieder. Anscheinend spürten er und der Kommandeur des Raumschiffs, *Scoby*, im letzten Augenblick vor der Explosion die nahende Gefahr. In dem Moment, als sich der Bug losriß, waren die Überlastungen noch nicht so groß, daß die Astronauten sofort starben oder ernsthafte Verletzungen erlitten. Wenn in der Kabine eine bestimmte Hermetik aufrechterhalten wurde, konnten die Astronauten so lange bei Bewußtsein sein, bis die Kabine auf dem Wasser aufschlug. Die Schlußfolgerung, daß mindestens drei Astronauten nicht sofort bei der Explosion tot waren, beruhte auf der Untersuchung der auf dem Meeresboden geborgenen Atemgeräte. Der Kommandeur und der Pilot brauchten bloß aus ihrem Sessel aufzustehen, um die Atemgeräte zu nutzen, weil die Geräte an den Rückenlehnen der Sessel montiert waren. Der Sauerstoffvorrat in drei Atemgeräten war fast vollständig aufgebraucht, bei *Smith* waren drei Viertel verbraucht.

Das ist die Reihenfolge der Ereignisse, die sich an diesem verhängnisvollen Tag abspielten. Aber wieso kam es zu dieser Katastrophe?

Man ist versucht zu sagen, daß „Challenger" vom Pech verfolgt war. Bei jedem der zehn Flüge kam es zu technischen Defekten. Einige Fehler konnten vor den Starts beseitigt werden, wegen anderer wurden Starts mehrmals verschoben. Dazu einige Informationen aus dem Kosmodrom und dem Flugleitzentrum:

„Der Countdown verlief normal, so daß die drei Sauerstoff-Wasserstoff-Haupttriebwerke eingeschaltet wurden. Zwei liefen mit voller Schubleistung, das dritte mit fast voller Schubleistung, als auf Kommando alle drei Triebwerke abgeschaltet wurden. Das geschah etwa 2 bis 3 Sekunden vor dem Einschalten der Feststoff-Starttriebwerke ..."

„Die Bordcomputer gaben das Kommando zum Abschalten der Haupttriebwerke, weil festgestellt wurde, daß ein Ventil des Triebwerks Nr. 2 nicht geschlossen war. Nach dem Einschalten der Triebwerke wurde Wasser auf den Startplatz gespritzt, um den Ausbruch eines Brandes zu verhindern. Die Astronauten verließen die Raumfähre „Challenger" nach 40 Minuten ..."

Voller solcher Angaben ist die Biographie des Raumschiffs, dieses komplizierten kosmischen Apparates, der aus vielen tausend Baugruppen besteht, von denen mehr als 700 zur Kategorie „kritischer Zustand – I" gehören. Das bedeutet, daß das Versagen einer einzigen Baugruppe zur Zerstörung des Apparates und zum Untergang seiner Besatzung führt. Zu dieser Kategorie gehören auch die Kopplungsdichtungen für die Feststoff-Starttriebwerke. Die Havarie einer dieser Kopplungsdichtungen führte nach Feststellung der Kommission zur Tragödie.

Diejenigen, die am Bildschirm den Start eines Raumschiffs der „Shuttle"-Serie verfolgt oder dieses auf einem Bild gesehen haben, können sich gut an das Aussehen dieses Apparates erinnern. Es ist eine riesige, vertikal aufgerichtete „Zigarre“ von 50 m Länge und 9 m Durchmesser. So sieht auch der Treibstofftank für die Triebwerke aus, der aus zwei Segmenten besteht. Eines davon nimmt fünf Sechstel des Volumens ein und ist mit dem Treibstoff, d. h. flüssigem Wasserstoff, gefüllt. Der übrige Teil enthält das Oxidationsmittel, den flüssigen Sauerstoff. Der feste Treibstoff ist ein Gemisch, das 70 Prozent Ammoniumperchlorat, 16 Prozent Aluminiumpulver und 12 Prozent synthetischen Kautschuk mit einer komplizierten Zusammensetzung enthält. Die restlichen 2 Prozent entfallen auf spezielle Zusätze. An diesem Treibstofftank ist auch das Raumschiff selbst befestigt. Von der gesamten Startmasse von 2000 Tonnen entfallen 1700 Tonnen auf den Treibstoff, d. h. auf einen hochexplosiven Sprengstoff. Die gesamte Kunst und das Können der Konstrukteure, Ingenieure und Arbeiter ist darauf gerichtet, diesen Sprengstoff nicht explodieren zu lassen. Er muß etappenweise zünden, um das Raumschiff auf die erforderliche Geschwindigkeit zu beschleunigen.

Die Feststoff-Starttriebwerke der „Shuttle“-Serie sind die leistungsstärksten ihrer Art. Sie wurden auf der Grundlage des alten Modells – der ersten Stufe der „Minuteman“-Rakete, die vor über 25 Jahren entwickelt wurde, projektiert. Sie als eine Gesamtkonstruktion zu entwickeln, ist praktisch nicht möglich. Deshalb ist die Unterteilung in Sektionen üblich. Jedes Starttriebwerk besteht aus 2 Sektionen, die ursprünglich zu vier, dann zu zwei Einheiten und schließlich zu einem Ganzen vereinigt werden. Die Kopplungen müssen vollständig hermetisch sein, andernfalls kann eine Flamme mit einer Temperatur von über 3000 Grad Celsius austreten.

Der „feste“ Treibstoff erinnert in seiner Konsistenz an dichten Gummi. Jedes Starttriebwerk wird mit 500 Tonnen dieses Treibstoffs ausgestattet. Er wird in vier Segmente aufgeteilt. Beim Zünden brennen alle Segmente gleichzeitig über die gesamte Höhe des Starttriebwerks innerhalb eines Hohlkanals, der in der Mitte entlangläuft. Nach insgesamt sechs Zehntelsekunden entwickelt das Triebwerk einen Schub von 1495 Tonnen. Bei dieser kolossalen Belastung dehnen sich die Stahlwände des Starttriebwerks langsam nach außen. Besonders gefährdet sind die Kopplungsstellen zwischen den Sektionen. Und obwohl sie mit 177 großen Stahlbolzen befestigt sind, streben die Ränder unter dem Einfluß der inneren Kräfte auseinander. Die heißen Gase wollen natürlich in diese Zwischenräume eindringen. Das wird durch eine spezielle, äußerst komplizierte Vorrichtung verhindert. Unmittelbar neben dem Zwischenraum verläuft eine Hermomastixschicht. Im Augenblick der Zündung drücken die heißen Gase auf diese Schicht, die Luft im

Zwischenraum wird komprimiert und schiebt die dünne Gummidichtung zusammen, die auch den Zwischenraum an der erforderlichen Stelle abdecken muß. Bei der Montage wird diese Gummidichtung, die über den gesamten Umfang verläuft, in eine spezielle Nut in der Stahlwand eingelegt. Um die Zuverlässigkeit dieser Baugruppe zu erhöhen, verläuft gleich über der ersten Nut eine zweite, in der ebenfalls so ein Dichtungsring liegt. Wenn die erste Dichtung nicht hält, schaltet sich die zweite ein und verschließt den Spalt etwas tiefer.

Es ist klar, daß ein solches System sehr anfällig gegenüber niedrigeren Temperaturen ist – der Gummi wird hart, verliert seine Elastizität und kann seine äußerst verantwortungsvolle Funktion nicht mehr erfüllen. Das sind die Kriterien, nach denen die starren Temperaturbereiche festgelegt werden, innerhalb derer ein Start des Raumschiffs erfolgen kann.

Diese Baugruppe ist wirklich nicht sehr zuverlässig. Darauf haben viele Spezialisten vor diesem verhängnisvollen Tag bereits hingewiesen, und nach Feststellung der Untersuchungskommission hat eben diese Dichtung versagt.

Es hat sich herausgestellt, daß bereits beim ersten Versuchsflug des „Shuttle" im April 1981 die Nationale Behörde für Aeronautik über Vibrationen beunruhigt war, die durch das Verbrennen des Treibstoffs im Feststoff-Starttriebwerk hervorgerufen wurden. Diese Vibration war sogar in der Kabine des Piloten wahrzunehmen. Die NASA konsultierte dazu *Garry Flandro*, einen Spezialisten aus dem Technologischen Institut in Georgia. Er kam zu der eindeutigen Schlußfolgerung, daß diese Vibration äußerst gefährlich ist. Sie kann zur Entstehung von Spalten führen und die Gefahr des Ausströmens heißer Gase heraufbeschwören, was ja auch bei der „Challenger"-Katastrophe geschah. Aber seine Ratschläge wurden nicht befolgt; den Start so lange verschieben, bis ein zuverlässiges Abdichtungssystem entwickelt wurde, wollte die NASA nicht.

Im Dezember 1983 wurde von der NASA ein geheimes Dokument vorgelegt, das sie auf Wunsch der amerikanischen Luftstreitkräfte vorbereitet hatte. Bei der Analyse von zweitausend Feststoff-Raktenstarts mit den konstruktiv gleichen Starttriebwerken gelangten die Verfasser des Dokuments zu der Schlußfolgerung, daß die Wahrscheinlichkeit einer Zerstörung des Feststoff-Starttriebwerks während des Fluges 1:35 beträgt. Das übersteigt die Wahrscheinlichkeit, bei einem Autounfall zu sterben, um mehr als das Hundertfache. Aber erneut hörte man nicht auf die Vorwarnung.

Im Januar 1985 hätte das Raumschiff „Discovery" beinahe das

gleiche Schicksal ereilt wie „Challenger". Beim Start der Raumfähre herrschte eine ziemlich niedrige Temperatur. Auf der beim Start angefertigten Fotografie ist deutlich eine schwarze Rauchwolke zu erkennen, die aus einem Starttriebwerk austritt. Eine Überprüfung der Dichtungen nach dem Flug hat gezeigt, daß zwei von ihnen einer Erosion unterlagen. An einer Stelle zwischen den Dichtungen war Ruß zu sehen, und die zweite Zwischenschicht war wegen der hohen Temperatur in Mitleidenschaft gezogen.

Der 29. April 1985, als mit Hilfe von „Challenger" das Raumlabor „Spacelab" in den Orbit gebracht wurde, hätte beinahe ebenfalls mit einer Katastrophe geendet. Dieses Mal hatte sich die erste Dichtung nicht richtig verschoben und ließ Gase durch, die die zweite Dichtung zum Einsatz brachten und sie teilweise auch beschädigten.

Am 11. Juli 1985 übermittelte der NASA-Experte und Spezialist für Starttriebwerke *Irving Davids* einen Bericht an den Hauptverantwortlichen für das „Space-Shuttle"-Programm *Jessy Moore*. In diesem Bericht wurden 17 Fälle einer Beschädigung der Zwischenschichten ausführlich analysiert. Die Schlußfolgerung war eindeutig: Diese Baugruppe ist äußerst unzuverlässig und muß grundlegend überarbeitet werden. Einige Tage später reichte Ingenieur *Roger Boycejolly*, der bei der NASA als bester Dichtungs-Fachmann gilt, einen analogen Bericht ein. Doch wiederum erfolgte keine Reaktion darauf, denn der Austausch der Dichtungen würde zu einer Unterbrechung des ehrgeizigen Programms der NASA führen, die für 1986 15 „Shuttle"-Flüge geplant hatte. Das gefährliche Spiel ging weiter.

Kehren wir noch einmal zum Raumfahrtzentrum zurück, auf dem in fieberhafter Eile der Start von „Challenger" vorbereitet wird. Das Raumschiff wurde am 22. Dezember 1985 auf die Startposition gerufen. Geplant war der Start für den 23. Januar 1986. 48 Stunden vor dem Start beschloß die NASA jedoch, ihn zu verschieben, da auf dem Notlandeplatz, dem Flughafen von Dhakar, schlechte Sicht wegen eines Sandsturms erwartet wurde. Die NASA, die sich das Einverständnis der Regierung von Marokko gesichert hatte, im Falle einer Notlandung den Flughafen von Casablanca zu nutzen, legte den Start für den 26. Januar fest. Sie ging davon aus, daß der Flugbeginn des Raumschiffs in die helle Tagesphase in Casablanca fiel.

Aber auch an diesem Tag fand der Start nicht statt. Laut Berechnung der Meteorologen würde eine kräftige Kaltfront, begleitet von Bewölkung und starken Gewittern, über Florida hinwegziehen. Der Start wurde nochmals um 24 Stunden verschoben, aber am 27. Januar um 10 Uhr Ortszeit begaben sich die Astronauten an Bord des Raumschiffs. Hinter ihnen wurde die Einstiegluke geschlossen. Ein Sensor registrierte jedoch, daß die erforderliche Hermetik nicht gewährleistet werden konnte. Während der Fehler behoben wurde, zog über Cape Canaveral dichte Bewölkung auf. Auf dem Flugplatz von Casablanca wehte starker Seitenwind. Nachdem die Astronauten vier Stunden in der Kabine des Raumschiffs vergeblich auf den Start gewartet hatten, verließen sie das Schiff wieder. Der Start wurde zum fünften Mal verschoben, diesmal auf den 28. Januar um 11.38 Uhr.

In der Nacht vom 27. zum 28. Januar wehte ein eisiger Nordwestwind. Er erreichte eine Geschwindigkeit von bis zu 4 Metern in der Sekunde. Die Temperatur sank auf minus 4,4 Grad Celsius. Am frühen Morgen erschien eine Spezialeinheit zur Beseitigung der Eisschicht. Die Lufttemperatur war zwar bis dahin etwas gestiegen, war aber dennoch die niedrigste, bei der jemals ein „Shuttle" gestartet wurde. Die Spezialeinheit stellte aber auch fest, daß die Temperatur an der Oberfläche des unteren Teils des rechten Feststoff-Starttriebwerks deutlich unter der zulässigen lag! Die Ingenieure *Alan McDonald* und *Roger Boycejolly* äußersten ernsthafte Bedenken hinsichtlich des Funktionierens der Dichtungen bei so niedrigen Temperaturen. Aber ihre Argumente wurden nicht akzeptiert. Der Start mußte unbedingt stattfinden. *Lorence Malloy*, der Chef der NASA im Raumflugzentrum in Huntsville, das sich mit Raketenstarttriebwerken beschäftigt, schrie die Vertreter der Firmen an, die eine Startverschiebung empfahlen: „Wann, denken Sie, soll der Start sein? Vielleicht im April?" Und so flog „Challenger" zum festgelegten Zeitpunkt seinem Untergang entgegen.

Die vom Präsidenten der USA eingesetzte Untersuchungskommission bestätigte in ihren Schlußfolgerungen vollständig die Meinung, die von den Spezialisten geäußert wurde. Die unzureichende Zuverlässigkeit einer Baugruppe des Starttriebwerks ist die technische Ursache für die Katastrophe. Eine nicht weniger wichtige, wenn nicht sogar die wichtigste Ursache waren die Eile und das ständige Vorantreiben des „Space-Shuttle"-Programms seitens der Militärs.

Was oberflächlich wie Zufall aussieht, ist dennoch inneren, verborgenen Gesetzen unterworfen. Es kommt nur darauf an, diese Gesetze zu entdekken.

F. Engels

An der Schwelle einer neuen Wissenschaft

Die Technik ist komplizierter geworden, und der Mensch hat begriffen: Damit seine Schöpfungen zuverlässig sind, reichen gewöhnliche ingenieurtechnische Berechnungen nicht mehr aus. Dem Menschen wurde klar, daß nun das Ziel in der Vorhersage des Zukünftigen, im Erraten des „Zufälligen" besteht. In der Mitte unseres Jahrhunderts vereinten sich die abstrakten Methoden der Mathematik und die ingenieurmäßigen Verfahren der Technik, die zuverlässige Systeme und Erzeugnisse benötigte, zu einer Wissenschaft. Die aus dem gierigen Interesse leidenschaftlicher Glücksspieler hervorgegangene Wahrscheinlichkeitsrechnung wurde zum Fundament einer Wissenschaft von der Zuverlässigkeit, zu einer mächtigen Waffe, die die Menschheit vor vielen folgenschweren Katastrophen bewahrte.

Launen und Gesetze der Spielwürfel

Ist die Welt ein wohlgeordnetes Ganzes oder ein zufälliges Gemenge, das man dennoch Weltordnung nennt?

Mark Aurel. Selbstbetrachtungen

Einige Wissenschaftshistoriker meinen, daß die Vorstellung von der Wahrscheinlichkeit von *Platon*, einem Schüler des *Sokrates*, vermittelt wurde. In *Platons* „Timaios" ist eine schleierhafte Redewendung enthalten, die man auf Wunsch beliebig auslegen kann, darunter auch zugunsten der Einführung des Begriffes „Wahrscheinlichkeit":

„Wie sich zum Entstehen das Sein verhält, so zum Glauben die Wahrheit."

Wie dem auch sei, klar ist, daß die Gelehrten der Antike nicht nur die zufälligen Erscheinungen kannten, sondern auch einige Gesetzmäßigkeiten ableiteten. In seinem berühmten Werk „De rerum natura" (Über die Natur der Dinge) schreibt *Titus Lucretius Carus:*

„Denn nicht mit Absicht haben die Urelemente der Dinge
Jedes der Reihe gemäß sich zusammengeordnet mit Spürsinn
Oder durch einen Vertrag die Bewegungen sämtlich vereinbart,
Sondern da viele von ihnen auf vielerlei Weise sich ändernd
Aus dem Unendlichen schwirren, wenn Stöße sie jagen, durch's All hin,
Kommen sie, allerlei Art der Bewegung und Bindung versuchend,
Endlich dabei wohl auch zu solchen Gestaltungen, wie sie
Unser bestehendes All zu seiner Erschaffung bedurfte;
Und nachdem es einmal in die rechte Bewegung geraten,
Hielt es sich auch im Gang in unzähligen Weltperioden.
Und sorgt stets, daß das gierige Meer mit reichlichem Zustrom
Aus den Gewässern der Flüsse gespeist wird ..."

Die Weisen erkannten, daß das scheinbare Chaos die Grundlage für die Ordnung der realen Welt, für ihre exakten Gesetze ist.

Schon im Altertum wußte man in China und Rom, wieviel Lebensmittel man täglich in eine große Stadt bringen mußte, wieviel Kleidung man dort bis zum Herbst benötigte. Hier wurden praktisch einige noch unbekannte, noch nicht formulierte Gesetzmäßigkeiten der Wahrscheinlichkeitstheorie genutzt.

... Majestätisch spazierten die weisen Philosophen im heiligen Garten des Apollon umher, legten den Grundstein für zahlreiche Wissenschaften, unter anderem auch für eine Wissenschaft, die erst zweitausend Jahre später geboren wurde – für die Zuverlässigkeitstheorie. Es gab aber auch Menschen, sehr weit entfernt von wissenschaftlichen Bestrebungen, die, so merkwürdig das klingen mag, völlig unbeabsichtigt dem Fortschritt dieser Wissenschaft der Zukunft dienten.

Man kann sich gut vorstellen, wie im alten Griechenland in einer kleinen Hafenschenke oder im prunkvollen Haus eines Kaufmanns die Spieler an den Tischen saßen. Die Nervosität der Hände und das Blitzen der Augen verrieten die Aufregung, die durch die Lage der Spielwürfel auf dem Tisch hervorgerufen wurde ... Das Glücksspiel, eine Geißel der Menschheit, ein Begleiter des Lasters und selbst ein Laster, brachte Glück, aber auch Schmerz und Leid, stahl Gesundheit, Reichtum und sogar das Leben.

Es brachte aber auch gewisse Erfahrungen mit sich. Wie müssen die Spielwürfel geworfen werden, um zu gewinnen? Diese Frage bewegte gleichermaßen sowohl den armen Fischer als auch den übersatten Patrizier. „Gewinnsichere Systeme“ wurden erdacht und mit Enttäuschung fallengelassen ...

Über die „gewinnsicheren“ Systeme gibt es sogar eine mittelalterliche Anekdote, die der französische Mathematiker *Joseph Bertrand* in seinem Buch „Wahrscheinlichkeitsrechnung“ erzählt:

„Eines Tages begegnete in Neapel der ehrwürdige Galiani einem Mann aus Basilicata, der drei Spielwürfel in einem Becher schüttelte und die Wette einging, daß er einen ‚Sechserpasch‘ werfen werde. In der Tat, er würfelte unverzüglich drei Sechsen. Sie meinen, ein solcher Erfolg sei möglich. Aber dem Mann aus Basilicata gelang dies auch ein zweites Mal, die Wetten wurden erneuert. Er legte die Spielwürfel ein drittes, viertes, fünftes Mal in den Becher zurück und jedesmal hatte er den Sechserpasch geworfen. ‚Beim Blut des Bacchus‘, schrie der ehrwürdige Galiani, ‚die Würfel sind mit Blei ausgegossen!‘ Genauso war es. Aber warum gebrauchte der ehrwürdige Galiani diesen gottlosen Ausdruck?“

Das Glücksspiel hat den Menschen während seiner gesamten Geschichte begleitet. Es gibt Überlieferungen, wonach sich schon vor Tausenden von Jahren die Ägypter, Inder und Griechen mit gleicher Erwartung und Aufregung in die Zeichen der Spielwürfel vertieft haben.

Die Griechen geben den Erfinder namentlich an: *Palamedes.* Wohl kaum war er es! Im Wüstensand Ägyptens und in den Steintempeln der Mayas haben die Archäologen Spielwürfel unterschiedlicher Form gefunden: vier-, sechs-, zwölf-, zwanzigflächige ...

Die römischen Legionäre spielten mit Knöchelchen der Kniescheibe von Schafen, sie bezeichneten diese als „Talus“ oder „Taxillus“. Sie hatten das Spiel von den Griechen entlehnt, die es

„Astragalos" nannten. Möglicherweise haben die Legionäre dieses Spiel während ihrer ständigen Märsche selbst erdacht, um ihre Abgeschiedenheit erträglicher zu machen. Sie warfen die Würfel in der vergeblichen Hoffnung, daß sie einen Venus-Wurf machten, bei dem eine ganz bestimmte Seite des Knöchelchens nach oben zeigte ...

Ganz andere Würfel hatten die reichen Römer: Würfel aus dem Holz des Taxusbaumes oder aus Edelsteinen. Sie hießen „Tessera". Auch diese regelmäßigen Würfel gehorchten denselben noch unbekannten Gesetzen.

Die Würfel waren auch im Mittelalter bekannt. Gewürfelt haben sogar die Mönche. Ihr Spiel, so behauptet man, diente den „Tugenden". Der Gewinner war verpflichtet, den Verlierer auf die rechte Bahn hinsichtlich der „Tugend" zu bringen, die jener verloren hatte.

Die Feinheiten des Würfelspiels wurden in speziellen Schulen vermittelt, die zu den „Vorgängern" der modernen mathematischen Schulen gerechnet werden können, in denen die Wahrscheinlichkeitstheorie gelehrt wird. Welchen Gesetzmäßigkeiten ordnen sich die Würfel unter? Wieviel Augen der Würfel, die mit zitternder Hand des Spielers geworfen wurden, werden nach oben zeigen, nachdem sie nach ungleichmäßigem Lauf über die Tischplatte zur Ruhe gekommen sind? Offenbar hat man in den alten Schulen der Glücksspiele gelehrt, dies vorherzusagen. Sicher hatten die dortigen „Professoren" einige Gesetzmäßigkeiten bemerkt.

Sie konnten z. B. nicht übersehen haben, daß jede Seite der Spielwürfel „gleichberechtigt" ist. Obwohl beim Würfeln in vollem Maße der Zufall herrscht, wird bei ausreichend hoher Anzahl der Würfe jede Seite ungefähr gleich oft gewürfelt werden.

Das konnte man intuitiv spüren, und erst *Jakob Bernoulli* (1654 bis 1705), einer der ersten Vertreter der berühmten Schweizer Wissenschaftlerdynastie, verlieh den Zufälligkeiten die Kraft des mathematischen Gesetzes, des „Gesetzes der großen Zahlen" (sehr nahe kamen auch *Galileo Galilei* und *Blaise Pascal* heran). In seinem 1713 erschienenen Buch „Ars conjectandi" (Vermutungskunst, d. h. Wahrscheinlichkeitsrechnung) brachte *Bernoulli* den folgenden Gedanken zum Ausdruck: Mit steigender Anzahl der Versuche nähert sich die Häufigkeit des Ereignisses dem Wert der Wahrscheinlichkeit, d. h. dem „Grad der Gewißheit im Ergebnis".

Je öfter die leidenschaftlichen und hitzigen Würfelspieler würfeln, desto deutlicher wird die Gleichberechtigung der Würfelflächen. Die Zwei, die Fünf und auch die Sechs werden gleich oft gewürfelt, wobei ihre „Häufigkeit" 1/6 betragen wird. Bei 6000

Würfen muß jede Seite etwa 1000mal fallen, und ihre „Häufigkeit" wird ungefähr 1000/6000 = 1/6 ausmachen. Mit steigender Anzahl der Würfe wird sich die wahre „Häufigkeit" für jede Fläche immer genauer dem Wert 1/6 nähern, d. h. dem „Wert der Wahrscheinlichkeit".

Kommen wir nochmals auf *Galileo Galilei* zurück. Eines Tages suchte ihn ein guter Freund auf, ein Verehrer des Würfelspiels.

„Warum", stellte der Freund die Frage, „erhalte ich, wenn ich mit drei Würfeln spiele, in der Summe häufiger die 10 als die 9? Alle Zahlen sind doch gleichberechtigt, und die Zahlen 9 und 10 können mit der gleichen Zahl von Möglichkeiten, nämlich sechs, erhalten werden!"

Galileis Überlegungen führten zu einem sehr wichtigen Instrument für die Berechnungen von Wahrscheinlichkeiten – zur Kombinatorik. Er führte den Beweis, daß es nicht wichtig sei, mit wie vielen Möglichkeiten die Zahlen 9 und 10 erhalten werden, sondern daß ausschlaggebend sei, wie viele Varianten beim Werfen der Würfel zu den Summen 9 und 10 führen. Es stellte sich heraus, daß die 10 mit 27 Varianten, die 9 aber nur mit 25 Varianten erhalten werden kann. Folglich verhält sich die Wahrscheinlichkeit der gewürfelten Summen 10 und 9 wie 27:25.

Die Wahrscheinlichkeitstheorie hatte aus ihrer Wiege einen Ratschlag erteilt. Und wem? Ausgerechnet den Glücksspielern! Man behauptet, daß seit *Galilei* die Würfelspieler häufiger auf die 10 setzten. Und sie gewannen in völligem Einklang mit den Gesetzen der Natur.

Ein Monat aus dem Leben von *Blaise Pascal*

Der bedeutende ungarische Mathematiker *Alfred Rényi*, der das Leben und die Werke von *Blaise Pascal* (1623 bis 1662) erforscht hat, bringt in seinem Buch „Briefe über die Wahrscheinlichkeit" eine interessante geschichtliche Rekonstruktion des Entwicklungsvorgangs der Wahrscheinlichkeitstheorie.

Blaise Pascal, der am 19. Juni 1623 in Clermont-Ferrand geboren wurde, entfaltete sehr früh sein mathematisches Talent. Der scharfe Verstand des Jungen und sein Umgang im Kindesalter mit den Freunden seines Vaters, mit so berühmten Wissenschaftlern jener Zeit wie *Roberval, Carcavi* und *Mersenne* trugen ungewöhnliche Früchte.

Als Sechzehnjähriger schrieb *Pascal* seine Arbeit „Essai sur les coniques" (Versuch über die Kegelschnitte), in der er den Beweis für ein sehr bedeutsames Theorem der Geometrie erbrachte. Sein Vater, der eine übermäßige geistige Erschöpfung des Jungen befürchtete, versagte ihm eine Zeitlang Bücher und bat auch die Freunde, das Kind nicht mit wissenschaftlichen Gesprächen zu vergiften. Später stellte sich heraus, daß das Handeln des Vaters durchaus begründet war. Die sehr intensiven wissenschaftlichen Beschäftigungen führten dazu, daß *Pascal* vorzeitig ermüdete, seine Kräfte ließen nach, er neigte zur Schwermut. Nachdem er einmal wie durch ein Wunder dem Tod entronnen war, gab er die wissenschaftlichen Arbeiten auf und wandte sich der Religion zu.

Im Jahre 1653 reiste *Pascal* mit seinen vornehmen Freunden, dem Herzog *von Roannez*, dem Chevalier *de Mere* und dem Herrn *Damien Miton*, nach Poitou. Um die Zeit zu verkürzen, widmeten sich seine Freunde des öfteren dem Würfelspiel. Einmal stellte der Chevalier *de Mere* über das Glücksspiel zwei Fragen, die von *Pascal* einige Überlegungen verlangten.

Die erste Frage lautete:

Wie oft mindestens muß man zwei Würfel werfen, damit die Wahrscheinlichkeit dafür, daß mindestens einmal ein Sechserpasch (d. h. zwei Sechsen gleichzeitig) auftritt, größer als 1/2 ist?

Das zweite Problem hatte folgenden Wortlaut: Zwei Spieler spielen ein Glücksspiel, in welchem beide in jeder Partie dieselben Chancen haben. Am Anfang zahlen beide Spieler den gleichen Betrag in die Kasse ein mit der Vereinbarung, daß derjenige die ganze Kasse erhält, der als erster k Partien gewonnen hat. Das Problem besteht darin, wie die Kasse zwischen den beiden Spielern gerecht aufzuteilen ist, wenn sie aus irgendeinem Grunde mit dem Spiel aufhören, ehe es entschieden ist; zu diesem Zeitpunkt hatte der eine Spieler m Partien, der andere n Partien gewonnen.

Die Fragen des Chevalier *de Mere* interessierten *Pascal* so sehr, daß er am 29. Juli 1654 an seinen Freund, den berühmten Mathematiker *Fermat*, schrieb:

„Mein Herr, eine Unruhe hat mich erfaßt, und obwohl ich noch im Bette liege, habe ich die Feder ergriffen, um Ihnen mitzuteilen, daß ich gestern abend von Herrn *Carcavi* Ihren Brief über die gerechte Teilung erhalten habe und keine Worte finde, um zu sagen, wie er mich beeindruckt. Ich will keine langen Ausführungen machen: Sie haben das Problem des Würfelns und das Problem der gerechten Teilung gleichermaßen vollständig gelöst; das ist eine große Freude für mich, denn jetzt zweifle ich nicht mehr daran, daß ich recht habe, nachdem wir auf so wunderbare Weise zu denselben Resultaten gekommen sind.

Ihre Methode, mit der Sie das Problem der gerechten Teilung gelöst haben, bewundere ich noch mehr als die Lösung des Problems des Würfelspiels. Mehreren Leuten, darunter selbst dem Chevalier *de Mere* und Herrn *Roberval*, ist es gelungen, die zuletzt genannte Frage zu beantworten; aber *de Mere* konnte das Problem der gerechten Teilung nicht lösen, ja, er hat sogar nicht einmal gewußt, wie man es anzupacken habe, und so war ich bisher der einzige, der das richtige Verhältnis kannte.

Ihre Methode ist völlig zuverlässig, und als ich über diese Frage nachzudenken begann, bin ich selbst ähnlich vorgegangen, da aber das Abzählen der verschiedenen Kombinationen ziemlich mühsam ist, habe ich später eine ganz andere, kürzere und elegantere Methode gefunden, die ich Ihnen mitteilen will, denn ich möchte fortan alle meine Gedanken mit Ihnen teilen, soweit das möglich ist. Ich zweifle jetzt nicht mehr an der Richtigkeit meiner Resultate, da ich mich in so bewundernswürdiger Übereinstimmung mit Ihnen befinde. Ich sehe, daß die Wahrheit dieselbe in Toulouse wie in Paris ist."

In der letzten Korrespondenz wurde die Wahrscheinlichkeitstheorie geboren. *Blaise Pascal* war so intensiv mit dem Lösen von Aufgaben des Würfelspiels beschäftigt, daß er „vergaß", die systematische Darlegung der von ihm entwickelten Theorie darzubieten. Das veranlaßte *Rényi*, vier Briefe von *Pascal* an *Fermat* „zu Ende zu denken" und mit der „Feder des Pascal" zu schreiben, was in dem Begriff „Wahrscheinlichkeit" steckt.

Eine der wichtigsten philosophischen Fragen, die in diesem Zusammenhang gestellt wird, ist folgende: Auf welcher Position stand *Pascal*, als er sagte, daß die Wahrscheinlichkeit das Maß unserer Gewißheit sei? Hielt er die Wahrscheinlichkeit für eine subjektive Bewertung, für einen psychologischen Zustand des beobachtenden Subjekts?

Nein, das tat er nicht! *Pascal* verknüpfte, genauso wie zahllose Gelehrte vergangener Jahrhunderte, auf seltsame Weise erfolgreich religiöse Dogmen mit einer durchaus materialistischen Weltanschauung, wenn es um die Wissenschaft ging. Er beharrte fest darauf, daß die Wahrscheinlichkeit eine objektive Eigenschaft von Ereignissen sei, die in keinerlei Maße vom Beobachter abhängt.

In einem erdachten Dialog zwischen *Pascal* und *Miton* bringt *Rényi* ein interessantes Beispiel, die Wahrscheinlichkeit des Schiffbruchs betreffend:

„Ich habe gehört, daß sich in England die Handelsleute gegen den Verlust der auf einem Schiff versandten Waren versichern, das heißt, sie zahlen bei einer sogenannten Versicherungsgesellschaft eine gewisse Summe ein, die den Verlust ersetzt, falls die Ware infolge Schiffbruchs oder Seeräuberei verlorengeht; wenn aber die Ladung in guter Ordnung im Zielhafen ankommt, behält die Gesellschaft die ihr im voraus gezahlte Versicherungsprämie. Bei der Festlegung der Versicherungsprämien schätzen offenbar sowohl der Kaufmann als auch die Versicherungsgesellschaft die Wahrscheinlichkeit des Verlustes ein; beide Schätzungen sind subjektiv. Trotzdem hat es meiner Meinung nach einen Sinn, von der objektiven Wahrscheinlichkeit eines Verlustes zu sprechen, auch wenn niemand diese genau kennt. Nicht unsere Meinung, sondern diese objektive Wahrscheinlichkeit hat Einfluß auf das Schicksal des Schiffes. Nehmen wir an, Sie hätten von einem Schiff geglaubt, es geht wahrscheinlich unter, und dies geschieht tatsächlich; was würden Sie sagen, wenn ein Gericht Sie wegen der Katastrophe zur Verantwortung ziehen wollte? Würden Sie die Anklage mit der Behauptung zurückweisen, Ihre persönliche Meinung könne keinen Einfluß auf die Ereignisse gehabt haben? Wenn ich der Richter wäre, würde ich Sie sofort freisprechen, aber gleichzeitig Ihre Ansichten von der Subjektivität der Wahrscheinlichkeit verurteilen."

Pascal war es als erstem gelungen, die Gesetze der Wahrscheinlichkeitstheorie zu formulieren und ihnen einen philosophischen Sinn zu geben.

Die Auswertung des Briefwechsels zwischen *Pascal* und *Fermat* bildete die Grundlage des Werkes „De ratiociniis in ludo aleae" (Über die bei Glücksspielen möglichen Berechnungen) (1658) von *Christian Huygens* (1629 bis 1695). Bei *Huygens* hatte die Deutung der Wahrscheinlichkeitstheorie Unterschiede im Vergleich zu der von *Pascal*. Wie weit kann man seinem Jahrhundert vorauseilen? *Huygens* spricht nicht von „Wahrscheinlichkeit", sondern von „Erwartungswert" („Werth der Hoffnung"), von einem Begriff, der zu den Grundlagen der modernen Zuverlässigkeitstheorie gehört. Er definiert den „Erwartungswert" folgendermaßen:

„Wenn die Anzahl der Fälle, in denen ich die Summe a erhalte, gleich p und die Anzahl der Fälle, in denen ich die Summe b erhalte, gleich q ist, und ich annehme, daß alle Fälle gleich eintreten können, so ist der Werth meiner Hoffnung gleich $\frac{pa + qb}{p + q}$."

Prophetisch klingen *Huygens' Worte:*

„Ich kann vorausschicken, daß der Leser bei aufmerksamem Studium des Gegenstandes bemerken wird, daß er es nicht nur mit dem Glücksspiel zu tun hat, sondern daß hier die Grundlagen einer äußerst interessanten und tiefen Theorie aufgebaut werden."

Später erschienen das bereits erwähnte Werk „Ars conjectandi" von *J. Bernoulli* (1713), die „Essai d'Analyse sur les Jeux de Hasard" (Versuch einer Analyse der Glücksspiele) (1708) von *de Montmort* (1678 bis 1719) und die Arbeit „De Mensura sortis seu de Probabilitate Eventuum in Ludis a Casu Fortuito Pendentibus" (Über das Maß des Zufalls oder über die Wahrscheinlichkeit der Resultate in Glücksspielen) (1711) von *Abraham de Moivre* (1667 bis

1754). Alle diese Arbeiten standen direkt oder indirekt mit dem Briefwechsel zwischen *Pascal* und *Fermat* und besonders eng mit den Glücksspielen im Zusammenhang. Aber die Glücksspiele brachte das Leben hervor.

Der Engländer *John Graunt* (1620 bis 1674) stellte als erster 1662 die Sterblichkeitswahrscheinlichkeit als Funktion des Lebensalters dar. Dabei berief er sich auf die dunkle Statistik der Sterblichkeitstafeln, die man in London bereits seit 1592 geführt hatte. Die Sterblichkeitstafeln waren erforderlich für die Berechnung der Höhe der Lebensrenten.

Die Wahrscheinlichkeit, daß ein Schiff unbeschadet von der Reise zurückkehrt, hatte die Schiffseigner und die Versicherungsgesellschaften interessiert. In England wurde das System der Schiffsversicherung geboren.

Leider wurde die eigentliche Wahrscheinlichkeitstheorie für diese alltäglichen Bedürfnisse wenig genutzt. Für die Versicherer war sie eine zu abstrakte Wissenschaft ...

Heute sind Versicherungen eine Selbstverständlichkeit. Es wird alles und gegen alles versichert; es ändert sich nur die Höhe der Versicherungssumme und des Versicherungsbeitrages. Versichert werden Raritäten, Flugzeuge, Raketen und Gemälde, die zu Ausstellungen von einer Stadt in die andere befördert werden. Versichert werden die Stimme eines Sängers, das Gesicht der Filmstars und die Füße der Tänzerinnen. Man kann sich gegen einen Unglücksfall, den Absturz eines Meteoriten, den Weltuntergang und sogar gegen den Ehebruch versichern lassen. Alle Versicherungsbeiträge werden genau auf der Grundlage der „Wahrscheinlichkeitstheorie“ berechnet.

Die „reinen“ Mathematiker behüteten ihre Wissenschaft eifersüchtig vor dem Eindringen fremder Fachrichtungen. Sie wiesen darauf hin, daß die Wahrscheinlichkeitstheorie eher zur Philosophie gerechnet werden muß – oder zur Physik, aber nicht zur Mathematik. Das geschah, obwohl die Wahrscheinlichkeitstheorie durch *C. F. Gauß* (1777 bis 1855), *P. S. M. de Laplace* (1749 bis 1827), *S.-D. Poisson* (1781 bis 1840), *P. L. Čebyšev* (1821 bis 1894), *H. Poincaré* (1854 bis 1912) und *A. A. Markov* (1856 bis 1922) ungewöhnlich gefestigt und entwickelt worden war. Es mag seltsam klingen, aber die leichte „Anwendbarkeit“ der Wahrscheinlichkeitstheorie auf die Probleme der Naturwissenschaften, auf die ökonomischen und technischen Wissenschaften behinderte ihren Einzug in den Kreis der Wissenschaften, die gewöhnlich zur klassischen Mathematik gerechnet werden.

Erst ab 1900 erwarb die Wahrscheinlichkeitstheorie durch die

Arbeiten von *David Hilbert* (1862 bis 1942) das Recht der „Staatsbürgerschaft". *Hilbert* stellte die Forderung, die Wahrscheinlichkeitstheorie axiomatisch zu begründen. 33 Jahre waren erforderlich, bis diese Aufgabe schließlich gelöst wurde. Das vollbrachte der namhafte sowjetische Mathematiker *A. N. Kolmogorov* (geb. 1903).

Die Kolmogorovsche Theorie ist gegenwärtig die Grundlage für den Aufbau und das Verstehen einer modernen und zugleich sehr alten Wissenschaft, der Wahrscheinlichkeitstheorie. Auf ihrer Grundlage können die Ingenieure weitgehende Schlußfolgerungen und Voraussagen treffen. Mit Hilfe der Wahrscheinlichkeitstheorie kann man den „Zufall" in die Berechnungen einbeziehen.

Wie ist der Zufall zu beschreiben?

Noch vor nicht allzu langer Zeit schienen die Begriffe der Wahrscheinlichkeitstheorie vollkommen abstrakt. Heutzutage finden sich bereits viele in ihren Thesen und Fachbegriffen sehr leicht zurecht.

Nehmen wir zuerst die Begriffe der „Wahrscheinlichkeit" und der „Unwahrscheinlichkeit". Welche Zahlen können beispielsweise die Lebensdauer eines Menschen ausdrücken, welche dagegen nicht? Gibt es für den Menschen ein maximales Alter, oder kann die altersbestimmende Größe beliebige Werte annehmen?

Wir gehen natürlich nicht von der Vorstellung aus, daß der Mensch 1000 Jahre leben kann. Den Formeln zufolge, die aus heutigen Sterbetafeln hergeleitet wurden, ist der Anteil der Menschen, die 1000 Jahre leben könnten, gleich eins, dividiert durch eine Zahl, bestehend aus einer Eins mit dreihundertsechzig Nullen. Die Behauptung, ein Mensch könne ein solches Alter erreichen, ist aus biologischer Sicht unhaltbar, aber wenn sie rein statistisch betrachtet wird, so steht diese Behauptung nicht im Widerspruch zum Versuch. In einem Jahrhundert werden höchstens 10 Milliarden Menschen geboren, und um die obige Behauptung statistisch zu widerlegen, wären 10^{350} Jahrhunderte erforderlich. Dies übersteigt das Alter der Erde um das 10^{340}fache. Offensichtlich muß man für so kleine Wahrscheinlichkeiten unseren Begriff der Unmöglichkeit verwenden.

Man könnte denken, daß die Berücksichtigung solcher Wahrscheinlichkeiten völliger Unsinn sei. In Wirklichkeit vereinfacht es viele Formeln. Wenn wir entscheiden würden, die Möglichkeit ernsthaft auszuschließen, 1000 Jahre zu erreichen, dann würden wir hier außerdem unerwartet auf große Schwierigkeiten treffen, da wir die Existenz eines maximalen Alters zulassen müßten. In der Tat, die Annahme, daß der Mensch soundso viele Jahre leben kann, aber keine zehn Sekunden länger, ist nicht überzeugender als die Vorstellung, daß es für die Lebensdauer keine bestimmte Grenze gibt. So gelangen wir zum mathematischen Begriff des „Unwahrscheinlichen".

Wir kommen überein, die Resultate von Versuchen und Beobachtungen als Ereignisse zu bezeichnen. So werden wir von einem Ereignis sprechen, wenn von fünf geworfenen Münzen drei mit dem Wappen nach oben heruntergefallen sind. Als Ereignisse werden wir ebenfalls Stichproben („Von 85 Personen sind zwei Linkshänder") und Meßergebnisse („Temperatur 80 °C", „Sieben Teile waren Ausschuß") bezeichnen.

Die von uns beobachteten Ereignisse kann man in drei Arten unterteilen, in sichere, unmögliche und zufällige.

Sicher ist ein Ereignis, das unbedingt eintritt, wenn eine bestimmte Gesamtheit von Bedingungen realisiert wird. Eine Münze z. B. wird in den Sand geworfen, ihre Anfangsgeschwindigkeit beträgt 1 Meter je Sekunde. Das Ereignis „die Münze fällt in den Sand" ist sicher.

Gleichermaßen ist ein Ereignis unmöglich, das bei den vorhandenen Bedingungen offensichtlich nicht eintreten wird. Beispielsweise ist unter denselben Bedingungen das Ereignis „die Münze fliegt auf den Mond" unmöglich.

Zufällig ist ein Ereignis, das unter den gegebenen Bedingungen eintreten kann, aber nicht einzutreten braucht. Dieselbe Münze kann sowohl mit der Zahl als auch mit dem Wappen fallen. Deshalb ist das Ereignis „die Münze fällt mit dem Wappen" zufällig.

Jedes zufällige Ereignis (Zahl oder Wappen beim Werfen der Münze beispielsweise) ist das Ergebnis der Wirkung vieler Ursachen (u. a. der Kraft, mit der die Münze geworfen wurde, der Form der Münze, der Gegebenheiten der Luft an dem Ort, wo sie geworfen wurde, der Wurfrichtung). Es können unmöglich alle Faktoren berücksichtigt werden, darüber hinaus sind einige davon überhaupt nicht bekannt. Deshalb stellt sich die Wahrscheinlichkeitstheorie nicht die Aufgabe, vorherzusagen, ob ein Einzelereignis eintreten wird oder nicht; dies zu tun liegt einfach nicht in ihren Kräften.

Anders ist es, wenn zufällige Ereignisse betrachtet werden, die vielmals unter den verschiedensten Bedingungen zu beobachten sind, d. h., wenn von zahlreichen, gleichartigen Ereignissen gesprochen wird. Ein Beispiel. Obwohl im voraus das Ergebnis eines Münzwurfes nicht bestimmt werden kann, so kann man trotzdem hinreichend genau die Anzahl der Wappen angeben, wenn die Münze unter gleichen Bedingungen sehr oft geworfen wird. Eine ausreichend große Anzahl gleichartiger zufälliger Ereignisse ist, unabhängig von ihrer konkreten Natur, bestimmten Gesetzmäßigkeiten unterworfen, und zwar den Gesetzen der Wahrscheinlichkeit. Mit dem Herausfinden genau dieser Gesetze und Gesetzmäßigkeiten beschäftigt sich die Wahrscheinlichkeitstheorie.

Setzen wir unser Gespräch über die Ereignisse fort und führen wir noch einige Definitionen ein.

Ereignisse sind unverträglich, wenn das Eintreten eines Ereignisses während der Versuche das Eintreten anderer ausschließt.

Ereignisse sind einzig möglich, wenn als Ergebnis der Prüfungen nur ein (und ausschließlich nur ein!) Ergebnis sicher ist. Wenn Sie beispielsweise auf eine Zielscheibe schießen, so sind nur zwei Ereignisse möglich: Entweder Sie treffen, oder Sie schießen vorbei. Diese Ereignisse sind einzig mögliche Ereignisse.

Ereignisse sind gleich möglich, wenn man annehmen kann, daß keines dieser Ereignisse möglicher ist als ein anderes. Wappen und Zahl sind beim Münzwerfen gleich mögliche Ereignisse, wenn wir voraussetzen, daß die Münze aus einem homogenen Metall geprägt wurde, eine regelmäßige Form hat und die Prägung das Fallen der Münze nicht beeinflußt.

Jetzt sind wir soweit, daß wir eine grundlegende Definition einführen können: Was ist Wahrscheinlichkeit? Es gibt mehrere Definitionen der Wahrscheinlichkeit. Deshalb möchten wir zuerst die sogenannte klassische Definition der Wahrscheinlichkeit geben.

Betrachten wir ein Beispiel. Aus einer Urne mit insgesamt 10 Kugeln, von denen vier rot und sechs weiß sind, wird eine Kugel gezogen. Uns interessiert das Ereignis, wenn aus der Urne eine rote Kugel gezogen wird. Offensichtlich ist die Möglichkeit, aus der Urne eine rote Kugel zu ziehen, kleiner als die, eine weiße zu entnehmen. In der Urne sind ja weniger rote Kugeln. Kann man diese Möglichkeit zahlenmäßig kennzeichnen? Selbstverständlich kann man das. Diese Zahl ist nämlich die Wahrscheinlichkeit des Ereignisses. Wir rechnen diese Zahl für unser Beispiel aus.

Dazu werden wir die Entnahme der roten Kugeln als einen für uns günstigen Ausgang der Versuche betrachten. Wieviel Ausgänge kann es in diesem Fall geben? Natürlich zehn, denn in der Urne sind insgesamt 10 Kugeln enthalten. Es ist leicht zu erkennen, daß diese Ausgänge einzig möglich sind (es wird unbedingt eine Kugel gezogen) und gleich möglich sind (die Kugeln sind gleich und gut durchgemischt); (eine Kugel wird auf gut Glück gezogen). Wieviel für uns günstige Ausgänge kann es bei den Ziehungen geben?

Natürlich vier, denn in der Urne sind zusammen vier rote Kugeln.

Die Anzahl der günstigen Ausgänge zur Gesamtanzahl der Ausgänge wird als Wahrscheinlichkeit des Ereignisses bezeichnet. In unserem Beispiel beträgt die Wahrscheinlichkeit, aus der Urne eine rote Kugel zu ziehen, 4/10.

Aus der Definition der Wahrscheinlichkeit resultieren ihre wichtigsten Eigenschaften: Die Wahrscheinlichkeit eines sicheren Ereignisses beträgt 1, die Wahrscheinlichkeit eines unmöglichen Ereignisses ist gleich 0. Die Wahrscheinlichkeit eines zufälligen Ereignisses liegt zwischen Null und Eins.

Diese Definition der Wahrscheinlichkeit hat jedoch einige wesentliche Unzulänglichkeiten. Wie soll man z. B. verfahren, wenn die Anzahl der Ausgänge des Versuches vorher nicht angegeben werden kann? Nicht immer kann man den Beweis erbringen, daß die Ausgänge der Versuche gleich möglich oder einzig möglich sind.

Deshalb braucht man neben der klassischen Definition der Wahrscheinlichkeit ebenfalls ihre statistische Definition: Als Wahrscheinlichkeit des Ereignisses wird das Verhältnis der Anzahl der Versuche mit günstigem Ausgang zur Gesamtanzahl der praktisch durchgeführten Versuche angenommen.

Der wichtigste Unterschied der Definitionen besteht darin, daß man bei der klassischen Definition die Wahrscheinlichkeit vor der Versuchsdurchführung berechnen kann und daß für die Berechnung der Wahrscheinlichkeit überhaupt keine Versuche durchgeführt werden müssen. Die statistische Definition fordert unbedingt die Durchführung von Versuchen. Je mehr Versuche durchgeführt werden, um so genauer werden die Berechnungen der Wahrscheinlichkeit.

Ereignisse können abhängig und unabhängig voneinander sein. Unabhängig voneinander sind Ereignisse, wenn die Wahrscheinlichkeit eines Ereignisses vom Eintreten oder Nichteintreten eines anderen Ereignisses unabhängig ist.

Kommen wir zu unserem Beispiel mit der Urne und den Kugeln zurück. Wir hatten die Wahrscheinlichkeit berechnet, mit der bei der ersten Ziehung eine rote Kugel aus der Urne entnommen wird. Aber wie groß ist die Wahrscheinlichkeit, daß bei der zweiten Ziehung wieder eine rote Kugel gezogen wird? Selbstverständlich ist diese Wahrscheinlichkeit davon abhängig, welche Kugel zuerst gezogen wurde. Es ändert sich nämlich die Anzahl der möglichen Ausgänge. In der Urne bleiben nur neun Kugeln zurück. Auch die Anzahl der günstigen Ausgänge ändert sich. Wenn beim erstenmal eine weiße Kugel gezogen wurde, so sind in der Urne noch vier rote und fünf weiße Kugeln. Die Wahrscheinlichkeit, daß bei der zweiten Ziehung eine rote Kugel gezogen wird, ist gleich 4/9. Wurde aber das erstemal eine rote Kugel gezogen, so bleiben in der Urne drei rote und sechs weiße Kugeln. Die uns interessierende Wahrscheinlichkeit beträgt dann nur 3/9.

Wir kommen somit zu einem sehr wichtigen Begriff, der häufig in den Anwendungen der Wahrscheinlichkeitstheorie anzutreffen ist, zur bedingten Wahrscheinlichkeit. Die bedingte Wahrscheinlichkeit ist die Wahrscheinlichkeit eines abhängigen Ereignisses, wenn bereits ein anderes Ereignis eingetreten ist.

In der Praxis haben wir es immer mit sogenannten Zufallsgrößen zu tun. Diese Größen können nur einen möglichen Wert annehmen, der aber im voraus nicht bekannt und von zufälligen Ursachen abhängig ist, die vorher nicht berücksichtigt werden können.

Zum Beispiel ist die Anzahl der Jungen unter einhundert Neugeborenen eine Zufallsgröße, die mögliche Werte von 0 bis 100 haben kann. Wohl kaum werden unter einhundert zufällig ausgewählten Neugeborenen nur Jungen oder nur Mädchen sein. Die Wahrscheinlichkeit solcher Ereignisse ist sehr klein. Andererseits ist die Wahrscheinlichkeit groß, daß die Anzahl der Jungen und Mädchen annähernd gleich sein wird.

Die Entfernung, die ein Geschoß fliegt, ist auch eine Zufallsgröße. Sie hängt nicht nur vom Kanonentyp und der Zieleinstellung, sondern ebenso von vielen anderen Ursachen (Windstärke, Windrichtung, Temperatur u. a.) ab. Jedem Wert der Zufallsgröße entspricht eine bestimmte Wahrscheinlichkeit, mit der dieser Wert bei den Versuchen eintreten kann.

Wir gelangen zur Schlußfolgerung, daß die Zufallsgröße nicht allein durch die Angabe ihrer Werte charakterisiert wird. Zusätzlich muß die Wahrscheinlichkeit angegeben werden, mit der die Zufallsgröße diese Werte annehmen kann. Die Werte der Zufallsgröße und deren Wahrscheinlichkeiten bezeichnet man zusammen als Verteilungsgesetz der Zufallsgröße.

Das Verteilungsgesetz beschreibt eine Zufallsgröße vollständig. Wir können mit ihm die Wahrscheinlichkeit der uns interessierenden Werte der Zufallsgröße angeben und auf dieser Grundlage ihr Auftreten vorhersagen.

Selbstverständlich haben die Mathematiker schon seit langem die Verteilungsgesetze der Zufallsgrößen untersucht, angefangen mit *C. F. Gauß*. Die Mathematiker interessierten sich für die Voraussetzungen des Entstehens von Gesetzen und Gesetzmäßigkeiten, für die physikalischen Ursachen, die zu diesem oder jenem

Verteilungsgesetz führen. Auf diesem Weg errangen sie beträchtliche Erfolge. Es wurde die logisch aufgebaute Verteilungstheorie entwickelt, die in der heutigen Ingenieurpraxis eine breite Anwendung findet. Bekannt sind die Gaußsche Verteilung, die Poissonsche Verteilung, die Gammaverteilung, die Exponentialverteilung und viele andere. Diese Verteilungen werden in der Zuverlässigkeitstheorie genutzt. Besonders große Bedeutung für die Zuverlässigkeitstheorie haben in letzter Zeit die Extremwertverteilungen erlangt, zu deren Entwicklung die sowjetischen Wissenschaftler, insbesondere das Mitglied der Akademie der Wissenschaften der Ukrainischen SSR *B. V. Gnedenko*, einen großen Beitrag geleistet haben.

In sehr vielen Fällen interessiert die Ingenieure der größtmögliche und der kleinstmögliche Wert einer Zufallsgröße, der sogenannte Extremwert.

Betrachten wir ein Beispiel. An einem Fluß soll ein Deich gebaut werden. Den Deich muß man so projektieren, daß er durch ein Hochwasser nicht zerstört wird. Wie kann man die mögliche Höhe eines Hochwassers in vielleicht einhundert Jahren erfahren? In einem Bericht der Kommission für Wasserressourcen der USA wurde festgestellt, daß unabhängig davon, wie stark ein Hochwasser sein mag, ein noch größeres Hochwasser möglich ist. So spricht die Extremwerttheorie, und das wird durch die Praxis bestätigt. Man kann aber nicht den Deich für ein unbegrenzt starkes Hochwasser berechnen, das möglicherweise einmal in einhunderttausend Jahren auftritt! In diesem Fall würden die erforderlichen Baukosten übermäßig steigen. Hier leistet die Extremwerttheorie Hilfe. Auf der Grundlage vorangegangener Beobachtungen der Zufallsgröße kann man vorhersagen, welche Werte diese Zufallsgröße mit welcher Wahrscheinlichkeit in der Zukunft annimmt, d. h. in unserem Beispiel die Höhe des Hochwassers.

Die Zahl der Gebiete, in denen Maximal- oder Minimalwerte einer Zufallsgröße eingeschätzt werden müssen, ist buchstäblich unbegrenzt. Vor den gleichen Aufgaben stehen Geophysiker bei der Bewertung der maximalen Windgeschwindigkeit, Energieexperten bei der Berechnung der Spitzenlast im Verbundnetz, Schiffbauer bei der Festigkeitsberechnung der Schiffe für den höchsten Seegang und viele andere Fachleute.

In der Zuverlässigkeitstheorie fand noch eine weitere Richtung der Wahrscheinlichkeitstheorie, die Bedienungstheorie, eine unerwartete Anwendung.

Die ursprüngliche Entwicklung dieser Theorie wurde sehr stark durch den dänischen Wissenschaftler *A. K. Erlang* beeinflußt. Seine

Leistungen im Bereich der Projektierung und Nutzung von Fernsprechvermittlungsstellen gaben den Anstoß für zahlreiche Arbeiten zur Bedienungstheorie. Eine wesentliche Rolle in der Entwicklung dieser Theorie spielte der große sowjetische Mathematiker *A. Ja. Chinčin* (1894 bis 1959). Umfangreiche Arbeiten zur Weiterentwicklung der Ideen und Methoden der Bedienungstheorie leisteten der bedeutende sowjetische Mathematiker *B. V. Gnedenko* und seine Schüler. Einen wichtigen Beitrag zur Entwicklung dieser Theorie lieferte auch *A. N. Kolmogorov.*

Welche Probleme löst die Bedienungstheorie? Schon der Name an sich verrät in bestimmtem Grad ihren Inhalt. Aus ihm wird klar, daß diese Theorie zur Bedienung, und zwar zur Menge der zu Bedienenden in Beziehung steht. Hierbei versteht man unter „Bedienung" alle ihre Arten, selbst die im übertragenen Sinn.

Beispiele für Bedienung im engeren Sinn sind die gewöhnlichen kommunalen und persönlichen Dienstleistungen: der Verkauf von Fahrkarten, die Reparatur von Fernsehgeräten im Dienstleistungsbetrieb u. a. Im übertragenen Sinn kann man auch den Artilleriebeschuß auf feindlicher Panzer als „Bedienung" bezeichnen.

Betrachten wir einige Anwendungsbeispiele der Bedienungstheorie, die mit dem Einsatz der Zuverlässigkeitstheorie verbunden sind.

Nehmen wir die Organisation der Reparatur von Kraftfahrzeugen. Der Bestand eines Landes oder auch nur einer Großstadt zählt viele Fahrzeuge. Von Zeit zu Zeit fallen Fahrzeuge aus und müssen instand gesetzt werden. Für die Durchführung der Reparaturen müssen Kfz-Instandsetzungsteile vorhanden sein. Aber wie soll man die Anzahl der entsprechenden Instandsetzungsbetriebe bestimmen? Gibt es zu viele Betriebe, so wird ein Teil davon stillliegen, da nicht genug defekte Fahrzeuge anfallen. Wenn dagegen zuwenig Instandsetzungsbetriebe organisiert werden, wird es Fahrzeugschlangen geben, die auf die Reparatur warten. Hier hilft die Bedienungstheorie, die optimale Anzahl der Kfz-Instandsetzungsbetriebe zu finden.

Wenn wir den Ausfall eines Elements des Systems als Bedienung betrachten, so können wir mit Hilfe der Bedienungstheorie die quantitativen Kennziffern der verschiedenen Systeme finden. Wir können die Elemente dieser Systeme, ausgehend von der geforderten Zuverlässigkeit des Systems insgesamt, auswählen.

Aus den genannten Beispielen ist ersichtlich, daß einerseits die Wahrscheinlichkeitstheorie für ihre praktische Nutzung zur Steigerung der Zuverlässigkeit der gegenwärtig zu bauenden kompliziertesten Vorrichtungen und Systeme in der Mitte dieses Jahrhunderts schon „herangereift“ war. Andererseits spürte zu dieser Zeit auch die Technik, wie dringend notwendig es ist, an ihre Zuverlässigkeit auf neue Art heranzugehen.

An der Schwelle einer neuen Wissenschaft

Die Wissenschaft von der Zuverlässigkeit der Erzeugnisse ist eine Wissenschaft des 20. Jahrhunderts, genauer gesagt, der zweiten Hälfte unseres Jahrhunderts. Niemals waren die Fragen der Zuverlässigkeit so aktuell wie gegenwärtig, im Zeitalter der wissenschaftlich-technischen Revolution.

Natürlich bewegte auch die Erbauer des ersten Dampfschiffs die Frage, was passieren könnte, wenn plötzlich Kessel und Maschinen des Schiffs ausfielen. Damals wurde diese Frage relativ einfach geklärt. Die Konstrukteure der ersten Dampfschiffe hatten noch Segel als Reserve vorgesehen. Könnte man sich ein modernes Hochseeschiff vorstellen, das bei seiner Fahrt über den Atlantik Mast und Segel in Reserve mitführt? Es gab eine Zeit, in der man in den Städten nur ungern die Umstellung der Straßenbeleuchtung auf Gas vornahm, denn es wurde befürchtet, daß bei einer Havarie der Gashauptleitung die ganze Stadt dunkel ist. Außerdem hielt man es für möglich, daß Böswillige die Gasleitung sprengen könnten, um im Schutz der Dunkelheit Verbrechen zu begehen. Nicht alle hatten den Mut, mit den ersten Flugzeugen zu fliegen, was durchaus begründet war.

Alle diese Ängste wurden überwunden. Die ersten Piloten standen den Akrobaten im Zirkus nahe, die ohne Sicherung arbeiten. Zu den Schauflügen strömten Tausende Liebhaber des Nervenkitzels.

Die Anzahl der Ursachen nahm zu, in deren Folge ein kompliziertes Gerät defekt werden konnte. Es gab auch Zeitpunkte, zu denen die neue Technik eine „Vertrauenskrise“ durchmachte. Die Menschen gaben der einfacheren und bekannten Lösung den Vorzug. Aber den natürlichen Fortschritt konnte niemand stoppen.

Die Flugzeuge wurden schneller, es entwickelte sich eine mächtige und komplizierte Militärtechnik. Zum täglichen Leben gehörten immer mehr verschiedene elektrotechnische Geräte. Immer akuter wurde die Frage nach der Zuverlässigkeit.

Die Firma „George Brothers“, einer der größten amerikanischen Automobilhersteller, brachte vor vielen Jahren den Werbespruch „Vertrauen zu George“ heraus. Gemeint war die gestiegene Zuverlässigkeit der Autos dieses Herstellers. Die Autos wurden auch allgemein zuverlässiger. Aber in diesem Fall wurde die Zuverlässigkeit auf sehr direkte Weise erreicht: Falls der Anlasser versagte, durfte man die Andrehkurbel verwenden, die zu jedem Fahrzeug gehörte.

Die neuen Erfolge und das unglaubliche Komplizierterwerden der Technik warfen weitaus schwierigere Probleme auf, die nicht so einfach gelöst werden konnten.

... In die ganze Welt posaunten Presse und Rundfunk des „dritten Reiches" Meldungen über die in den Arsenalen vorbereitete „Vergeltungswaffe", die die Gegner des Führers in die Knie zwingen sollte. Im Jahre 1944 wurde sie schließlich eingesetzt. Es handelte sich um die Flugkörper V-1 und V-2. Auf die Zivilbevölkerung fielen Bomben, brachten Tod und Zerstörung. Der erste Eindruck war überwältigend.

Später stellte sich heraus, daß etwa die Hälfte aller Raketen ihr Ziel nicht erreichte. Sie kamen vom Kurs ab, explodierten in der Luft oder auf den Startrampen. Die Konstrukteure dieser Raketen, die von *Wernher von Braun*, einem „Liebling des Führers", geleitet wurden, waren verwirrt. Die einen Bauteile wurden verbessert, während dann wiederum andere ausfielen ...

Aus heutiger Sicht können wir sagen, daß die Zuverlässigkeit des in den Raketen eingesetzten Systems nicht ausreichte. Aber damals gab es die Zuverlässigkeitstheorie nicht. Außerdem wurde der grundlegende mathematische Apparat dieser Theorie – die Wahrscheinlichkeitstheorie – an den nazistischen Universitäten nicht gelehrt, denn sie war gemäß der Definition der nazistischen Ideologen eine „französische Wissenschaft, für die kein Platz in einer Welt ist, wo sich alles dem eisernen Willen des Führers unterordnet". Und die gepriesene „Vergeltungswaffe" verstummte lautlos, ohne merkliche Spuren in der Geschichte des 2. Weltkrieges zu hinterlassen. Das war auch eine Auswirkung der Unterschätzung der Zuverlässigkeitstheorie.

In modernen Raketen, die den Menschen auf erdnahe Umlaufbahnen und sogar zum Mond gebracht haben, sind alle Gesetzmäßigkeiten der Zuverlässigkeitstheorie in größtmöglichem Maße genutzt worden.

Das Verständnis für diese Notwendigkeit wurde durch das Anwachsen der Kompliziertheit technischer Systeme bewirkt. Wenn im Jahre 1945 die Bombenflugzeuge der USA (Typen B-17 und B-29) in der Funkausrüstung bis zu 200 Bauelemente hatten, so waren es 1960 (Typ B-58) bis zu 9500 und 1965 (Typ B-70) bis zu 15000 Bauelemente.

Die ersten Rechner, die Bestandteil des Fernaufklärungssystems der US Air Force waren, enthielten über 50000 Elektronenröhren,

170000 Halbleiterdioden, 547000 Widerstände, 189000 Kondensatoren und eine Vielzahl weiterer Bauelemente.

Das Steuersystem der amerikanischen ballistischen Interkontinentalrakete „Atlas“ umfaßt ungefähr 300000 verschiedene Bauelemente. Im gleichen System der „Nike“-Rakete sind über 1,5 Millionen Elemente enthalten.

Ein System zur automatischen Steuerung von Verhüttungsprozessen oder von chemischen Reaktionen besteht aus 200 bis 300 separaten Kontrollgeräten und Reglern, von denen jedes Gerät 100 bis 200 Bestandteile enthält.

Die Verantwortung, die in den modernen technischen Systemen steckt, ist außergewöhnlich groß. Der Ausfall scheinbar noch so unbedeutender Bauelemente kann gegenwärtig zu großen ökonomischen Verlusten führen. Beispielsweise hat beim Start eines Satelliten in den USA der Ausfall eines Bauelements, das 5 Dollar kostete, zu ökonomischen Einbußen geführt, die mit 8 Millionen Dollar eingeschätzt wurden.

Schon bald nach dem Zweiten Weltkrieg wurde klar, daß die bestehenden Projektierungs-, Entwicklungs- und Produktionsverfahren grundlegend verändert werden mußten. Sehr komplizierte Systeme, die oft prinzipiell neue wissenschaftlich-technische Lösungen erforderten, mußten in relativ kurzer Zeit projektiert und hergestellt werden. Dabei mußte die störungsfreie Erfüllung der von diesen Systemen verlangten Funktionen mit hoher Wahrscheinlichkeit gewährleistet werden.

In den zentralen Tageszeitungen der UdSSR war zu lesen, daß im Kostromaer Kraftwerk ein Turbogenerator mit einer Leistung von 1,2 Megawatt installiert wurde. Zum Vergleich erinnern wir daran, daß das gesamte Wasserkraftwerk am Dnepr bei Saporoshje (Dneproges) nach der Fertigstellung eine Leistung von knapp über 0,6 Megawatt hatte. Zwei Dneproges in einem Aggregat! Kann man es sich leisten, mehrere solcher Aggregate herzustellen, die in den Kosten und der Kompliziertheit einmalig sind, nur um die technische Lösung zu überprüfen? Natürlich nicht. Alle möglichen Varianten der technischen Lösung müssen vorher geprüft werden. Davon muß man dann jene Variante auswählen, die den störungsfreien Betrieb des einmaligen Turbogenerators über viele Jahre gewährleistet.

Wie sieht das bei den kompliziertesten Computern aus? Sie sind zu zuverlässigen und bisweilen auch unersetzbaren Gehilfen des Menschen bei der Lösung schwieriger Aufgaben geworden. Wenn sich die Maschine irrt, so können die Folgen eines solchen Irrtums durchaus schwerwiegend sein.

In Los Angeles wurde für die Berechnung des Gehaltes der Lehrer ein Computer eingesetzt. Als er den „Arbeitsvertrag“ erhalten hatte, konnten 30 Mitarbeiter eingespart werden. Im ersten Monat machte der Rechner jedoch über 2000 Fehler; man mußte sich von ihm lossagen und wieder Buchhalter einstellen. Nach der „Entlassung“ des Computers mußten 60 zusätzliche Buchhalter eingestellt werden, die die vom Rechner begangenen Fehler suchten und berichtigten. Letzten Endes konnten diese Fehler wiedergutgemacht werden. Aber wie sieht das aus, wenn ein Computer ein chemisches Kombinat oder den Flug eines kosmischen Flugapparates steuert? Ein falsches Ansprechen oder eine falsche Entscheidung kann zu nicht wiedergutzumachenden Folgen führen.

Über die Notwendigkeit, die Zuverlässigkeit zu verbessern, sprechen gegenwärtig nicht nur Ingenieure und Wissenschaftler, sondern auch die Staatsmänner. In der Einleitung zu ihrem Buch „Zuverlässigkeit“ schreiben die amerikanischen Autoren *D. Lloyd* und *M. Lipow*:

„Die Unzuverlässigkeit schlägt sich in den Kosten nieder, in zeitweiligen Aufwendungen, psychologisch in Form von Unbequemlichkeiten, und in bestimmten Fällen ist auch die Sicherheit der Menschen und der Nation bedroht. Gewöhnlich bestehen die Verluste infolge einer Unzuverlässigkeit nicht nur aus den Kosten des ausgefallenen Aggregats, sondern hinzu kommen die Kosten der damit verbundenen Anlagen, die wegen der Betriebsstörung beschädigt oder zerstört wurden ...
Ein klassisches Beispiel des psychologischen Effekts der Unzuverlässigkeit sind die „Vanguard“-Satelliten. Die Vereinigten Staaten, die die Erfolge der Sowjetunion mit Sputnik-1 hinnehmen mußten, versuchten, den Wettlauf aufzunehmen, indem sie für dieses Ziel eine fast ungeprüfte Trägerrakete einsetzten, die an der Grenze ihrer Möglichkeiten arbeiten mußte. Die Mißerfolge und die darauf folgende Mutlosigkeit und der Prestigeverlust waren sehr ernst zu nehmen.“

Im Jahre 1971 mußte die Führung der Luftwaffe der BRD 30 Kampfflugzeuge vom Typ „Starfighter“ außer Dienst stellen. Die Piloten bezeichneten diese Flugzeuge als „fliegende Särge“. Bis zu diesem Zeitpunkt hatte die Bundeswehr infolge von Abstürzen 139 „Starfighter“ und über 60 Piloten verloren. Das war eine sehr starke Erschütterung für das Prestige der amerikanischen Flugzeughersteller.

Anfang Dezember 1978 stellte die Führung der US Air Force zeitweilig 700 Riesentransporter vom Typ C-130 außer Dienst, die für militärische Zwecke eingesetzt wurden. Diese Entscheidung wurde nach dem Absturz einer C-130 getroffen, bei dem die fünf Besatzungsmitglieder den Tod fanden. Die Ursache des Absturzes waren Störungen im System der Triebwerkssteuerung, die sich an anderen Flugzeugen hätten wiederholen können.

Die ganze Welt hat mit Schrecken die Meldung von einer Katastrophe entgegengenommen, die sich im Mai 1979 über Chicago ereignete, als eine der drei Schrauben brach, die das Triebwerk an der Tragfläche halten, und eine DC-10 mit 275 Passagieren und der Besatzung abstürzte. Und das war bei weitem nicht die einzige Katastrophe mit einer DC-10. Seit 1971, als der regelmäßige Linienverkehr mit dieser Maschine aufgenommen wurde, waren 10 (!) Abstürze von DC-10 zu verzeichnen, bei denen über 600 Menschen ums Leben kamen. Nach der Katastrophe vom Mai 1979, als die Douglas Aircraft Company alle 170 von ihr gebauten Flugzeuge einer Prüfung unterzog, wurden an 68 Flugzeugen, die auf Inlandlinien der USA eingesetzt waren, insgesamt 93 ernsthafte Mängel festgestellt. Jede dieser Maschinen hätte möglicherweise die Liste der Opfer fortgesetzt.

Die Experten, die mit der Untersuchung der Abstürze der DC-10 beschäftigt waren, kamen zu der Schlußfolgerung, daß die Maschine hochgezüchtet, in aller Eile entwickelt und vor der Indienststellung ungenügend geprüft worden war. Die Ursache dafür war der Wettlauf um den Profit, der Wunsch, die Konkurrenzfirma Lockheed Aircraft Corporation im Kampf um die Vorrangstellung auf den Luftlinien zu überholen.

Vor Jahren hatte die noch unabhängige Firma McDonald Douglas Corporation das zuverlässigste Flugzeug der Welt entwickelt. Das war die legendäre „Dacota“, die DC-3. Die Geschichte begann damit, daß der Firma von D. W. Douglas 1932 der Vorschlag unterbreitet wurde, für eine Luftfahrtgesellschaft ein zweimotoriges Passagierflugzeug für 12 Plätze zu konstruieren. Zuerst wurde die DC-1, dann die DC-2 und schließlich die DC-3 entwickelt, die 21 Passagiere mit einer Geschwindigkeit von 340 Kilometern je Stunde beförderte. Die „Douglas“ wurde sofort zu einer außergewöhnlich beliebten Maschine. Als die sowjetische Regierung 1935 die Entscheidung traf, eine Lizenz für die Produktion eines Flugzeugs für die Aeroflot zu erwerben, fiel deshalb die Wahl auf diese Maschine.

Innerhalb von drei Jahren wurden in der Sowjetunion die Bedingungen für die Produktion der „Douglas“ geschaffen. Während der Vorbereitung der Produktion wurden an der Konstruktion des Flugzeuges wesentliche Verbesserungen vorgenommen. Zu Ehren des leitenden Ingenieurs des Flugzeugwerkes, *B. Lisunov*, der große Verdienste während der Vorbereitung der Produktion erworben hatte, bekam dieses Flugzeug in der UdSSR den Namen „Li-2“. Dieses Flugzeug zählte zu den zuverlässigsten der Welt.

Die DC-3 wurde während des Zweiten Weltkrieges zum wichtigsten Lufttransporter der Antihitlerkoalition. Zwischen 1935 und 1947 wurden über 12000 Maschinen dieses Typs gebaut.

Der Statistik zufolge haben Flugzeuge des Typs DC-3 insgesamt 140 Milliarden Flugkilometer zurückgelegt und über 400 Millionen Fluggäste befördert, die Militärtransporte nicht mitgerechnet.

Nach Meinung der Piloten konnte die DC-3 zu Bruch gehen, aber niemals verschleißen. Die Zivile Luftfahrtbehörde der USA teilte im Jahre 1951 mit, daß die „Douglas" für die Luftfahrt unbegrenzt einsetzbar ist.

Die über vierzigjährigen Erfahrungen des Betriebes der Li-2 haben die hohe Zuverlässigkeit dieser Maschine bestätigt. Sogar heute noch wird dieses Flugzeug der Aeroflot auf Inlandrouten und in der Arktis eingesetzt.

Die Steigerung der Zuverlässigkeit wurde zu einer lebenswichtigen Notwendigkeit. Unglücklicherweise waren die Ziele und Aufgaben auf dem Gebiet der Zuverlässigkeit anfangs nicht klar formuliert, wie das häufig bei der Herausbildung eines neuen Forschungszweiges der Fall ist. Es bestand auch keine einheitliche Meinung über die Methoden der neuen Theorie sowie darüber, was unter der Zuverlässigkeit eines technischen Systems zu verstehen ist.

Zahlreiche Erörterungen, Wortgefechte und Diskussionen waren erforderlich, bis die Ingenieure und Wissenschaftler schließlich zu der Überzeugung kamen, daß die Zuverlässigkeit keine erdachte Charakteristik eines Systems ist, sondern seine untrennbare Eigenschaft, die genauso real und objektiv ist wie die Masse, die Leistung, das Volumen und der Wirkungsgrad. Die Zuverlässigkeit ist nicht minder wichtig, vielleicht sogar bedeutsamer als die uns bekannten und geläufigen Eigenschaften. Die schönste, leistungsstärkste und wirtschaftlichste Maschine nützt keinem, wenn sie wegen Störungen häufig stillsteht, repariert werden muß oder wenn Baugruppen in ihr ausgetauscht werden müssen. Bisweilen sind sogar automatische, aber unzuverlässige Anlagen weniger rentabel als nichtautomatische, aber zuverlässige.

In einem chemischen Kombinat in der Sowjetunion wurde für die automatische Prozeßsteuerung ein einfaches Gerät, ein elektrisches Kontaktthermometer, eingesetzt. Dieses Gerät kostete 7 Rubel und 30 Kopeken, sein wirtschaftlicher Nutzen wurde mit 200 Rubel eingeschätzt. Das Thermometer fiel jedoch häufig aus. Die Ausfallhäufigkeit lag bei sechsmal im Monat, was den Betrieb jedesmal 300 Rubel kostete. Der Einsatz des automatischen Gerätes war nicht geeignet. So hat eben die Unzuverlässigkeit über das Schicksal eines neuen Gerätes entschieden.

Aber was genau ist die Zuverlässigkeit?

Zuverlässigkeit – neuer Sinn für ein altes Wort

Unter Zuverlässigkeit versteht man die Eigenschaft eines Erzeugnisses, vorgegebene Funktionen unter Einhaltung der Werte festgelegter Betriebsparameter in vorgegebenen Grenzen, die den vorgegebenen Betriebsarten und Bedingungen der Nutzung, der Instandhaltung, der Lagerung und des Transportes entsprechen, über ein bestimmtes Zeitintervall zu erfüllen.

Hier wird also gefordert, daß die festgelegten Betriebsparameter in einem bestimmten Zeitintervall bzw. während der Betriebsdauer eingehalten werden.

Die Betriebsdauer ist dabei der Arbeitsumfang eines Erzeugnisses, der nicht nur in Stunden, sondern in Abhängigkeit vom Einsatzgebiet auch in Kilometern, Hektar, Zyklen, Kubikmetern oder anderen Einheiten gemessen wird.

Somit sind wir zu einer strengen und klaren Definition dessen gelangt, was unter der Zuverlässigkeit eines Erzeugnisses zu verstehen ist. Was ist z. B. die Zuverlässigkeit eines Traktors? Das ist seine Eigenschaft, die vorgegebenen Funktionen bei Einhaltung der wichtigsten Betriebsparameter (Leistung, Arbeitsproduktivität, Kraftstoffverbrauch u. a.) über eine bestimmte Zeitdauer oder (beispielsweise beim Pflügen) über eine bestimmte Hektaranzahl zu erfüllen. Mit der oben gegebenen Definition kann man die Zuverlässigkeit eines beliebigen technischen Erzeugnisses beschreiben.

Hier erhebt sich ein weiteres Problem: Wenn die Zuverlässigkeit eine objektive Eigenschaft des Erzeugnisses ist, so muß man sie irgendwie messen können! Die Länge messen wir mit einem Lineal, die Masse bestimmen wir mit einer Waage. Die Einheiten der Länge, der Masse, der Zeit und viele andere haben Normale, mit denen der Wert der betreffenden Eigenschaft durch Vergleich ermittelt werden kann. Ein Normal der Zuverlässigkeit gibt es nicht. Bislang ist man sich noch nicht vollkommen klar, wie die Zuverlässigkeit zu messen sei. Zu diesem Zweck müssen neue Definitionen eingeführt werden: „Fehler“, „Wahrscheinlichkeit der fehlerfreien Arbeit“, „Ausfallwahrscheinlichkeit“ u. a.

Die Begriffe „Fehler“, „Fehlerfreiheit“ gehören zu den Grundbegriffen der Zuverlässigkeitstheorie. Gewöhnlich versteht man unter Fehlerfreiheit die Eigenschaft von Erzeugnissen, die Funktionsfähigkeit in einem bestimmten Zeitintervall zu gewährleisten. Ein Fehler ist der teilweise oder völlige Verlust der Funktionsfähigkeit eines Erzeugnisses. Der Begriff „Fehler“ an sich ist auch kompliziert.

Für einige Erzeugnisse, die in der Konstruktion verhältnismäßig einfach sind, kann man den Begriff „Fehler“ völlig klar einführen. Zum Beispiel kann eine elektrische Glühlampe nicht brennen, wenn der Glühfaden durchgebrannt ist.

Jedoch für etwas kompliziertere Erzeugnisse ist der Begriff des Fehlers sehr relativ. Wenn Ihr elektrischer Rasierapparat noch rasiert, dabei aber zuviel Lärm macht, kann man dann sagen, daß er defekt sei?

Besonders deutlich wird die Relativität des Begriffs „Fehler“ am Beispiel von elektroakustischen Geräten. Wenn sich der Wert eines Widerstands im Fernsehgerät um einige Prozent ändert, so wird sich offensichtlich die Bildqualität etwas verschlechtern. Mehr wird nicht passieren. Eine solche Widerstandsänderung kann in einer komplizierteren Apparatur unvergleichbar größere Auswirkungen haben.

Es muß gesagt werden, daß die Ingenieure sehr oft das Hauptaugenmerk auf die Verbesserung der wichtigsten Baugruppen eines Erzeugnisses legen und dabei vernachlässigen, daß eine Unzuverlässigkeit und eine anschließende Havarie durch scheinbar zweitrangige und nebensächliche Baugruppen verursacht werden kann. Gewöhnlich werden die wichtigsten Baugruppen (die Grundbaugruppen) für eine hohe Zuverlässigkeit ausgelegt. Beispielsweise ist in dem Überschallverkehrsflugzeug „Concorde“, einer Gemeinschaftsentwicklung von Frankreich und Großbritannien, die Zuverlässigkeit der wichtigsten Bordsysteme so gewählt, daß die Wahrscheinlichkeit für einen Ausfall mit ungefährlichen Folgen 10^{-5}, die Wahrscheinlichkeit gefährlicher Störungen unter 10^{-7} und die Wahrscheinlichkeit katastrophaler Schäden unter 10^{-9} liegt.

Andererseits möchten wir auf die schon erwähnte „Comet“ hinweisen, deren Absturzursache die unzweckmäßig gewählte Form der Bullaugen (scharfe Kanten!) war.

Ein weiteres Beispiel dafür, daß die Nichtbeachtung von „Kleinigkeiten“ tragische Folgen haben kann, ist der Absturz einer

DC-10, die zu den größten Flugzeugen zählte, in der Nähe von Paris. Es handelte sich um ein Flugzeug des türkischen Luftverkehrsunternehmens THY Turkish Airlines. Die Experten, die die Ursache des Absturzes untersuchten, kamen zu der Feststellung, daß nicht irgendein Hauptteil der Maschine defekt war, sondern „nur" die Luke der Lastkabine.

Das Bemerkenswerte an diesem tragischen Geschehen ist, daß das nicht der erste Fall eines Schadens an der „unglückseligen" Ladeluke war. Im Juni 1972 riß von einer DC-10, an deren Bord sich 67 Passagiere befanden, die Luke der linken Lastkabine ab. Der plötzliche Druckabfall zwischen dem hermetischen Passagierraum und der darunter befindlichen Lastkabine verformte den Fußboden im Passagierraum, wodurch wichtige, von der Pilotenkabine zum hinteren Teil des Flugzeugs führende Steuerleitungen rissen oder beschädigt wurden. Wie durch ein Wunder gelang es dem Piloten, das Flugzeug trotz der ausgefallenen Hecktriebwerke zur Landung zu bringen. Die Höhensteuerung war praktisch nicht zu beherrschen, und Drehbewegungen konnten nicht ausgeführt werden.

Nach der Auswertung vergleichbarer Havarien mit der DC-10 gab die Nationale Flugsicherungsbehörde der USA dem Herstellerkonzern die Empfehlung, zahlreiche Maßnahmen zu ergreifen, um mögliche Havariesituationen bei diesen Flugzeugen zukünftig zu vermeiden. Es hatte sich herausgestellt, daß an 48 Maschinen des Typs DC-10 gefährliche Schäden vorhanden waren. Unter anderem empfahl die Behörde eine Änderung der Konstruktion der Ladeluke, für die das System der sogenannten geschlossenen Schleife gewählt werden sollte, das ein plötzliches Öffnen oder Abreißen der Luke ausschließt. Diese Konstruktionsänderungen wurden sofort verwirklicht. An dem Flugzeug, das in Frankreich abstürzte, war die Konstruktion der Luken infolge einer unvorstellbaren Nachlässigkeit nicht geändert worden. Nach der Katastrophe wurden alle 130 Maschinen des Typs DC-10 stillgelegt und erheblich umgebaut.

Später wurde der Flugverkehr mit der DC-10 erneut zeitweise eingestellt (wir hatten schon darüber berichtet), nun aber aus einem anderen Grund, der weitaus ernster zu nehmen und gefährlicher war: unzuverlässige Triebwerksbefestigung.

Ungeachtet seiner Relativität ist der Begriff des Fehlers sehr nützlich und aussagekräftig. Mit Hilfe dieses Begriffs können viele Kennzahlen für die Zuverlässigkeit abgeleitet werden.

Fehler kann man in plötzliche und in allmähliche unterteilen. Ein Erzeugnis kann allmählich schlechter werden, es kann altern. Beim Fernsehgerät läßt die Bildqualität allmählich nach, weil die Bildröhre altert und der Abnutzung unterliegt. Ein Auto kann die geforderte Geschwindigkeit nicht mehr bringen, weil der Motor verschlissen ist. Neben diesen allmählichen Fehlern gibt es auch plötzliche Fehler. Sie haben oft katastrophalen Charakter. In den meisten Fällen passieren sie wegen einer unerwartet starken Veränderung der Betriebsbedingungen.

Die Begriffe des „plötzlichen" oder „allmählichen" Ausfallens sind ebenfalls relativ. Wenn eine elektrische Glühlampe durchbrennt, so scheint das immer plötzlich zu passieren. Sind aber im Netz keine starken Spannungsschwankungen aufgetreten, so gingen dem Durchbrennen des Glühfadens offenbar irgendwelche langsamen Veränderungen seiner Struktur voraus.

Ein solcher Fall, bei dem die allmähliche Ansammlung von Ursachen zu einem scheinbar plötzlichen Fehler geführt hat, ist sehr gut in dem bekannten Roman „Das Hotel" von Arthur Haley beschrieben. Wer diesen Roman gelesen hat, wird sich daran erinnern, daß der Autor viele „Knotenpunkte" der Handlung durch die Havarie des Aufzugs gelöst hat, der aus der neunten Etage in die Tiefe stürzte. Der Aufzug hatte eine Spezialvorrichtung, die ihn praktisch vor einer Katastrophe bewahren sollte: ein Geschwindigkeitsregler, der anspricht, wenn die Geschwindigkeit der Kabine einen bestimmten Wert überschreitet. Dieser Regler hatte vier Sicherheitsbremsen, die auf Signal des Reglers die vier Schienen blockierten, in denen sich die Kabine bewegte. Die Havarie wurde dadurch hervorgerufen, daß der Regler zu spät ansprach, wodurch sich nur zwei Bremsen einschalteten. Die Kabine neigte sich, die Wände hielten nicht stand, und die Insassen stürzten auf den Betonboden des Aufzugschachtes.

Das Ausfallen des Reglers war hier ein typischer plötzlicher Fehler. Er passierte wegen der allmählichen Veränderungen in der Arbeit eines kleinen elektrischen Relais, genauer gesagt, wegen eines winzigen Stiftes. Der kleine Metallkopf, in den dieser Stift eingeschraubt war, betätigte drei Schalter. Einer davon setzte den Aufzugmotor in Gang. Wenn dieser Schalter ausfiel, mußte die Aufzugkabine infolge ihrer Eigenmasse zu fallen beginnen. Eine solche Havarie konnte nur durch den vollständigen Verschleiß von Stift und Kopf ausgelöst werden.

Der Romanautor beschreibt die Ursache für das Versagen des Schalters wie folgt:

„Schon einige Wochen lang wackelte der Stift in seiner Führung. Zwar konnte er sich nur so geringfügig bewegen, daß die Verlagerung die Dicke eines Haares nicht überträfe, falls die Amplitude hundertmal vergrößert würde. Trotzdem drehte sich der Stift langsam, aber unaufhaltsam aus dem Metallkopf heraus. Das hatte zweierlei Folgen. Erstens nahm die Länge von

Stift und Kopf willkürlich zu. Und zweitens war der Motorschalter bereit, sich in jedem Augenblick auszuschalten.

Ähnlich wie das letzte winzige Sandkorn die Waagschale zum Senken bringen kann, so konnte die kaum zu merkende Drehung des Kopfes jetzt endgültig den Aufzugantrieb abschalten."

Das ist eine durchaus „fachgerechte" Beschreibung eines allmählichen Fehlers, die in ein Lehrbuch über Zuverlässigkeit aufgenommen werden könnte.

Dem allmählichen Fehler geht immer und dem plötzlichen Fehler sehr oft ein Verschleiß von Teilen und Bauelementen des Erzeugnisses, ihre „Alterung" voran. Was unternimmt man nicht alles, um den Verschleiß zu verringern! Mit der Verringerung des Verschleißes wird schließlich die Zuverlässigkeit des Erzeugnisses erhöht. Oft sind die Lösungen, die mit der Verminderung des Verschleißes zusammenhängen, völlig paradox.

Beispielsweise ist es ganz klar, daß Risse, die während der Verwendung eines Erzeugnisses entstehen, absolut unerwünscht sind. Sie setzen die Festigkeit der Teile herab und werden zu einer häufigen Ursache von Havarien. Die Aufgabe, Risse zu verhindern, hat eine unerwartete Lösung gefunden: Gegen die Rißbildung werden Risse eingesetzt. Experimentell wurde bewiesen, daß Mikrorisse keramischen Werkstoffen die Festigkeit von Stahl verleihen können. Dadurch können keramische Materialien in Turbinen eingesetzt werden, in denen die Turbinenschaufeln Temperaturen bis 1800 °C standhalten müssen. Wenn in einem solchen keramischen Teil ein Riß entsteht, dann läuft er sogleich auf einen vorhandenen Mikroriß auf. Die Bruchspannung wird dabei zur Seite abgelenkt, auf ein großes Volumen verteilt und „geht im Werkstoff verloren". Allerdings müssen die Mikrorisse in dem keramischen Wollstoff so angeordnet sein, daß sie nicht zusammenwachsen und Makrorisse bilden können, durch die das Bauteil zerbräche. Deshalb wurde ein entsprechendes Herstellungsverfahren entwickelt, um im keramischen Material ein System von Mikrorissen zu erzeugen.

Bei mechanischen Bauteilen ist der Verschleiß infolge Reibung ein großes Problem. Offenbar hängt diese Art von Verschleiß erheblich von der Oberflächenrauheit der Reibflächen ab. Scheinbar müßte die Reibung um so kleiner und die Zeit bis zum Einsetzen des Verschleißes um so größer sein, je glatter die Oberfläche ist. Diese Vorstellung ist aber falsch. Praktisch werden 90 Prozent aller Reibflächen geschmiert, und der Verschleiß ist in vielerlei Hinsicht davon abhängig, wie das Schmiermittel auf den Reibflächen gehalten wird. Das geschieht in „Taschen", die von Vertiefungen des „Mikroreliefs" der Oberfläche des Bauteils gebildet werden. Das

Mikrorelief ist abhängig von Größe und Form der Oberflächenrauheiten. Die besten Ergebnisse beim Schutz vor Verschleiß erhält man nicht dann, wenn gar keine Rauheiten vorhanden sind, sondern wenn sie geeignete Abmessungen und Formen aufweisen. Der Charakter des Mikroreliefs bestimmt auch das Vermögen des Bauteils, korrosionsbeständig zu sein. Bei einer bestimmten Form des Mikroreliefs der Oberfläche (flache Form der Vertiefungen und Unebenheiten) können sich nämlich aggressive Dämpfe, Gase und Flüssigkeiten nicht halten, so daß man sie leicht entfernen kann.

Für die Herstellung von Oberflächen mit einem vorgegebenen Mikrorelief wurde in der Sowjetunion ein originelles Bearbeitungsverfahren entwickelt, das sogenannte Vibrationsglätten. Dieses Verfahren wurde in vielen Staaten der Erde patentiert. In zahlreichen Betrieben der UdSSR ist es bereits im praktischen Einsatz. Dadurch konnte die Zuverlässigkeit von Maschinen erheblich gesteigert und der Verschleiß abgebaut werden. Als Folge davon wurden „allmähliche" Fehler immer seltener.

Ein weiterer sehr wichtiger Begriff der Zuverlässigkeitstheorie ist die Langlebigkeit. Darunter versteht man das Vermögen eines Erzeugnisses, lange Zeit bei einer festgelegten Instandhaltungsstrategie zu arbeiten. Zur Instandhaltungsstrategie gehören Reparaturen, das Auswechseln von Bauteilen, zusätzliche Einstellungen und Regulierungen sowie viele andere Handgriffe. Am Ende der Zeit, die die Langlebigkeit bestimmt, treten solche Veränderungen am Erzeugnis auf, daß es nicht mehr wiederhergestellt werden kann oder dies ökonomisch unzweckmäßig wäre. (Beispiel der elektrischen Glühlampe: Den durchgebrannten Glühfaden kann man natürlich ersetzen, aber weitaus billiger und einfacher ist es doch, eine neue Glühlampe herzustellen!)

Die Langlebigkeit wird durch die Lebensdauer des Erzeugnisses, die Anzahl der Arbeitszyklen oder durch den Umfang der erledigten Arbeiten gekennzeichnet. Für einige Erzeugnisse können die Begriffe Langlebigkeit und Fehlerfreiheit zusammenfallen. Aber im allgemeinen sind das verschiedene Begriffe. Man verwechselt sie häufig, indem man meint, wenn ein Erzeugnis langlebiger sei, so müsse es auch zuverlässiger sein. In der Regel ist das überhaupt nicht so. Ein Rundfunkempfänger ist ein langlebiges Erzeugnis, das man ohne Ende reparieren kann, aber trotzdem ist dieses Gerät störanfällig. Die Fehlerfreiheit ist gering. Im Vergleich dazu ist eine Patronenhülse, die nur eine tausendstel Sekunde lang „in Betrieb" ist, durch eine sehr hohe Fehlerfreiheit gekennzeichnet.

Für Erzeugnisse, deren Arbeitsfähigkeit durch Reparaturen wiederhergestellt werden kann, ist die Instandhaltungseignung eine wichtige Kenngröße der Zuverlässigkeit.

Beim Konstruieren eines Erzeugnisses muß man daran denken, daß es sicher einmal repariert werden muß. Das wird aber nicht immer beachtet. Der sowjetische Wissenschaftler *S. I. Braudo* schreibt über die Instandhaltungseignung:

„Die fehlende Möglichkeit, die Arbeitsfähigkeit einer ausgefallenen Radarstation schnell und effektiv wiederherzustellen, besonders während des Einsatzes, macht jegliche, sogar die höchsten taktischen und technischen Kennziffern der Station zunichte. Deshalb wird faktisch die Zuverlässigkeit von Radarstationen bei längerer Nutzung nicht nur einfach von der Verringerung der Anzahl der Fehler bestimmt, sondern auch von dem schnelleren Aufspüren der Defekte, dem Bestimmen ihrer Ursachen, dem Lokalisieren der Störung und der Absicherung der entsprechenden Reparatur.“

Die Instandhaltungseignung ist eine Eigenschaft des Erzeugnisses, die in seiner Anpassungsfähigkeit an die Vorbeugung, Feststellung und Beseitigung von Fehlern und Ausfällen besteht. Sie ist gekennzeichnet durch den Aufwand an Arbeit, Zeit und Mitteln für Reparaturarbeiten. Die Aufwendung für Reparaturen sind nicht gering. In der UdSSR werden beispielsweise für die Reparatur der Grundmittel der Produktion jährlich über 7 Milliarden Rubel ausgegeben. In den Reparaturdiensten sind über 2 Millionen Menschen beschäftigt.

Moderne Erzeugnisse werden so projektiert, daß Fehler leicht und schnell behoben werden können. Immer häufiger wird das Baukastenprinzip eingesetzt; bei der Reparatur kann die gesamte defekte Baugruppe leicht ausgewechselt werden. Es steigt die Anzahl der Erzeugnisse, die auf den vollen Austausch ganzer Baugruppen speziell ausgelegt sind. So ist es rationeller!

Noch zweckmäßiger ist es offenbar, Baugruppen zu entwickeln, die sich von selbst regenerieren (wiederherstellen) können. Die belebte Natur hat schon seit langem das Problem der Zuverlässigkeit und der Regenerierung gelöst. Der menschliche Organismus funktioniert im Durchschnitt ohne Ausfall etwa 70 Jahre. Die mittlere Lebensdauer einer Zelle ist relativ klein, aber anstelle einer verbrauchten Zelle bildet sich sofort eine neue. Die Gelenke der Menschen und Tiere (aus der Sicht des Ingenieurs sind das Scharniere und Gleitlager) unterliegen kaum Verschleiß und heilen sogar selbst aus, kleine Kratzer und andere Beschädigungen werden behoben.

Aber das alles geschieht nur in der Natur. In der Technik, in den vom Menschen geschaffenen Maschinen, gab es bis vor kurzem keine selbständige Regenerierung. Alle mechanischen Vorrichtungen waren der üblichen, äußerst ungünstigen Paarung „Reibung – Verschleiß" ausgesetzt. Im Kampf gegen dieses Problem haben zwei Moskauer Wissenschaftler, die Professoren *D. N. Garkunov* und *I. V. Kragelskij,* eine bemerkenswerte Entdeckung gemacht.

Flieger hatten einen großen Metallring, eine Buchse vom Fahrgestell eines Flugzeugs, zur Untersuchung ins Laboratorium gegeben. Dieses Bauteil unterlag im Flugzeug einem sehr schnellen Abrieb. Was man auch versuchte, wie auch geschmiert wurde, nichts half. Die Buchse konnte höchstens einen Monat lang eingesetzt werden.

Im Laboratorium entschloß man sich, die Buchse aus einem anderen Werkstoff herzustellen. Sie wurde jetzt aus Bronze gegossen. Etwas Erstaunliches konnte beobachtet werden: Der Verschleiß unterblieb völlig. Die Wissenschaftler interessierten sich für diese Erscheinung, führten Untersuchungen durch und konnten nach einiger Zeit die Ursache feststellen. Unter bestimmten Bedingungen ist es möglich, auf der Oberfläche von Bauteilen feinste Metallbeschichtungen zu erzeugen, die ständig wandern und zwischen den Reibflächen überwechseln. Diese ständige Bewegung hebt den Verschleiß auf. Das „Wunder" gelingt aufgrund bestimmter Eigenschaften des Schmiermittels im Reibpaar Stahl – Bronze, des Glyzerins. Es wirkt als schwache Säure, ätzt die Bronzeoberfläche an, die allmählich von einer aufgelockerten Schicht reinen Kupfers überzogen wird. Die Kupferatome werden bei der Reibung leicht auf die Stahloberfläche übertragen. Wenn die Kupferschicht auf dem Stahl eine bestimmte Dicke erreicht hat, geht das Kupfer zur Bronze zurück. Es gibt praktisch keinen Verschleiß, und dieser Vorgang kann für technische Begriffe unbegrenzt andauern.

Die Bedeutung dieser Entdeckung braucht nicht erläutert zu werden. Es reicht die Feststellung, daß eine Steigerung der Verschleißfestigkeit von Maschinen um den Faktor 2 bis 3 der Volkswirtschaft der UdSSR jährliche Einsparungen von 5 bis 6 Milliarden Rubel bringt. Bei einigen Versuchen konnte durch die Nutzung des atomaren Übertragungseffektes der Verschleiß von Reibteilen auf $^{1}/_{300}$ vermindert werden.

Wissenschaftler sind der Meinung, daß man in absehbarer Zukunft Reibteile mit Regenerierung in zahlreichen mechanischen Vorrichtungen einsetzen wird.

In den USA laufen die Entwicklungsarbeiten an einem Computer, der selbständig entstehende Störungen feststellt, lokalisiert und behebt. Er kann dadurch mindestens 5 Jahre unter kosmischen Bedingungen funktionieren. Das Regeneriervermögen von Rechnern wird durch den Einsatz spezieller Mittel in der Struktur, durch Logikschaltungen und durch die Programmierung erreicht. In der Struktur der Maschine nimmt die Reservierung von Bauelementen und Modulen einen breiten Raum ein. Die Logikschaltungen sind so aufgebaut, daß ein Fehler an einem beliebigen Punkt im Computer nicht dessen Gesamtausfall verursacht. Ein Sonderprogramm zur Regenerierung gewährleistet den entsprechenden inneren Umbau, falls einzelne Bauelemente und Versorgungseinheiten ausgefallen sind.

Der Computer wird mit einem „Umbau-Steuerblock" versehen, der die einzelnen Defekte klassifiziert, die zentralen Steuerblöcke neu verbindet und das Programm zur Regenerierung startet. Dabei wird zur Wiederherstellung des Speicherinhalts im ausgefallenen Modul des Speichers ein Reserveelement in Betrieb genommen.

Nach einer Einsatzzeit von fünf und mehr Jahren beträgt die Wahrscheinlichkeit der fehlerfreien Arbeit für einen sich selbst regenerierenden Rechner 95 Prozent.

Wir sehen, daß der Begriff der Zuverlässigkeit drei Aspekte enthält: Fehlerfreiheit, Langlebigkeit und Instandhaltungseignung. Wenn der Versuch unternommen wird, quantitative Kennzahlen der Zuverlässigkeit einzuführen, so gelangen wir unvermeidlich zur Notwendigkeit, die Wahrscheinlichkeitsdeutung dieser Kennzahlen zu verwenden.

Der amerikanische Schriftsteller, Dichter und Gelehrte des 19. Jahrhunderts *Oliver Holmes* hat das Gedicht „Das Meisterwerk des Diakons oder die halbverdeckte Kalesche" geschrieben. In diesem Gedicht wird von einem Diakon berichtet, der eine Kalesche gebaut hat, die deshalb bemerkenswert war, weil alle ihre Teile absolut die gleiche Festigkeit hatten. Diese Kalesche diente genau 100 Jahre, und zum Schluß fiel sie direkt auf der Straße auseinander. Alle Teile zerbrachen gleichzeitig, auf der Straße blieb nur ein großer Haufen von Bruchstücken zurück.

Ein Erzeugnis, das auf diese Weise zu Bruch ginge, dabei noch nach einer vorher festgelegten Zeit, ist der Traum des Ingenieurs. Im Unterschied zu dem geschickten Diakon können wir derartige Erzeugnisse leider noch nicht bauen. Bei realen Mechanismen sind Art und Zeitpunkt des Ausfalls zufällig. Das bedeutet, daß zum Messen und Bewerten der Zuverlässigkeit ein mathematischer Apparat benutzt werden muß, der zufällige Ereignisse und Prozesse beschreibt.

Es gibt einen solchen mathematischen Apparat. Das ist die Wahrscheinlichkeitstheorie. Der Zweig der Mathematik, der in der Vergangenheit die gute Empfehlung eines „Spiels des Verstandes" hatte, wurde zu einem der wichtigsten Instrumente des Ingenieurs.

Die Begriffe, die schon von *Christian Huygens* geschaffen wurden, waren erstaunlicherweise in der modernen Praxis am richtigen Platz. Als wichtigste quantitative Kennziffer der Zuverlässigkeit wurde die Wahrscheinlichkeit der fehlerfreien Arbeit des Erzeugnisses über ein vorgegebenes Zeitintervall gewählt. Die Wahrscheinlichkeit der fehlerfreien Arbeit ist die Wahrscheinlichkeit, daß in dem vorgegebenen Zeitabschnitt oder in den Grenzen eines vorgegebenen Arbeitsumfangs in dem Erzeugnis kein Fehler auftritt.

Mit der Einführung dieses Begriffs gibt es die Möglichkeit, die Zuverlässigkeit zu messen und die Erzeugnisse anhand dieser Kennzahl zu vergleichen. In der Tat ist völlig klar, daß ein Erzeugnis mit einer Wahrscheinlichkeit der fehlerfreien Arbeit von 0,9 über den Zeitraum eines Jahres besser ist als ein Erzeugnis, bei dem diese Kenngröße über denselben Zeitraum nur 0,8 beträgt.

Die Wahrscheinlichkeit der fehlerfreien Arbeit ein und desselben Erzeugnisses ist zu verschiedenen Zeitpunkten seines Einsatzes unterschiedlich. Bei einer Waschmaschine, die erst ein Jahr gearbeitet hat, ist sie größer als bei einer, die schon zehn Jahre in Betrieb ist. Die Wahrscheinlichkeit, daß die erstere Waschmaschine in der nächsten Zeit defekt wird, ist offensichtlich kleiner.

Wir müssen noch eine Kenngröße der Zuverlässigkeit einführen: die (bedingte) Ausfallwahrscheinlichkeit. Diese Kenngröße gibt die Wahrscheinlichkeit dafür an, daß ein Erzeugnis in einem vorgegebenen Zeitintervall ausfällt, wobei vorausgesetzt wird, daß bis Beginn des Intervalls kein Ausfall aufgetreten ist. Mit anderen Worten: die Ausfallwahrscheinlichkeit gibt an, wie lange ein Erzeugnis wahrscheinlich noch funktionieren wird, wenn es bis jetzt noch nicht ausgefallen ist.

Die Ausfallwahrscheinlichkeit ist ein komplizierter Begriff, aber seinen Sinn kann man an einem durchaus einfachen Beispiel verdeutlichen. Schon lange vor der Herausbildung der Zuverlässigkeitstheorie haben die Versicherungsgesellschaften einen gleichwertigen Begriff verwendet: die Sterblichkeit.

Wenn wir einen Blick auf die Tabellen der Versicherungsbeiträge werfen, dann fällt sofort eine ihrer Besonderheiten auf: die Ungleichheit der Versicherungsbeiträge für verschiedene Altersgruppen. Am meisten muß bei der Versicherung von Kleinkindern und älteren Leuten bezahlt werden. Das bedeutet, daß die Versicherungsgesellschaften, ohne die Begriffe der Zuverlässigkeitstheorie einzuführen, der Berechnung der Versicherungsbeiträge eine gewisse Ausfallwahrscheinlichkeit des menschlichen Organismus zugrunde legen. Die Sterblichkeit bei Kindern und bei alten Menschen ist in der Regel höher als die Sterblichkeit bei Personen mittleren Alters. Die Wahrscheinlichkeit, sagen wir, noch weitere fünf Jahre zu leben, ist für einen Dreißigjährigen größer als für einen Siebzigjährigen. Deshalb müssen sie unterschiedliche Beiträge zahlen.

Kehren wir zur Technik zurück. Wenn ein Erzeugnis gerade hergestellt ist, so können selbst nach einer gründlichen Kontrolle in ihm noch verdeckte Fehler und Bauteile mit geringer Festigkeit enthalten sein. Natürlich kann man die Kontrollen immer mehr verschärfen, die Prüfmittel weiter verbessern (das wirkt sich auch auf die Kosten aus!) und die ausschußbehafteten Erzeugnisse im Herstellerbetrieb immer strenger aussondern, aber das ist nicht immer ökonomisch zweckmäßig. Für den Hersteller ist es vorteilhafter, eine Garantiefrist einzuführen, in der er sich zum Austausch defekter Erzeugnisse verpflichtet. Dabei hat der Hersteller natürlich einige zusätzliche Aufwendungen. Die Ökonomen müssen deshalb genau berechnen, ob es vorteilhafter ist, die Kontrolle zu verschärfen oder eine Garantiereparatur auszuführen.

Natürlich beziehen sich diese Überlegungen nicht auf jene Fälle, bei denen aus Sicherheitsgründen oder wegen der hohen Verantwortung der Funktionen, die vom Erzeugnis zu erfüllen sind, Fehler zu keinem Zeitpunkt des Betriebes zulässig sind. Hier rückt die Ökonomie in den Hintergrund, und die Prüfungen und Ausbesserungen werden so lange fortgesetzt, bis die kleinsten Defekte im Erzeugnis beseitigt sind.

Betrachten wir beispielsweise die Auswahl der Bauelemente für den amerikanischen Nachrichtensatelliten „Telstar“. Die zehnfache Menge an Halbleiterbauelementen wurde geprüft, und wenn ein Bauelement auch nur die geringsten Abweichungen in einem Parameter aufwies, wurde es ausgesondert. Die für die Montage des Satelliten ausgewählten Bauteile wurden in einer gründlich gesäuberten Verpackung versiegelt. Die Reinigung des Raumes, in dem die Montage des Satelliten erfolgte, beanspruchte drei Monate. Die Zahl der Staubteilchen je Kubikmeter Luft wurde bis auf ein Dutzend reduziert. Im Vergleich dazu beträgt die Zahl der Staubteilchen in „normal“ sauberer Luft 400000 in jedem Kubikmeter. Aber wir wiederholen, daß solche außerordentlichen Maßnahmen nur dann getroffen werden, wenn Fehler des Erzeugnisses während des Betriebes völlig unzulässig sind.

Bei gewöhnlichen Erzeugnissen sind kleinere Defekte natürlich zulässig. Während des Betriebes kommen sie allmählich zum Vorschein. Das Erzeugnis durchläuft die Garantiereparatur, das defekte Bauteil oder die betreffende Baugruppe wird ausgetauscht.

Mit der Zeit kommen alle „übersehenen“ Defekte an die Oberfläche, und die Ausfallwahrscheinlichkeit, die unmittelbar nach der Herstellung des Erzeugnisses groß war, nimmt ab. Bei Beanspruchungsbeginn eines Erzeugnisses ist die Wahrscheinlichkeit seines Ausfallens also groß, aber je länger das Erzeugnis funktioniert, desto kleiner wird die Gefahr, daß in ihm noch ein unbemerkter Fehler vorhanden ist. Die Anfangsperiode, die durch die erhöhte Ausfallwahrscheinlichkeit gekennzeichnet ist, wird als Einlaufperiode bezeichnet.

Nach der Einlaufperiode nimmt die Ausfallwahrscheinlichkeit einen konstanten Wert an, d. h., in gleichen Zeitabschnitten fällt etwa die gleiche Anzahl von Bauteilen aus. Es beginnt die längste Periode des Betriebes des Erzeugnisses, die des normalen Betriebes.

Aber in dem betriebenen Erzeugnis laufen mit der Zeit irreversible Veränderungen ab. Elektronenröhren verlieren an Emissionsstärke, Halbleiterbauelemente ändern ihre Kennlinien, reibende Bauteile haken und verkeilen sich des öfteren. Das Erzeugnis beginnt zu altern, und mit zunehmendem Alter erhöht sich die Alterungsgeschwindigkeit. Das hängt damit zusammen, daß das falsche Funktionieren eines Bauteils oder einer Baugruppe die Arbeitsbedingungen anderer Baugruppen und -teile verschlechtert, die ihrerseits ausfallen können. Es beginnt die Periode des katastrophalen Verschleißes. Jetzt darf das Erzeugnis nicht mehr verwendet werden. Man muß es entweder wegwerfen oder eine Generalreparatur ausführen.

Eine bildhafte und genaue Beschreibung dieses Prozesses können wir auch bei *Karl Marx* nachlesen:

„Die Beschädigungen, denen einzelne Teile der Maschinerie etc. ausgesetzt sind, sind der Natur der Sache nach zufällig, und so sind daher auch die dadurch ernötigten Reparaturen. Dennoch scheiden sich aus dieser Masse zwei Sorten von Reparaturarbeiten ab, die einen mehr oder minder festen Charakter haben und in verschiedene Perioden der Lebenszeit des fixen Kapitals fallen – Gebresten des Kindesalters und die viel zahlreicheren Gebresten des über die mittlere Lebenszeit hinausgerückten Alters. Eine Maschine z. B. mag mit noch so vollkommener Konstruktion in den Produktionsprozeß eintreten; bei dem willkürlichen Gebrauch zeigen sich Mängel, die durch nachträgliche Arbeit korrigiert werden müssen. Andererseits, je mehr sie über ihre mittlere Lebenszeit hinausgetreten, je mehr sich also der normale Verschleiß gehäuft hat, das Material, aus dem sie besteht, vernutzt und altersschwach geworden, desto zahlreicher und bedeutender werden die Reparaturarbeiten nötig, um die Maschine bis zu Ende ihrer durchschnittlichen Lebensperiode in Atem zu erhalten; ganz wie ein alter Mann, um nicht vorzeitig zu sterben, mehr medizinische Ausgaben hat als ein jugendkräftiger.“

So „vergeht das Leben“ praktisch aller Industrieerzeugnisse, von der Eisenbahnbrücke bis zur Taschenlampe. Der Unterschied besteht lediglich darin, wie ausgedehnt im „Leben“ des Erzeugnisses die eine oder andere Periode ist. Anschaulich wird der gesamte Prozeß des Betriebes des Erzeugnisses durch die Zuverlässigkeitskurve beschrieben.

Wenn man in einem rechtwinkligen Koordinatensystem auf der x-Achse die Ausfallwahrscheinlichkeit aufträgt (in der technischen Literatur gewöhnlich mit λ bezeichnet), dann hat die Zuverlässigkeitskurve einen U-förmigen Verlauf: erhöhte Ausfallwahrscheinlichkeit zu Beginn des Betriebes (Einlaufperiode), eine fast waagerechte Linie in der normalen Betriebsperiode und schließlich das rapide Anwachsen der Ausfallwahrscheinlichkeit in der Periode des katastrophalen Verschleißes. Aus dieser Kurve ist klar die Aufgabe der Wissenschaftler und Ingenieure ersichtlich: nach Möglichkeit die Einlaufperiode verkürzen und den Beginn des katastrophalen Verschleißes hinausschieben, d. h. erreichen, daß die normale Betriebsperiode möglichst lang ist. Das ist sowohl aus technischer als auch aus ökonomischer Sicht vorteilhaft. Natürlich erfordert die Steigerung der Zuverlässigkeit große Aufwendungen, die sich aber gewöhnlich schnell rentieren.

Amerikanische Wirtschaftsexperten haben z. B berechnet, daß 1,5 Millionen Dollar aufgebracht werden müssen, wenn die Betriebszeit eines Funkgerätes zwischen den Fehlern um 100 Stunden vergrößert werden soll. Aber wenn diese Mittel investiert werden, so sinken die Betriebskosten der vorhandenen 3000 Geräte um 7,5 Millionen Dollar, d. h., die Einsparungen sind fünfmal größer als die Aufwendungen zur Steigerung der Zuverlässigkeit.

Wie weit in den letzten Jahren die Wissenschaft von der Zuverlässigkeit vorangeschritten ist, kann man anhand der folgenden, aus unserer Sicht interessanten geschichtlichen Gegenüberstellung beurteilen.

Die zweite Hälfte des 19. Jahrhunderts war der Höhepunkt des „Dampfzeitalters“. In der ganzen Welt nahm die Anzahl der Dampfkessel zu. Nach den heutigen Begriffen waren das unvollkommene Vorrichtungen mit geringer Leistung. Dennoch gab es im Jahre 1905 in den Vereinigten Staaten 450 Kesselexplosionen, bei denen 383 Personen getötet und 585 verletzt wurden.

Die an der Verbesserung der Zuverlässigkeit der Kessel arbeitenden Ingenieure jener Zeit steigerten die Festigkeit immer weiter. Die Dampfmaschinen wurden schwerer und teurer. Aber das war zuwenig. Die amerikanische Versicherungsgesellschaft für Kesselexplosionen (es mußte eine solche organisiert werden) gab in ihrem

Bericht an, daß bis zum 1. Januar 1906 von den 3595171 Dampfkesseln, die von den Versicherungsagenten der Gesellschaft begutachtet wurden, 2569127 Kessel Mängel aufwiesen, wobei 272033 als besonders gefährlich eingeschätzt wurden.

Die Jahre vergingen, und der Dampfkessel wurde durch den „Atomkessel“ (Kernreaktor) ersetzt, eine Vorrichtung, die unvergleichlich komplizierter und potentiell enorm gefährlicher ist als der Vorgänger. Und dennoch wurde der Kernreaktor, der der Energielieferant vieler Elektrizitätswerke, Schiffe und U-Boote ist, zu einem ungewöhnlich zuverlässigen Element der betreffenden Anlage. Praktisch wurden bei Kernreaktoren nur wenig wirklich gefährliche Havarien registriert. Das ist ein direktes Verdienst der in der Gegenwart weiterentwickelten Wissenschaft von der Zuverlässigkeit.

Experten der Atomenergiebehörde der USA haben die Möglichkeit von Havarien in 100 mit Druckwasserreaktoren betriebenen Kernkraftwerken berechnet. Gründlich wurden die Wahrscheinlichkeit von Havarien und die Folgen von 12 hypothetischen Havarien untersucht. Man stellte fest, daß andere Arten von Havarien – Flugzeugabstürze, Verkehrsunfälle u. dgl. – wesentlich häufiger auftreten als selbst die geringfügigsten Störungen in Kernkraftwerken. Die Wahrscheinlichkeit von 1000 und mehr Todesfällen wegen großer Havarien in den 100 Kernkraftwerken der USA betrug für 1980 ungefähr 10^{-6}. Das bedeutet, daß eine solche Havarie nicht öfter als einmal in 1 Million Jahren möglich ist. Die Wahrscheinlichkeit tödlicher Ausgänge ist bei Bränden 1000mal, bei Flugzeugkatastrophen 5000mal, bei Erdbeben 20000mal und bei Wirbelstürmen 40000mal größer. Havarien mit einem Schaden von über 100 Millionen Dollar können in allen diesen Kraftwerken höchstens einmal in 500 Jahren passieren. Schon gewöhnliche Brände führen bereits alle zwei Jahre zu Schäden dieses Ausmaßes.

Nach der bildhaften Äußerung eines amerikanischen Spezialisten ist die Wahrscheinlichkeit für eine Katastrophe in einem modernen Atomkraftwerk geringer als die Wahrscheinlichkeit dafür, daß eine vollbesetzte „Boeing“ auf das „Yankee“-Stadion in New York stürzt, wenn dort gerade das Endspiel um den Supercup im American Football stattfindet. Und das war nicht etwa eine Phrase, diese Schlußfolgerung wurde durch seriöse Berechnungen völlig belegt.

Und dennoch gab es im März 1975 eine Havarie im Kraftwerk Browns Farry in Kalifornien. Erst ein Jahr später wurde der offizielle Bericht der Untersuchungskommission veröffentlicht. Danach rührte die Havarie von einem Brand her: Die Kabel unter dem Raum mit der Schaltwarte waren in Brand geraten. Die Brandursache war recht trivial – ein Arbeiter, der die Gasleitungen auf Dichtheit prüfte, hatte eine brennende Kerze stehenlassen. Und dann folgten zahlreiche unerklärliche Schnitzer. Zuerst stellte sich heraus, daß das Feuerlöschsystem nicht funktionsfähig war. Dann verwechselte man die Telefonnummer der Feuerwehr. Als die Feuerwehr schließlich eintraf, wurde zur Gewißheit, daß niemand wußte, wie man in Kernkraftwerken einen Brand löschen muß. Erst 6 Stunden nach Ausbruch des Brandes brachte man gewöhnliches Wasser zum Einsatz, was sich als völlig ausreichend erwies. Eine Großhavarie war vermieden worden, ein Unglück war nicht passiert.

Ein Defekt im Steuerungssystem führte im Kernkraftwerk „Cristall River“ im Staat Florida zu einer Havarie. Mindestens 240000 Liter radioaktiven Wassers waren aus dem Reaktorkühlsystem entwichen, konnten aber in einem speziellen Sicherheitsbehälter aufgefangen werden. Die Strahlungsdosis im Behälterraum, in dem sich zum Glück kein Mensch befand, war 10mal höher als die tödliche Dosis.

Eine ernste Havarie geschah 1979 im Kernkraftwerk „Three Mile Islands“ unweit von Harrisburg in Pennsylvania. Um 4.36 Uhr am 28. März fielen die Pumpen des Sekundärkreislaufs der Wasserzufuhr aus, und der Dampfgenerator trat außer Funktion. Der 900-Megawatt-Reaktor wurde dennoch nicht gebremst und produzierte weiterhin Wärme. Druck und Temperatur im Primärkreislauf der Wasserzufuhr stiegen auf kritische Werte. Acht Sekunden nach der Havarie schaltete sich der Reaktor automatisch ab.

Es war ein ernstes, aber keineswegs ungewöhnliches Vorkommnis. Dennoch erklang im Kraftwerk das Alarmsignal. Binnen weniger Minuten folgten über einhundert verschiedene Signale, und die Anlagenfahrer verloren die Übersicht. Es war für sie sehr schwer, das Geschehen zu überblicken, die Situation einzuschätzen und die notwendige Entscheidung zu fällen. Einer der Diensthabenden bemerkte, daß die Pumpen, die das Kühlwasser zu den Wärmeübertragern beförderten, wieder angelaufen waren, doch niemand achtete darauf, daß kein Wasser zu den Wärmeübertragern gelangte, weil die Sicherheitsventile weiterhin geschlossen blieben. Der Reaktor heizte sich auf, erhielt aber kein Kühlwasser. Erst 6 Minuten später öffnete man beide Sicherheitsventile.

Nun folgten Fehlhandlungen des Wartungspersonals am laufenden Band. Man könnte meinen, es handelte sich um einen Ausscheid, wer den schwerwiegendsten Fehler begeht. Einer bemerkte, daß der Wasserstand im Druckausgleicher gestiegen war, legte diesen Fakt aber falsch aus. Im Primärkreislauf war die Dichtung des Sicherheitsventils gerissen, so daß Wasser austrat. Einer der Diensthabenden vermutete, die Kühlwasserzufuhr erfolge zu intensiv. Darum schaltete er die Notpumpen auf niedrigere Laststufe.

Zwei Stunden nach der Havarie war die Situation immer noch nicht klar. Man nahm telefonisch Verbindung zum Reaktorkonstrukteur auf, aber auch er konnte nichts Entscheidendes vorschlagen.

Drei Stunden nach der Havarie stieg im Gebäude des Kraftwerks der Gesamtpegel der Radioaktivität. Allgemeiner Alarm wurde gegeben. Bald mußte das Personal Schutzmasken anlegen, denn die Radioaktivität nahm immer mehr zu.

Der Reaktor war weiterhin derart erhitzt, daß der Wasserdruck im Primärkreislauf noch mehr zunahm. Radioaktives Wasser sikkerte auf den Fußboden des Reaktorgebäudes ab. Im Reaktor selbst bildete sich eine Gasblase, die den Zutritt des Kühlwassers behinderte und damit ein Sinken der Reaktortemperatur unmöglich machte.

9 Stunden und 50 Minuten nach Beginn der Havarie ertönte in der Schaltwarte des Kernkraftwerks ein dumpfer Knall. Man hielt ihn für das Ansprechen einer Ventilatorsicherung. In Wirklichkeit rührte er von der Explosion einer kleinen Menge Kohlenwasserstoff her, die durch einen Riß im Primärkreislauf ausgetreten war und sich innerhalb des Reaktorgehäuses mit Sauerstoff verbunden hatte. Zu allen Unannehmlichkeiten kam noch die Gefahr einer Explosion der Gasblase im Reaktor hinzu. (Später stellte sich allerdings heraus, daß die Explosionswahrscheinlichkeit gleich Null war – das hermetische Gehäuse enthielt zu wenig Sauerstoff, als daß sich ein explosives Gemisch hätte bilden können.) Die Angestellten des Kraftwerks meinten, Explosionsgefahr bestehe nicht; die Experten der Kommission für Kernenergie jedoch, die inzwischen eingetroffen waren, vertraten den entgegengesetzten Standpunkt.

Um 8.25 Uhr gab der Rundfunksender von Harrisburg das Vorkommnis im Kernkraftwerk bekannt, eine Stunde später erhielt das Weiße Haus die entsprechende Meldung. Der Bürgermeister der Stadt stellte den Einwohnern anheim, selbst über die Evakuierung zu entscheiden, obwohl seiner Meinung nach eine solche Notwendigkeit nicht vorliege.

Am Morgen des 29. März wußte schon ganz Amerika Bescheid: Die Schlagzeilen aller Zeitungen brachten die Meldung von der Havarie im Kraftwerk „Three Mile Islands“.

Am nächsten Tag befand sich die Bevölkerung weiterhin in Panik, verursacht durch die zahlreichen sich widersprechenden Erklärungen und Mitteilungen des Gouverneurs des Bundesstaates, der Angestellten des Kernkraftwerks und der Experten von der Kommission für Kernenergie. Man stellte Pläne für die Evakuierung der Einwohner aus den nächstgelegenen Städten auf. Im Umkreis von 5 Meilen vom Kraftwerk entfernt lebten damals 25000 Menschen, die 10-Meilen-Zone beherbergte 130000 Einwohner.

Am 30. März teilte der Gouverneur um 22 Uhr auf einer Pressekonferenz offiziell mit, daß eine Evakuierung der Einwohner nach dem Dafürhalten der Experten nicht erforderlich sei. Dennoch haben etwa 200000 Einwohner der Nahzone ihre Häuser in Panik verlassen.

Erst nach dem 1. April begann die Gasblase im Reaktor allmählich zu schrumpfen. Doch noch viele Tage wurde pausenlos an der Beseitigung der Havarieauswirkungen gearbeitet. Noch wurden radioaktive Stoffe in geringfügiger Menge in die Atmosphäre ausgestoßen; fast den ganzen April über befanden sich in den Gebäuden des Kernkraftwerks etwa dreieinhalb Millionen Liter radioaktiven Wassers. Laut Expertenschätzungen wurden allein für die Inaktivierung der Kraftwerksräume rund 200 Millionen Dollar benötigt. Die Gesamtausgaben für Wiederherstellungsarbeiten wurden mit etwa 2 Milliarden Dollar beziffert.

Nach der Havarie im Kernkraftwerk „Three Mile Islands" interessierte sich eine breite Öffentlichkeit ernsthafter für Probleme der Sicherheit von Atomreaktoren. Dieses Problem blieb nicht mehr nur eine „innere Angelegenheit" der Atomenergetiker, denn es traten immer mehr Fakten von Ausfällen und Störungen in Atomkraftwerken zutage.

Seit Beginn der 80er Jahre ereignete sich in den verschiedenen Kernkraftanlagen der USA eine ganze Reihe mehr oder weniger ernsthafter Havarien. In einem offiziellen, für den Kongreß erarbeiteten Dokument wird auf eine Vielzahl von „schlecht zu steuernden" Reaktoren verwiesen. Zu den Hauptfaktoren, die ein KKW an den Rand einer folgenschweren Havarie mit nicht vorauszusehenden Folgen treiben, zählen Nachlässigkeit, ungenügende Aufmerksamkeit gegenüber der Beseitigung geringer Schäden, schlechte Leitung und mangelnde Instandhaltung. 1983 versagte zweimal das Sicherheitssystem an einem Reaktor in Salem, Bundesstaat New Jersey. 1985 wäre es fast zu einem Ausfall des Kühlsystems eines Reaktors im Kernkraftwerk David Bess im Bundesstaat Ohio gekommen. Das hätte ernstere Folgen haben können. An einem Kernreaktor in Rancho-Seko im Bundesstaat Kalifornien war für 26 Minuten die Elektroenergiezufuhr zum Kontrollsystem des

Energieblocks unterbrochen. Von den 16 im Bericht genannten Atomkraftwerken mußten 13 zeitweilig stillgelegt werden. Erst Anfang 1987 ließ das Ministerium für Energiewirtschaft der USA aus Sicherheitsgründen und aufgrund „administrativer Versäumnisse" vier Forschungsreaktoren des Atomkomplexes in Oak-Ridge, Bundesstaat Tennessee, stillegen (ein weiterer wurde bereits im November 1986 außer Betrieb gesetzt).

Diese Aufzählung ließe sich fortsetzen. Im Zusammenhang mit Sicherheitsproblemen wurde ein Kernreaktor in Hanford, Bundesstaat Washington, stillgelegt. Im KKW in Savannah-River, Bundesstaat South Carolina, wurde die Leistung von drei Reaktoren um die Hälfte verringert, ein vierter wurde stillgelegt. Im Kernkraftwerk in Biber-Valley bei Pittsburgh arbeitete das Kühlsystem des Reaktors infolge des Ausfalls der Verdichter unter außergewöhnlichen Bedingungen nicht.

Ähnliche Probleme gibt es auch in anderen Ländern, die Atomkraftwerke besitzen. In Japan beispielsweise haben die Behörden der Präfektur Saga auf der Insel Kiushiu angewiesen, für eine gewisse Zeit den Hauptreaktor in dem dort gelegenen Kernkraftwerk „Genkai" abzuschalten, da gefährliche Störungen beobachtet wurden. Ganz zufällig war bekannt geworden, daß die meisten Rohrleitungen im KKW zahlreiche Risse aufweisen. Nach Ansicht von Spezialisten besteht die Gefahr einer radioaktiven Verseuchung des Grundwassers und der nahegelegenen Wasserreservoire. Ernsthaft beunruhigt waren die Bewohner darüber, daß die Risse in den Rohrleitungen bereits 1981 festgestellt wurden. In der ganzen Zeit hat die Leitung des KKW „Genkai" keine Maßnahmen ergriffen, um die Risse zu beseitigen, weil eine Reparatur zum Stillstand des Reaktors geführt hätte und zu Profitverlusten für die Besitzer des Kernkraftwerks. Das ist nicht der einzige Fall von Versäumnissen in japanischen Atomkraftwerken. Nach Pressemeldungen wurden allein 1986 mindestens 10 schwere Zwischenfälle registriert, die zum Stillegen von Reaktoren führten.

Zahlreiche Havarien traten im Atomkraftwerk von Sellafield in Großbritannien auf, das der einzige Betrieb des Landes zur Erzeugung von Kernbrennstoffen ist. Alle diese Havarien standen im Zusammenhang mit dem Ausströmen radioaktiver Substanzen. Beispielsweise wurde am 5. Februar 1986 auf dem Betriebsgelände Alarm ausgelöst, nachdem Plutoniumnitrat während der Reparatur einer Pumpe in der Anlage „B 205" austrat. Von der Strahlung waren 15 Menschen betroffen. Spezialisten nehmen an, daß an der Pumpe gleichzeitig drei Schäden auftraten. Das Luftkompressor-System setzte aus. Die radioaktiven Abfälle dieses Betriebes werden ohne jegliche Vorbehandlung in die Irische See geleitet. Das führt nicht nur zu einer radioaktiven Verseuchung der einheimischen Küste, sondern auch der Küsten Skandinaviens, Islands und sogar Grönlands. Zu einem ernsthaften Zwischenfall kam es im November 1985 im Atomkraftwerk Hinkly Point in der Grafschaft Somerset. Etwa 8 Tonnen radioaktiver Gase waren in die Atmosphäre ausgeströmt, wodurch die Menschen radioaktiver Strahlung ausgesetzt waren.

Im Atomkraftwerk Cruise-Melville, Frankreich, wurde vor kurzem das Ausströmen radioaktiven Natriums festgestellt. Durch diese Aufzählung wird deutlich, daß nicht ein einziges Land der Welt, das über Atomkraftwerke verfügt, vor Havarien geschützt ist. Fahrlässigkeit und Verantwortungslosigkeit sind beim Umgang mit einer potentiell so gefährlichen Technik nicht zu verantworten. Leider ist das Unglück auch an der UdSSR nicht vorbeigegangen.

1978 wurde im Atomkraftwerk Tschernobyl der erste Energieblock mit einer Leistung von 1000 Megawatt in Betrieb genommen. Damit begann der Normalbetrieb des Kraftwerks, aber gleichzeitig wurden die Bauarbeiten fortgesetzt, die projektierte Leistung des KKW betrug 6000 Megawatt. Der zweite, dritte und vierte Energieblock wurden in Betrieb genommen. Für die Mitarbeiter des Kernkraftwerks wurde das kleine Städtchen Pripjat gebaut. Ein ruhiger, wohnlicher Ort im Grünen.

1986 gab es ein zeitiges Frühjahr. Bereits Ende April standen die Gärten in voller Blüte. Die Stadt bereitete sich auf die traditionelle Maidemonstration vor. Die Meteorologen versprachen für diesen Tag herrliches Wetter.

Aber die Demonstration fand nicht statt. In der Nacht vom 25. zum 26. April wurden die Einwohner von Pripjat von einem gewaltigen Lärm geweckt, der aus dem Kraftwerk herüberdröhnte. Die Menschen waren auf die Straße herausgelaufen. Sie sahen einen Feuerschein über dem vierten Block und begriffen, daß etwas Schreckliches passiert sein mußte. Die Zeiger der Uhren standen bei 1.23 Uhr.

Die ersten, die sich in den Kampf warfen, waren die Löschmannschaften. Bereits nach fünf Minuten war der Militärlöschtrupp, der im KKW von Tschernobyl diente, auf dem Dach des Maschinensaals des Kraftwerks, wo das Feuer tobte.

Aus dem Bericht von Major *Leonid Teljatnikov,* der die Arbeit der Löschmannschaften leitete, geht hervor:

„... Es brannte an vielen Stellen und an unterschiedlichen Markierungen zwischen 12,5 und 71,5 m ... Wir inspizierten den 4. Block ... Dort brannte es nicht. Aus dem zentralen Saal konnte man aber so etwas wie einen Feuerschein oder ein Glimmen sehen. Aber im zentralen Saal war außer dem Reaktor nichts, was brennen konnte. Wir überlegten also, daß das Glimmen aus dem Reaktor kommt. Ich telefonierte und legte die Situation zur Weiterleitung nach Kiew dar ..."

Soweit dieser scheinbar alltägliche Rapport. In Wirklichkeit wußten die Feuerwehrleute jedoch genau Bescheid, worauf sie sich einlassen, denn sie arbeiteten schon lange in Tschernobyl und wußten von der drohenden Gefahr, die vom Reaktor ausgeht. Die Stiefel der Feuerwehrleute blieben in dem von der schrecklichen Hitze geschmolzenen Bitumen kleben, um sie herum flogen Stücke weißglühenden Graphits. Aber schrecklicher als das Feuer war die unsichtbare und nicht wahrnehmbare Strahlung. Die Feuerwehrleute hatten nur geringe Überlebenschancen, aber keiner verließ seinen Platz. Solange sie die Kraft hatten, kämpften sie heroisch gegen den unerbittlichen Feind. Niemand verließ das Dach, bevor Hilfe aus den benachbarten Bezirken eintraf, aus Kiew wurden eilends Feuerlöschgeräte herbeigeschafft.

Das offene Feuer konnte schnell gelöscht werden. Aber im Inneren des Reaktors loderte der Brand weiter und drohte, mit einer Kraft, die „stärker als tausend Sonnen" ist, auszubrechen.

Eilends begann die Evakuierung der Bevölkerung. Das gesamte Gebiet des Kernkraftwerks wurde abgeriegelt. Es wurde all denjenigen der Zutritt verboten, die nicht mit der Beseitigung der Havarie zu tun hatten. Das erstreckte sich auf einen Umkreis von 30 km um das Gebiet von Tschernobyl. Hier wurde eine erhöhte Strahlung gemessen. Aus Kiew bewegte sich bereits nach wenigen Stunden eine riesige Kolonne aus 1216 großen Bussen und 300 Lastkraftwagen mit Nachrichtenmitteln und Reparaturbrigaden für Strahlungsgeräte auf Tschernobyl zu. Gegen Mittag des folgenden Tages trafen die Fahrzeuge im Havariegebiet ein. Mit der Evakuierung der Bevölkerung wurde begonnen. Es dauerte nur wenige Stunden, um Tausende von Menschen aus der Nähe des vierten Energieblocks, in dessen Reaktor das Feuer weiterbrannte, wegzubringen.

Es ist außerordentlich kompliziert, Feuer in einem Reaktor zu löschen. Dazu eignen sich weder Wasser noch irgendwelche chemischen Substanzen, da sie aufgrund der hohen Temperatur sofort verdampfen würden. Aber es war unbedingt erforderlich, den Strahlungsherd so schnell wie möglich unter Kontrolle zu bringen und zu löschen. In der Praxis hatte es bisher weltweit keine ähnliche Situation gegeben. Aber es wurde eine Lösung gefunden. Das Flugwesen kam zur Hilfe, um den beschädigten Reaktor aus der Luft zu „verplomben".

Innerhalb weniger Tage bewältigten die Piloten der Militärhubschrauber diese ungewöhnliche und nicht leichte Aufgabe. Sie mußten zuerst auf kürzestem Wege an den nicht sehr großen Krater heranfliegen, um dann sehr schnell einen 200 Kilogramm schweren Sandsack genau über dem Ziel abzuwerfen. All das geschah in unmittelbarer Nähe des hohen Schornsteins vom Kraftwerk, wodurch die Situation noch mehr erschwert wurde.

Die Piloten demonstrierten höchste Leistungen bei diesem friedlichen Bombardement. Am ersten Tag trafen 93 Säcke genau ins Ziel, am zweiten Tag waren es bereits 186. Und nicht ein einziger Fehlwurf! Der Flugleiter gab den Piloten die Zielrichtung an. Auf sein Kommando wurde die Last genau auf den beschädigten Reaktor gerichtet.

Bis zum 7. Mai waren viertausend Tonnen Sand, Ton, Bor, Dolomit, Kalkstein und Blei über dem Dach des beschädigten Reaktors abgeworfen worden. Der radioaktive Auswurf war stark zurückgegangen. Das war ein riesiger Erfolg im Kampf gegen den Atomgiganten.

Aber die Gefahr blieb auch weiterhin bestehen. Das Herz des Reaktors – seine aktive Zone – glühte noch. Sie schien zu hängen und sich auf die Decken zu stützen; diese konnten aber während der Explosion beschädigt worden sein. Unter dem Reaktor konnte in einem speziellen Bassin Wasser verblieben sein. Es mußten die kompliziertesten wissenschaftlichen und technischen Aufgaben gelöst werden, und das augenblicklich und ohne Fehler, denn jede Minute war kostbar.

Alle an der ungewöhnlichen Operation zur Rettung des Kraftwerks beteiligten Personen, angefangen vom Vorsitzenden der Regierungskommission, Akademiemitgliedern und Ministern bis hin zu den Kraftfahrern, Monteuren und Bauarbeitern, bewiesen Tapferkeit und Mut. Wir sprachen bereits von der Heldentat der Feuerwehrleute, die in den kritischsten Augenblicken der Havarie das Feuer löschten. Doch wieviel Mut brachten die Elektriker des Kraftwerks auf, die die bei der Explosion unterbrochene Energieversorgung augenblicklich wiederherstellten, damit die erforderlichen Arbeiten überhaupt durchgeführt werden konnten! Als es hieß, die Wasserreste aus dem Becken unter dem beschädigten Reaktor abzulassen und in tiefster Finsternis die Wasserschieber zu finden und zu öffnen, mußte man für diese komplizierte Aufgabe nicht erst lange jemanden suchen. Alle, die gegen die Gefahr kämpfen mußten, arbeiteten schnell und exakt.

Es war bald gelungen, das Kühlsystem der aktiven Zone des Reaktors instand zu setzen und den Raum unter dem beschädigten Energieblock zu befestigen. Bis zum 13. Mai war klar, daß die

Hauptgefahr vorüber ist. Es mußte aber noch eine gewaltige Arbeit zur Endlagerung des beschädigten Reaktors, zur Entaktivierung des Kernkraftwerks und der angrenzenden Bezirke, zur Sicherung der Inbetriebnahme der unbeschädigten, aber konservierten restlichen Energieblöcke geleistet werden.

Das gesamte Land leistete Tschernobyl Hilfe. Tausende Freiwillige baten darum, sie zur Wiedererrichtung des Kernkraftwerks zu entsenden. Jegliche Bestellungen, sogar die kompliziertesten, für Ausrüstungen und Vorrichtungen für Arbeiten im Kraftwerk wurden augenblicklich erledigt. Bergleute und Metrobauer aus dem ganzen Land gruben Tunnel unter dem vierten Energieblock zur Heranführung von Beton für die Endlagerung des Reaktors.

Es begann der Bau einer „Grabstätte". Dort, in der Nähe des Reaktors, wo die Strahlung noch hoch war, wurden die Bauarbeiten mit funkgesteuerten Maschinen ausgeführt. Dort, wo mit Erlaubnis der Mediziner und Strahlungsmeßtrupps Menschen arbeiten durften, waren Spezialisten der unterschiedlichsten Berufe anzutreffen. Die zu bauende „Grabstätte" war nämlich nicht einfach nur ein achteckiger kegelförmiger Turm aus Beton, sondern ein kompliziertes Bauwerk, in dem der beschädigte Reaktor nicht nur eingelagert, sondern auch eine ständige Kontrolle über seinen Zustand, insbesondere über die Temperaturverhältnisse der aktiven Zone, durchgeführt werden sollte.

Die Errichtung des Sarkophags über dem vierten Energieblock wurde Ende 1986 abgeschlossen. Das riesige Bauwerk aus Beton wird in 60 m Höhe von einer Dachhaut aus Metall überzogen. Die Beendigung dieser Arbeitsetappe änderte die Situation im Kernkraftwerk nachhaltig. Dort, wo man sich früher nur wenige Sekunden aufhalten konnte, ist wieder ein fast normales Arbeiten möglich. Natürlich müssen die strengen Sicherheitsvorschriften eingehalten werden.

In Pripjat wird wieder Ordnung geschaffen. Chemische Truppen der Armee erwecken Haus um Haus, Straße um Straße zum Leben. Auf dem gesamten Territorium der Stadt wird eine Bodenschicht entfernt. Um sich das gesamte Ausmaß der Arbeiten vorstellen zu können, soll bloß folgende Ziffer genannt werden: Allein von den Balkons der Häuser mußte soviel Abfall beseitigt werden, daß etwa 2 $^1/_2$ Tausend Autos damit beladen werden konnten.

Nicht weniger Arbeit mußte geleistet werden, um die Wasservorkommen vor Strahlenverseuchung zu sichern. Im oberen Teil des Kiewer Stausees wurde ein 450 m langes Unterwasserbecken gebaut. Davor ist eine 100 m breite und 16 m tiefe Grube ausgehoben worden. Sie dient als Unterwasserfalle, deren Ziel darin besteht, möglicherweise mit den Zuflüssen des Pripjat ankommende radioaktive Teilchen aufzuhalten.

Solche Schlammfallen wurden auch vor dem Damm des Kiewer Stausees errichtet, der nördlich der Pripjatmündung liegt. Wasserschutzbauten wurden auch an solchen Flüssen errichtet, die in den Pripjat münden, wie Sachan, Ilja, Weresnja u. a. Am Fundament des vierten Blocks wurde im Boden eine 30 m lange Betonmauer gebaut, die als eine Art Schranke das Abfließen des Grundwassers in den Fluß verhindert. Insgesamt wurden 137 Wasserschutzbauten mit einer Gesamtlänge von über 29 km errichtet. Die getroffenen Maßnahmen führten zu ausgezeichneten Ergebnissen. Proben, die regelmäßig von unterschiedlichen Stellen des Kiewer Stausees und aus dem Dnepr entnommen werden, haben gezeigt, daß es hinsichtlich der Teilchenstrahlung im Wasser keinerlei Abweichungen gibt.

Trotzdem, wie kam es zu dieser Havarie am vierten Block, die 31 Menschen das Leben kostete und die die Anstrengung aller Kräfte des gesamten Landes forderte, um die Folgen zu beseitigen? Die Regierungskommission, die auf sorgfältigste Weise die Ursachen der Havarie analysiert hat, stellte einen Bericht zusammen, der zwei umfangreiche Bände umfaßt. Dieser Bericht wurde auf einer Beratung den Experten der Mitgliedsländer der Internationalen Atomenergiebehörde vorgelegt. Und so bitter es auch klingen mag, die Ursache für die Havarie war Nachlässigkeit, Verantwortungslosigkeit des Bedienungspersonals.

Zur Havarie kam es am 26. April im Verlauf eines Experiments am Turbinenaggregat des vierten Blocks. Diejenigen, die die verbrecherische Verantwortungslosigkeit zuließen und eine Katastrophensituation im Kernkraftwerk herbeiführten, sorgten sich, wie sich herausstellte, um die ... Sicherheit des Werkes. Das Experiment wurde durchgeführt, um die mögliche Nutzung der mechanischen Energie des Rotors des Turbinenaggregates zum Aufrechterhalten der Arbeit des Energieblocks im Fall einer Unterbrechung der Stromzufuhr zu überprüfen. Das Experiment an sich ist natürlich von Nutzen, aber es wurden dabei grobe Fehler gemacht und alle Anforderungen verletzt. Das Experiment war nicht richtig durchdacht und organisiert und weder mit Vertretern des Hauptkonstrukteurs des Reaktors noch mit der wissenschaftlichen Leitung für atomare Sicherheit abgestimmt. Der Versuch fand am laufenden Reaktor und bei abgeschalteten Notfall-Alarmsystemen statt. Abgeschaltet war auch die Notkühlung. Die schnelle Leistungssteigerung des Reaktors, zu der es durch Fehler der Operatoren kam, führte zu einer intensiven Dampfbildung in den Reaktorkanälen und dann auch zur Dampfexplosion, die einen Teil der Reaktorkonstruktionen zerstörte und den Schacht undicht werden ließ.

Somit ereignete sich in Tschernobyl nichts anderes als eine Kettenreaktion gefährlicher Fehler menschlichen Denkens. Es waren sechs solcher Fehler, die das Personal des Kernkraftwerks zuließ. Im Ergebnis dessen wurden die Notschutzsysteme des Reaktors abgeschaltet. Es wäre nicht zu der Tragödie gekommen oder ihr Ausmaß wäre unvergleichbar kleiner gewesen, wenn wenigstens ein Schutzsystem nicht abgeschaltet worden wäre. So paradox es auch klingen mag: zu dieser verbrecherischen Selbstzufriedenheit führte die über lange Zeit zuverlässige Arbeit des Systems, das eine große potentielle Gefahr in sich barg. Das wiederum führt zu der Schlußfolgerung, daß die zweifellos notwendige Verstärkung der Sicherheitssysteme nicht grundsätzlich das Sicherheitsproblem eines Kernkraftwerks lösen kann. Es bedarf einer völlig neuen Konzeption, auf deren Grundlage ein Kernreaktor mit der Eigenschaft „äußerst zuverlässig“ entwickelt wird. Die Konstruktion des Reaktors selbst muß die Fähigkeit besitzen, sich bei geringsten Störungen oder fehlerhaften menschlichen Handlungen selbst zu schützen.

Wissenschaftler aus einigen Ländern haben bereits Konstruktionsvarianten für solche Reaktoren vorgeschlagen. Die wichtigste Eigenschaft dieser Konstruktionen besteht darin, daß bei irgendeiner Störung die aktive Zone des Reaktors schnell abgekühlt wird, wobei das unabhängig von den Handlungen des Operators erfolgen muß. Eine ähnliche Konstruktion unter der Bezeichnung PIUS wurde von schwedischen Wissenschaftlern vorgeschlagen. Für die Perspektive ist vorgesehen, die Energieblöcke mit hoher Einzelleistung durch sogenannte Modulkonstruktionen zu ersetzen, bei denen die Leistung jedes Aggregates gering ist, so daß im Falle einer Havarie auch der Schaden weniger groß ist. Trotzdem kann nach Ansicht von Akademiemitglied *V. A. Legašov* eine absolute Sicherheit nur für solche Vorrichtungen gewährleistet werden, die keinen Energieinhalt haben. Bei einer so hohen Energiekonzentration, wie sie der Kernbrennstoff aufweist, müssen auch bei Systemen mit höherer Sicherheit alle erforderlichen Prozeduren exakt eingehalten werden.

Solche Havarien, wie sie sich auf „Three Mile Islands“ und in Tschernobyl ereigneten, führten mit aller Schärfe zu der Überlegung, ob es nicht notwendig ist, ein internationales System für die sichere Entwicklung der Kernenergetik zu schaffen. Auf Initiative der UdSSR hat die Internationale Atomenergiebehörde zwei Konventionen ausgearbeitet und auf einer Sondersitzung ihrer Generalkonferenz angenommen. Dabei handelt es sich um folgende: „Zur unbedingten Bekanntgabe von atomaren Havarien, wo immer sie sich ereignen“ und „Zur Unterstützung der Länder im Fall einer Havarie in einem KKW“. Diese Konventionen wurden nicht nur von Dutzenden von Staaten unterzeichnet, sondern sie sind bereits wirksam. Sie leisten einen bestimmten stabilisierenden Beitrag zur Verbesserung der komplizierten internationalen Beziehungen. Im Rahmen dieser Konventionen informierte die Sowjetunion operativ über einen Brand auf einem sowjetischen Atom-U-Boot, denn diese beziehen sich nicht nur auf Zwischenfälle in atomaren Industrieobjekten, sondern auch in militärischen Kernanlagen.

Aber alle 400 Kernkraftwerke, die gegenwärtig auf unserem Planeten in Betrieb sind, können keine so große Gefahr darstellen wie die, die von 50000 Kernsprengköpfen ausgeht. Die Havarie in Tschernobyl hat erneut deutlich gemacht, daß ein neues Denken entsprechend der bestehenden Situation erforderlich ist, d. h. in einer Zeit, in der die Menschheit von militaristischen Kräften an den Rand der völligen Vernichtung gedrängt werden kann. Ein Beispiel für dieses Denken demonstriert die Sowjetunion, die unermüdlich danach strebt, die Erde von Kernwaffen zu befreien.

... Die beschriebenen Havarien in Kernkraftwerken führten zwar nicht zu unumkehrbaren Auswirkungen, doch sie sind Grund zum Nachdenken. Sie veranlassen die Konstrukteure und die Projektanten, wachsam zu sein und dem Gefühl der Sicherheit nicht zu trauen, zu dem die vorangegangene Statistik (s. S. 131) verführen kann. Wenn man mit einer derart komplizierten und potentiell gefährlichen Technik zu tun hat, dann muß man in höchstem Grade vorsichtig sein und einen neuen Sicherheitsfaktor in die Berechnungen einführen – den Koeffizienten der Ungewißheit.

Diese Probleme, die die Wissenschaftler aller Länder der Erde beunruhigen, wurden bereits auf der 29. Pugwash-Konferenz in Mexico-City im Juni 1979 erörtert.

Das korrespondierende Mitglied der Akademie der Wissenschaften der UdSSR, *V. S. Emeljanov*, vertrat die Meinung, daß im Jahr 2000 die Hälfte der elektrischen Energie in Kernkraftwerken erzeugt werden wird. Viele haben dagegen Einwände und meinen, daß der Bau von Kernkraftwerken die Umwelt endgültig verseucht. Jedoch zeigt die Analyse der „negativen“ Stellungnahmen zu dieser Frage, daß nicht eifrige Verfechter der Sauberkeit der Natur die aktivsten Gegner der Kernenergie sind, sondern ... die Vertreter des militärisch-industriellen Komplexes der USA, die sich nicht von Uran und Plutonium trennen wollen. Sie sind nicht damit einverstanden, daß diese seltenen Elemente effektiv in Kernkraftwerken eingesetzt werden und nicht in atomaren Sprengköpfen. Gegen die Kernkraftwerke treten ebenfalls die großen Erdölgesellschaften auf, die infolge der Energiekrise märchenhafte Profite erzielt haben, die doppelt so hoch sind wie die Profite der Automobilhersteller und ein Mehrfaches der der Bergwerksgesellschaften und Stahlkonzerne betragen.

Weder die zahllosen geothermalen Projekte, die Windkraftwerke, noch die Gezeitenkraftwerke, noch die Solarzellen können die Welt vor der unvermeidlichen Energieverknappung bewahren.

Die Lage der Sowjetunion ist in diesem Fall außerordentlich günstig. Zusätzlich zu den beträchtlichen Vorräten an Erdöl, Erdgas, Kohle und Uranerz verfügt die Sowjetunion über einen einzigartigen Reichtum: die Energie der Riesenflüsse. Die weitsichtige technische und energiewirtschaftliche Politik, die schon lange und planmäßig in der UdSSR verwirklicht wird, hat dazu geführt, daß dort wie in keinem anderen Staat der Erde ein System von Wasserkraftwerken entwickelt wurde. Kein Staat der Welt hat solche Energieriesen wie die Wasserkraftwerke an der Wolga, bei Krasnojarsk, Bratsk und Sajano-Šušenskoje.

Aber trotzdem kann die Menschheit offensichtlich nicht ohne Kernenergie auskommen. Das stellt die Wissenschaftler vor neue Probleme.

Tatsächlich ist der Schutz der Kernkraftwerke unvergleichlich komplizierter als der Schutz traditioneller Kraftwerke. Aber die relativ kleine Anzahl von Havarien in Kernkraftwerken bestätigt: Diese Schwierigkeit kann überwunden werden.

Die eigentliche Schwierigkeit liegt woanders: Wie ist die Entwicklung der Kernenergiewirtschaft und das unvermeidliche Anhäufen von Plutonium, das sich zur Herstellung von Atombomben eignet, mit der Idee der Nichtweiterverbreitung von Kernwaffen zu vereinbaren? Sollte man nicht das sich häufende Plutonium beseitigen und die Kernenergie nur auf der Basis von „Uran“ nutzen? Diese Fragen führen aber aus der Sphäre der Technik hinaus und dringen in den Bereich der Politik ein, in jenen Bereich, in dem die UdSSR schon seit langem konsequent für die Abrüstung auf dem Gebiet der Kernwaffen kämpft.

Einige Wissenschaftler sehen eine weitere unerwartete Gefahr: Kann die schwache Kontrolle über die Lagerung des anfallenden Plutoniums in einigen Kernkraftwerken (ihre Zahl geht schon in die Hunderte und wird bald tausend erreichen) nicht dazu führen, daß einzelne Terroristen, politische Abenteurer oder einfach Verbrecher dieses Material entwenden, um selbst in einem kleinen Betrieb oder einer Werkstatt eine primitive Kernwaffe herzustellen?

Das gehört ebenfalls nicht in die Sphäre der Technik, eher in den Bereich der Kriminalität. Und trotzdem ist auch eine solche Befürchtung untrennbar mit der Entwicklung dieser Wissenschaft und Technik verbunden.

Bei der Verbreitung der Kernenergiewirtschaft müssen die Wissenschaftler noch ein Hindernis überwinden, die psychologische Barriere. Denn die Kernenergie wurde zuerst dazu verwendet, Tausende Menschen zu töten oder für ihr gesamtes weiteres Leben zu schädigen. Vielen Unaufgeklärten flößt sie weiterhin Angst ein. Wenn die friedliche Anwendung der Kernenergie dem militärischen Einsatz des Atoms vorangegangen wäre, gäbe es dieses Hindernis vielleicht nicht.

Eines der tatsächlich lebenswichtigen Probleme ist der Umweltschutz. Was soll mit den für den Menschen gefährlichen radioaktiven Abfällen der Kernkraftwerke geschehen? In der ersten Zeit wurde der Ernst dieser Frage deutlich unterbewertet. Die USA und Großbritannien haben die Abfälle ihrer Plutoniumfabriken in die Meere und Ozeane geschüttet. In Frankreich wurde dieses Problem noch einfacher gelöst; die radioaktiven Abfälle der Atomfabriken wurden in die Seine geleitet.

Eine Zeitlang war man der Meinung, daß die ins Meer abgeleiteten radioaktiven Abfälle in ihrer Konzentration so weit zurückgehen, daß sie für den Menschen ungefährlich sind. Japanische Wissenschaftler haben aber festgestellt, daß einige Planktonarten die Fähigkeit besitzen, die Radioaktivität zu „speichern". In ihnen ist die Radioaktivität mehrere hundert Male größer als im Wasser ... Einige Arten Wasserpflanzen sammeln in sich das radioaktive Strontium. Letzten Endes können die radioaktiven Elemente über die lange biologische Kette auf den Eßtisch gelangen ...

Und die Tausende 50 Gallonen fassenden Stahlzylinder und Betonblöcke mit radioaktiven Abfällen, die vor San Francisco und Los Angeles im Meer versenkt wurden – wohin gelangen sie letztlich?

Die Sowjetunion leitet keine radioaktiven Abfälle in die Meere und Ozeane. Es wurden sichere Verfahren zur Lagerung der Abprodukte entwickelt. Die Zeit wird nicht mehr fern sein, bis man Methoden zur gefahrlosen Aufbereitung von radioaktiven Abfällen gefunden hat.

Die Büchse der Pandora (Anm. d. Übers.: in der griechischen Sage das Gefäß aller Übel und Krankheiten), die in Los Alamos mit den ersten Atombombentests geöffnet wurde, kann jetzt nicht mehr verschlossen werden. Wir können nicht so leben, als wäre die Atomenergie nicht entdeckt worden. Unsere Aufgabe ist es, aus der Kernenergie einen möglichst großen Nutzen zu ziehen und die Menschheit vor Schaden zu bewahren.

Jede sich konsequent entwickelnde Wissenschaft wächst nur, weil sie von der menschlichen Gesellschaft gebraucht wird.

S. I. Vavilov

Katastrophen wird es nicht geben

Die Vereinigung der mathematischen Theorie und der ingenieurtechnischen Praxis führten zu einem besonders fruchtbringenden Syntheseprodukt: zur praktischen Anwendung der Zuverlässigkeitstheorie. Die Wissenschaft von der Zuverlässigkeit hat eine außerordentlich komplizierte Struktur. Sie enthält eine Vielzahl von Problemen und Methoden der angrenzenden Wissenschaften: Physik, Chemie, Ingenieurwesen. Manchmal kann man nur schwer sagen, wo die Wissenschaft von der Zuverlässigkeit beginnt und wo sie endet. In jedem Fall wird klar, daß sie nicht auf die mathematische Zuverlässigkeitstheorie begrenzt ist.

Zuverlässigkeitsprüfungen

Im vorangegangenen Kapitel wurde eine Reihe von Begriffen eingeführt, mit denen eine solche objektive Eigenschaft von Erzeugnissen wie die Zuverlässigkeit beschrieben wird. Nun können wir zu der gestellten Frage zurückkommen: Wie kann man die Zuverlässigkeit messen? Wie ist die Wahrscheinlichkeit der fehlerfreien Arbeit, und wie ist die Ausfallwahrscheinlichkeit zu ermitteln? Denn nur, wenn man die Zuverlässigkeit messen kann, darf man von ihrer Steigerung sprechen.

Bei der Ermittlung der Zuverlässigkeit von Erzeugnissen gab es zahlreiche Schwierigkeiten grundlegender Art. Das liegt daran, daß die quantitativen Kennwerte der Zuverlässigkeit Wahrscheinlichkeitsgrößen sind, die zufällige Ereignisse beschreiben. (Ein Fehler ist schließlich ein zufälliges Ereignis!)

Wie soll man den Zufall „einfangen“?

Beginnen wir damit, daß wir versuchen, den Unterschied zu finden zwischen der Prüfung von Vorrichtungen und Werkstoffen in vergangenen Zeiten und der Untersuchung der Zuverlässigkeit technischer Erzeugnisse von heute.

Die Gewohnheit der Ingenieure, die Qualität der verwendeten Materialien vor dem Einsatz zu prüfen, hat sich nicht erst heute herausgebildet. Eine der ältesten bis in die Gegenwart erhalten gebliebenen schriftlichen Überlieferungen über die Prüfung von Materialien ist datiert vom 4. Juni 1662:

„Sir *Batton, Powey* und ich fuhren mit dem Boot nach Woolwich, wo wir Zeugen der Prüfung des holländischen Seilgarns von Sir *Ford* waren (in letzter Zeit beunruhigte uns diese Frage sehr, ich selbst dachte an Mr. *New*, der uns Seile lieferte, und nach allem zu urteilen, mit der Sache nicht fertig wurde). Und in der Tat, die Seile waren sehr schlecht. Die Prüfungen zeigten, daß fünf derartige Gespinste schneller reißen als vier aus dem Rigaer Garn. Außerdem waren einzelne Seile offenkundig alter Plunder, eingefettet mit Teer, nur außen waren sie aus neuen Hanffasern. Alles das lief auf eine unerhörte Betrügerei hinaus.“

Und so sah die Prüfung von Bohlen und Brettern für den Schiffbau in Neuschottland (Kanada) 250 Jahre später aus:

„Bevor ein Brett abgerichtet wurde, beratschlagten sich *McAlpin, Tom* und alle, die herumstanden, lange. Zuerst besahen sie es sehr aufmerksam, danach bogen, beklopften, behorchten sie es, und ich kann schwören, einmal sah ich, daß *McAlpin* das Holz verkostete. Jedenfalls leckte er am Holz, danach vollführte er alle Bewegungen eines erfahrenen Teeverkosters – bis hin zum letzten gekonnten Ausspucken durch die zusammengepreßten Zähne –, alles erfolgte mit sichtlicher Genugtuung.“

In der Tat, es gibt irgendwelche nicht zu fassenden Merkmale, nach denen der erfahrene Fachmann die Qualität des Holzes genauso bestimmen kann wie der Verkoster die Qualität von Kaffee, Tee oder Wein. Trotzdem sind sowohl früher als auch heute die „Prüfungen auf Herz und Nieren“ beliebter. Wenn man die Zugfestigkeit erfahren will, zerreißt man die Probe. Ist die Biegefestigkeit unbekannt, dann wird die Probe gebogen usw. Wir brauchen nicht zu erwähnen, daß sich die Technik und Methodik dieser Prüfungen seit *Galileis* Zeiten entsprechend entwickelt haben. Die Wissenschaftler bedienen sich heute hydraulischer Pressen mit Kräften von einigen Meganewton. Für Untersuchungen der Feinstruktur benutzt man Elektronenmikroskope und andere komplizierte Ausrüstungen.

Die kennzeichnende Eigenschaft aller dieser Prüfungen ist ihre Exaktheit. Jeder Werkstoff hat z. B. eine streng definierte Festigkeitsgrenze. Bei diesen Prüfungen versucht man, zufällige Abweichungen möglichst zu beseitigen. Peinlich genau sind in den Standards Form und Abmessungen der Probe, ihre Oberflächenbeschaffenheit, die Belastungsgeschwindigkeit u. a. festgelegt.

Die ersten Versuche, die Zuverlässigkeit irgendwelcher Erzeugnisse zu bestimmen, beschränkten sich auf die Beobachtungen während ihres Betriebes. Die Erzeugnisse wurden nicht nur zu Hunderten, sondern manchmal zu Tausenden überwacht, die Fehler wurden notiert und anschließend die Kennwerte der Zuverlässigkeit ausgerechnet. Jedoch sehr schnell kam die Unvollkommenheit dieser Methode zum Vorschein. Wenn wir es tatsächlich mit ausreichend zuverlässigen Vorrichtungen zu tun haben, muß man bisweilen sehr lange warten, bevor Fehler auftreten, um dann die Zuverlässigkeit zu berechnen. Außerdem möchte der Konstrukteur die Zuverlässigkeit des von ihm geschaffenen Erzeugnisses nicht erst erfahren, nachdem es fertiggestellt ist, sondern schon vorher. In diesem Fall hätte er die Möglichkeit, das Erzeugnis entsprechend zu verbessern. Die Methode der Bestimmung der Zuverlässigkeit, von der wir gerade sprachen, bietet diese Möglichkeit nicht. Die mit ihrer Hilfe erhaltenen Informationen über die Zuverlässigkeit kommen verspätet und können nur bei der Entwicklung nachfolgender Erzeugnisse genutzt werden.

Die Beobachtungen während des Betriebes der Erzeugnisse haben natürlich bis auf den heutigen Tag ihre Bedeutung nicht verloren. Sie werden aber jetzt mit dem Ziel vorgenommen, die Richtigkeit jener Prüfmethoden, mit denen heute die Zuverlässigkeit bestimmt wird, zu überprüfen.

Früher bestand die Prüfung nur darin, die Betriebskennlinien des Erzeugnisses mit den projektierten Daten zu vergleichen. Es ist verständlich, daß diese Prüfung einmalig und kurzzeitig war. Sie beantwortete die Frage, ob die technische Lösung den Erwartungen der Konstrukteure entsprach. Aber bei der Bestimmung der Zuverlässigkeit muß die Frage anders formuliert werden: Wie lange wird das Erzeugnis arbeiten? In welcher Zeit nach Inbetriebnahme fällt das Erzeugnis aus, und wie oft werden Fehler auftreten? Es versteht sich, bei den Kurzzeitprüfungen kann man auf diese Fragen keine Antworten erhalten. Gerade deshalb waren neue Prüfmethoden erforderlich. Man ging zu Langzeitprüfungen über, bei denen die Erzeugnisse lange unter allen möglichen Betriebsverhältnissen arbeiten müssen. Gegenwärtig gibt es viele derartige Prüfmethoden.

Mit ihrer Hilfe konnte man nachweisen, daß der vom Austrittsstrahl eines Stahltriebwerks erzeugte Lärm die Außenhaut einiger Konstruktionselemente des Flugzeugs in Schwingungen versetzt. Dadurch „ermüdet“ das Metall mit der Zeit, die Festigkeit ändert sich, und es entstehen Risse. Inzwischen sind in den Laboratorien Methoden zur Verringerung der Schalleinwirkung auf die Konstruktion entwickelt worden.

Bei den Langzeitprüfungen von integrierten Schaltkreisen stießen die Forscher auf einen interessanten Umstand: Unabhängig davon, wie sorgfältig die Schaltkreise hergestellt wurden, entstanden in ihnen häufig Kurzschlüsse, und zwar um so öfter, je kleiner das Erzeugnis war. Als die Forscher diese Erzeugnisse unter dem Mikroskop betrachteten, konnten sie zum allgemeinen Erstaunen beim Metall eine „Frisur“ feststellen: Auf der Metalloberfläche waren 2 bis 3 Mikrometer dicke und 200 bis 300 Mikrometer lange „Haare“ gewachsen, die die Kurzschlüsse hervorriefen. Es mußten spezielle Herstellungsmethoden erarbeitet werden, bei denen das Wachsen dieser „Haare“ unterblieb.

Die Langzeitprüfung von Erzeugnissen und ihrer Elemente wurde mit der Zeit zur alltäglichen Praxis. Ganze Laboratorien und Prüfhallen wurden aufgebaut. Aber die Methode der Langzeitprüfung garantiert ebenfalls nicht, daß alle Schäden herausgefunden werden.

Viele Erzeugnisse arbeiten gut und störungsfrei, solange ihr Betrieb normal verläuft. Gefährlich für sie sind Überlastungen und Havarieverhältnisse. Letztere entstehen selten, und bei den Langzeitprüfungen kann man auf ihre Entstehung sehr lange warten. Deshalb muß man Überlastungen und Havarien modellieren.

Beispielsweise ist bekannt, daß die maximalen Belastungen auf ein Flugzeug während des Starts und während der Landung einwirken. Ein gewöhnliches Linienflugzeug fliegt von Moskau nach Tomsk ohne Zwischenlandung, d. h., es startet und landet einmal. Ein Testflugzeug dagegen, das auf dieser Strecke geprüft wird, wechselt mehrmals die Flughöhe, d. h., die Belastung entspricht der von zahlreichen gewöhnlichen Flügen. Bei mehreren solchen Testflügen muß das Flugzeug seine gesamte Festigkeitsreserve einsetzen. Die Forscher stellen die Lebensdauer des Flugzeugs sowie die Anzahl der Flüge fest, bis die Abnutzung einsetzt.

Häufig werden in der Praxis auch sogenannte Schrittmacherflugzeuge („Leader") verwendet. Das sind gewöhnliche Serienflugzeuge, die hinsichtlich der Abnutzung, der Anzahl der Flugstunden, der Starts und Landungen ihre „Artgenossen" erheblich übertreffen.

Modelliert werden auch Havariesituationen. Erfahrene Testpiloten führen das Flugzeug mit absichtlich abgeschalteten Triebwerken, um sein Verhalten beim Ausfall des Antriebs zu studieren. Die Daten dieser Prüfungen werden anschließend sowohl von den Konstrukteuren als auch von den Piloten der Aeroflot genutzt.

Der moderne Luftverkehr ist so zuverlässig geworden, daß für einen Menschen die Wahrscheinlichkeit, bei einem Flugzeugabsturz zu sterben, wesentlich geringer ist als diejenige, mit dem eigenen Auto tödlich zu verunglücken. Der Eindruck, daß die Anzahl der Opfer von Flugzeugkatastrophen riesengroß ist, läßt sich durch psychologische und soziale Ursachen erklären. Die völlige Hilflosigkeit des Menschen, der mit dem Flugzeug gestartet ist und sich dem Piloten anvertraut hat, sowie die dramatische und sensationelle Aufmachung, mit der in der ausländischen Presse über Flugzeugunglücke berichtet wird, sind die Ursachen dieser „psychologischen Täuschung" (analog zur „optischen Täuschung").

Die unvoreingenommene Statistik weist aus, daß in der Welt jährlich etwa 2500 Menschen bei Flugzeugkatastrophen ums Leben kommen, während im Vergleich dazu in derselben Zeit auf den Autobahnen 250000 Menschen sterben.

1978 gab es auf den regulären internationalen Fluglinien 23 Flugzeugunglücke, bei denen 652 Passagiere starben. Im Jahre 1977 kamen bei 24 Katastrophen 516 Menschen ums Leben. Die Anzahl der Katastrophen mit tödlichem Ausgang verringerte sich (bezogen auf 100000 Flugstunden) von 0,18 im Jahre 1977 auf 0,16 im Jahre 1978 bzw. (bezogen auf 100000 Landungen) von 0,24 auf 0,22.

Flugzeuge mit Strahltriebwerken führten 95 Prozent der regulären Lufttransporte aus; dabei passierten 9 Katastrophen, bei denen 450 Passagiere ums Leben kamen. Die übrigen 5 Prozent der Lufttransporte realisierten Turboprop- und Propellerflugzeuge (14 Unglücke, 202 Tote). Die höhere Sicherheit der Flugzeuge mit Strahltriebwerken läßt sich durch ihre höhere Zuverlässigkeit und die günstigeren Betriebsbedingungen erklären.

Wie sich die Geschichte wiederholt! Wie ähnlich in gewisser Hinsicht die Menschen der unterschiedlichen Epochen sind! In dem Buch „Wunder der Technik“, das im Jahre 1911 erschien, schildert *V. V. Rjumin*, für wie gefährlich man damals den stark aufkommenden Eisenbahnverkehr hielt:

„Die Nachricht von irgendeinem großen Eisenbahnunglück ruft in der Leserschaft und der Tagespresse einen Sturm von Entrüstung und Geschrei über die Gefahren des Eisenbahnverkehrs hervor. Es stimmt, Eisenbahnkatastrophen können in einigen Fällen noch nicht vermieden werden, und sie raffen von Zeit zu Zeit Dutzende Menschenleben hinweg; aber die unvoreingenommene Statistik, die einzelne, für den Zeitungsleser unbemerkte Unglücksfälle von Fahrten mit Pferdekutschen summiert, gibt an, daß die letztere Art der Fortbewegung um einige Male gefährlicher ist als das Fahren mit der Eisenbahn, ohne dabei aber so billig und so schnell zu sein. Irgendein beliebiger Schaffner, der im Jahr zwischen 75000 und 150000 Werst (Anm. d. Übers.: 1 Werst = 1,066 Kilometer) zurücklegt, bliebe wohl kaum heil und unbeschadet, wenn er diese Strecke zu Pferde zu bewältigen hätte. Und es ist an dieser Stelle angebracht, darauf hinzuweisen, daß nicht allein die Technik schuld an den Katastrophen ist. Die Rolle des Menschen, sein Charakter, die Erziehung und das Verhältnis zur Sache stehen bei weitem nicht an letzter Stelle.“

Die Unvorsichtigkeit und Nachlässigkeit des Menschen sind eine häufige Ursache von Katastrophen.

Am 25. Oktober 1978 geschah eine der größten Flugzeugkatastrophen in der Geschichte der USA. Um 9.30 Uhr früh stieß ein Flugzeug vom Typ „Boeing-727“ der Fluggesellschaft „Pacific South-West Airlines“ über San Diego mit einem einmotorigen Sportflugzeug des Typs „Cessna-172“ zusammen. Der Zusammenstoß erfolgte in 900 Meter Höhe, 5 Kilometer vom Flughafen entfernt. Die kleine „Cessna“ bohrte sich in die rechte Tragfläche des Flugzeugriesen. Keiner der 136 Passagiere und der Besatzungsmitglieder der „Boeing“ konnte sich retten. Die beiden Piloten der „Cessna“, die in demselben Gebiet abstürzte, fanden ebenfalls den Tod.

Die in Brand geratene „Boeing“ ging wie ein Riesengeschoß auf die Wohnviertel des Stadtteils North Park von San Diego nieder.

Fächerartig flogen die Bruchstücke vom Rumpf und von den Tragflächen nach allen Seiten. Der brennende Treibstoff entzündete ein ganzes Wohngebiet. Ähnlich wie Regentropfen fielen die Splitter vom Himmel: Sie durchpflügten die Rasenplätze, schnitten die Bäume ab wie mit der Rasierklinge. Auf der Erde starben 13 Menschen. Über ein Dutzend Häuser wurde völlig zerstört, weitere fünf wurden stark beschädigt.

Wie ein Vertreter der Bundesluftfahrtbehörde der USA mitteilte, ist es durchaus wahrscheinlich, daß der Pilot der „Cessna" an dem Zusammenstoß schuld war. Es ist nicht ausgeschlossen, daß er das Flugzeug mit aufgesetztem Augenschutz steuerte, mit dem eingeschränkte Sichtverhältnisse vorgetäuscht werden. Der Pilot unterscheidet nur die Anzeigen der Geräte und sieht nicht, was ringsumher geschieht.

Die Katastrophe über San Diego ist nicht der erste Zusammenstoß von Flugzeugen über Amerika. Eine ähnliche Katastrophe gab es im Jahre 1960 im Gebiet von New York. Damals stießen eine DC-8 der Fluggesellschaft „United Air Lines" und eine Maschine der Gesellschaft „Trans World Airlines" zusammen.

Vor relativ kurzer Zeit begann man, die Flugzeuge auf „Vogelbeständigkeit" zu prüfen. Es hatte sich herausgestellt, daß eine Gans mit einer Masse von 2 Kilogramm beim Zusammenstoß mit einem Flugzeug, das mit einer Geschwindigkeit von 800 Kilometern je Stunde fliegt, schon 3,5 Tonnen „wiegt". Ein Schlag solcher Stärke kann die Kabinenverglasung zerschmettern oder andere gefährliche Undichtheiten hervorrufen. 140 Passagiere und Piloten von Zivil- und Militärflugzeugen der USA kamen infolge des Zusammenstoßes von Flugzeugen mit Vögeln ums Leben. Die größte Flugzeugkatastrophe dieser Art geschah in Boston im Jahre 1960, als ein Flugzeug in einen Starenschwarm geriet. Die Vögel wurden in die Stahltriebwerke gesaugt, die nach wenigen Sekunden zu arbeiten aufhörten, wodurch das Flugzeug abstürzte. Nach den Angaben der Bundesluftfahrtbehörde der USA kosten die Zusammenstöße mit den Gefiederten die amerikanischen Firmen jährlich 20 Millionen Dollar.

Um das Flugzeug zu prüfen, wird es aus einer pneumatischen Kanone mit Hühnern „beschossen", die unbedingt frisch geschlachtet sein müssen. Die Kanone beschleunigt das Geschoß bis auf eine Geschwindigkeit von 600 Kilometern in der Stunde!

Und um die Wahrscheinlichkeit der Zusammenstöße in der Luft zu verringern, untersuchen die Ornithologen die Gewohnheiten der Vögel und die Routen des Vogelzugs. Zur „Ausquartierung" der gefährlichen Nachbarn aus dem Bereich des Flughafens verwendet man Ultraschall, starke Detonationen, über Lautsprecher wird der Schrei „Gefahr!“ in der „Vogelsprache“ gesendet.

Auf einigen Flughäfen setzt man zum Vertreiben der Vögel speziell abgerichtete Falken ein. Die Falkenjagd – das „Königsvergnügen“ der Vergangenheit – wurde zu einer der Voraussetzungen der Flugsicherheit.

Die gefährlichsten Momente beim Fliegen sind der Start und die Landung, und genau an sie knüpft man große Erwartungen hinsichtlich der Steigerung der Zuverlässigkeit der Flüge.

Im Londoner Flughafen Heathrow wurde unlängst das Landeanflugsystem „PAPI“ erprobt, das die Ausrüstung für den visuellen Landeanflug ersetzen soll. Zu diesem System gehören vier Sätze Landelichter, oben rote und unten weiße, die unter einem Winkel längs einer Linie installiert werden, die seitwärts von der Start- und Landebahn in die Nähe des berechneten Landepunktes gerichtet ist. Die Lichter werden so abgeschirmt, daß der Pilot die roten Lichter sieht, wenn das Flugzeug zu tief ist, und die weißen, wenn das Flugzeug zu hoch fliegt. Der Pilot bestimmt den Landeanflugwinkel nach der Farbe der Lichter. Wenn er z. B. von den zwei der Landebahn am nächsten gelegenen Landelichtern die roten sieht und von zwei anderen die weißen, dann befindet sich das Flugzeug mit einer Genauigkeit von 1/6 Grad im richtigen Landeanflugwinkel. Die Genauigkeit des genannten Systems beim Landen des Flugzeugs beträgt zwei Meter.

Während einer Flugzeugkatastrophe sterben viele Passagiere nicht infolge des Aufschlags, sondern durch einen dabei entstehenden Brand. Am 11. November 1965 führte in der amerikanischen Stadt Salt Lake City ein strahlgetriebenes Passagierflugzeug eine Notlandung aus. Ungeachtet des starken Aufpralls auf die Erde blieben alle 90 Passagiere am Leben. Jedoch 43 von ihnen starben durch den Rauch und das Feuer, weil sie das brennende Flugzeug nicht schnell genug verlassen konnten.

Wegen der Explosion eines der Triebwerke geriet auf der Piste des Flughafens in Anchorage (Alaska) ein Flugzeug vom Typ DC-863 mit 229 Passagieren und 10 Besatzungsmitgliedern an Bord in Flammen.

Zur Verhinderung solcher schrecklichen Katastrophen entwikkeln die Konstrukteure spezielle Vorrichtungen für die Evakuierung der Passagiere, so daß sie bei einem Brand innerhalb weniger Minuten das Flugzeug verlassen können. Verschiedene Mittel sollen die Passagiere schützen, wenn das Flugzeug in Flammen aufgeht. Die Prüfungen bestanden hat schon ein spezieller Löschschaum, der beim Brand die Passagiere 6 bis 10 Minuten lang schützt. Diese Zeit reicht entweder für die Evakuierung der Passagiere oder für das Löschen des Brandes.

In unseren Tagen wird bisweilen ein ganzes Hochhaus zum Prüfungsmodell. Beispielsweise wurde ein automatisches Rauchschutzsystem für Hochhäuser in einem Kiewer Stadtteil folgendermaßen geprüft:

Um ein siebzehngeschossiges Hochhaus versammelte sich eine riesige Menschenmenge, und direkt am Haus waren die Feuerwehrleute im Einsatz. Sie hielten die Löschschläuche bereit, gaben aber kein Wasser frei, obwohl schon aus den Fenstern der zweiten Etage die Flammen schlugen. In der Menschenmenge konnte man nicht begreifen, warum der Brand nicht gelöscht wurde. Aber die Passanten hätten noch mehr gestaunt, wenn sie gewußt hätten, daß dieser Brand speziell „organisiert“ war. Über einen Monat hatte die Vorbereitung dieses einmaligen Experiments gedauert. An Hunderten Punkten des Gebäudes waren Wärme- und Rauchmeßgeräte, Schreiber sowie elektronische Geräte installiert worden, die mit großer Genauigkeit die Temperatur und andere Größen sogar in der eigentlichen „Hölle“ des Brandes bestimmten. Erst nach Abschluß des Experiments wurde der Brand schnell gelöscht. Der Versuch bewies die hohe Genauigkeit und Zuverlässigkeit der Brandschutzautomatik in Havariesituationen.

Bei der Modellierung von Zusammenstößen im Laboratorium der italienischen Firma „Fiat“ werden jährlich 500 Autos „verbraucht“. Durch ihre Zerstörung erhält man Hinweise auf vorhandene Schwachstellen. Auf der Grundlage der Prüfergebnisse verstärken die Ingenieure der Firma die betreffenden Konstruktionselemente und suchen die optimalen Varianten. Besondere Aufmerksamkeit wird auf die Festigkeit der Karosserie und auf die Vorrichtungen gerichtet, die die Sicherheit gewährleisten.

Die Modellierung von Havariesituationen gestattet es, die Zuverlässigkeit von Erzeugnissen einzuschätzen und somit einige Mängel der Langzeitprüfung der Zuverlässigkeit zu beseitigen. Im Laboratorium kann alles sehr gut funktionieren, aber in der Praxis ...

In den letzten Jahren wurde für den Betrieb auf einem Kampfschiff eine spezielle Radaranlage entwickelt. Die Spezialisten arbeiteten sehr lange an ihrer Konstruktion, führten zahlreiche Zuverlässigkeitsprüfungen durch und brachten die Lebensdauer der Anlage schließlich auf 1650 Stunden, was durchaus ausgereicht hätte.

Anschließend wurde die Radaranlage aus dem Laboratorium auf das Schiff gebracht. Dort mußte sie den Seegang, das Rütteln und die Feuchtigkeit aushalten. Die Radaranlage hörte nach insgesamt

18 Stunden auf zu arbeiten. Ihre Konstruktion mußte fast von vorn begonnen werden. So führte das Nichtberücksichtigen der Betriebsbedingungen zu riesigen Verlusten.

Zuverlässigkeitsprüfungen gibt es schon lange. In einem bekannten Buch ist ein Befehl von Zar *Peter I.* abgedruckt, der in unmittelbarer Beziehung zum Problem der Zuverlässigkeitsprüfung steht:

„§1. Ich befehle, den Eigentümer der Waffenschmiede zu Tula, *Kornil Beloglas*, mit der Knute zu schlagen und zur Arbeit auf ein Kirchengut zu verbannen, weil er, der niederträchtige Kerl, es wagte, dem Kriegsheer des Herrschers untaugliche Kanonen und Feuergewehre zu verkaufen.

Der Aeltermann *Frol Fuchs* soll mit der Knute geschlagen und nach Asow verbannt werden, möge er nie wieder Stempel auf schlechte Waffen setzen.

§2. Ich befehle der Waffenkanzelei aus Petersburg, nach Tula zu fahren und Tag und Nacht die Korrektheit der Feuergewehre zu beobachten. Mögen die Schriftführer und Sekretäre sehen, wie der Aeltermann die Stempel setzt, kommen Zweifel, dann prüfen sie selbst sowohl durch Beschauen als auch durch Schießen. Und zwei Feuergewehre sollen jeden Monat schießen, bis sie verdorben sind.

Wird es Schwierigkeiten im Kriegsheer geben, besonders in der Schlacht, wegen Nachlässigkeit der Schriftführer und Sekretäre, so sind alle mit der Knute ohne Schonung auf eine entblößte Stelle zu schlagen:

Eigenthümer – 25 Knutenschläge und eine Geldstrafe von einem Tscherwonez (Anm. d. Übers.: Fünf- oder Zehnrubelstück in Gold) für jedes Feuergewehr;
Aeltermann – Schlagen bis zur Bewußtlosigkeit;
Schriftführer – zu den Abschreibern schicken;
Amtsschreiber – für ein Jahr das sonntägliche Schnapsglas verwehren.

§3. Dem neuen Eigentümer der Waffenschmiede, *Demidov*, befehle ich, für die Schriftführer und Sekretäre Hütten zu errichten, nicht schlechter als das Herrenhaus. Werden sie schlechter, befehle ich, *Demidov* des Lebens zu berauben.

Peter I."

In dem Befehl von *Peter I.* spiegeln sich viele Verfahren der Kontrolle und der Verbesserung der Zuverlässigkeit von Erzeugnissen wider, die auch in der Gegenwart Anwendung finden: Kontrollprüfungen, Konsequenz des Kontrollorgans, „Kontrolle der Kontrolleure" und sogar die supermodernen „Kurzzeitprüfungen". („Und zwei Feuergewehre sollen jeden Monat schießen, bis sie verdorben sind.")

Das Bestreben, die Zeit „zusammenzupressen", ist ein charakteristisches Merkmal der modernen Experimente über die Zuverlässigkeit. Was ist zu tun, damit das Experiment nicht lange Jahre, sondern vielleicht nur einige Stunden oder Minuten dauert? Hier braucht man neue Kriterien. Beispielsweise ist die Prüfung der Isolation von Elektromotoren bei erhöhter Spannung oder Temperatur gegenüber dem Normalzustand äquivalent der Beschleunigung des Zeitablaufs der Prüfung. Das Ähnlichkeitskriterium ist hier, grob ausgedrückt, das Produkt aus der Intensität der Einflußnahme und der Prüfzeit. Kürzer, aber bei größerer Belastung – das ist, wenn man es so ausdrücken will, die „Philosophie" der Kurzzeitprüfung.

In jedem hergestellten Bauteil können Defekte (Risse und Lunker) sein. Wenn sie sich auf der Oberfläche der Bauteile befinden, dann kann man sie beim Betrachten mit dem bloßen Auge oder mit verschiedenen technischen Hilfsmitteln, z. B. unter dem Mikroskop, erkennen. Aber was ist, wenn der Fehler äußerlich nicht zu sehen ist? Man kann natürlich die sogenannte zerstörende Kontrolle der Erzeugnisse anwenden: Das Erzeugnis wird gezogen, gestaucht, gebogen, zersägt, zerstückelt und dabei im allgemeinen zerstört. Selbstverständlich lohnt es sich nicht, alle Erzeugnisse auf diese Weise zu prüfen. Derartige Prüfungen werden in der Regel nur an einer Auswahl vorgenommen.

Es kann auch so sein, daß der Fehler nicht in dem Bauteil steckt, das geprüft wird, sondern in einem anderen, ungeprüften, und genau dieses Teil kommt unbemerkt durch die technische Kontrolle, fällt später aus und verursacht den Ausfall des gesamten Erzeugnisses.

Deshalb sind die zerstörenden Kontrollmethoden praktisch nicht anwendbar bei der Herstellung besonders bedeutsamer Erzeugnisse (z. B. in der Luft- und Raumfahrt) und überhaupt nicht in jenen Bereichen, in denen die Zuverlässigkeit jedes Bauteils gewährleistet sein muß. In der Wicklung eines modernen, leistungsstarken Generators eines Wasserkraftwerks sind über tausend Stäbe, und keiner von ihnen darf defekt werden, aber sie alle dürfen nicht nach der zerstörenden Methode geprüft werden.

Außerdem sind die zerstörenden Prüfungen ziemlich kostspielig. Zum Beispiel werden in den Werken, die Rohre aus legierten Stählen herstellen, bis zu 18 Prozent der Fertigerzeugnisse der zerstörenden Prüfung unterzogen, und folglich wird hochwertiger Werkstoff unproduktiv verbraucht. Bei einigen Prüfmethoden wird das Erzeugnis zwar nicht zerstört, aber man fügt ihm eine „Wunde" zu. Bei der Härtemessung zum Beispiel drückt man mit definierter Kraft eine Diamantpyramide in das Erzeugnis, oder man erzeugt mit einer speziellen Kugel eine Druckstelle. Dabei bildet sich faktisch ein Oberflächenfehler, der während des Einsatzes des Bauteils zu seiner Zerstörung führen kann.

Bis vor nicht allzu langer Zeit war die einzige zerstörungsfreie Prüfmethode die Sichtprüfung des Erzeugnisses. Nehmen wir als Beispiel ein Stahlrohr. Wie kann man seine innere Oberfläche betrachten, wenn das Rohr mehrere Meter lang ist? Zuerst schiebt man von der einen und danach von der anderen Seite in das Rohr ein spezielles Gerät, das an das Periskop eines U-Bootes erinnert und am Ende eine Lampe hat. Der Prüfer dreht das Gerät langsam im Rohr und betrachtet aufmerksam die gesamte innere Oberfläche.

Scheinbar ist alles klar und einfach. Und dennoch entsteht ein Problem. Die Zeit, die eine derartige Prüfung beansprucht, hängt von vielen Faktoren ab; aber sogar im Idealfall braucht der Prüfer dafür einige Minuten. Und es müssen alle Rohre durchgesehen werden. Als der Herstellungsprozeß der Rohre noch nicht automatisch verlief, war dies halb so schlimm. Aber im 1. Uraler Rohrwerk wurde beispielsweise eine kontinuierliche Walzstraße in Betrieb genommen, die eine Geschwindigkeit von 18 Metern in der Sekunde hat. In einer Arbeitsschicht werden Hunderte Kilometer Rohre hergestellt. Natürlich kann man nicht mehr in alle von ihnen nach der alten Methode einfach „hineingucken“.

Deshalb war man gezwungen, eine andere zerstörungsfreie Prüfmethode zu entwickeln: die Defektoskopie. Eine der ersten verbreitet eingesetzten Methoden der Defektoskopie war die Durchstrahlung von Erzeugnissen, Bauteilen und Halbzeugen mit Röntgenstrahlen. Später wurden Defektoskope entwickelt, die mit Gamma- und Neutronenstrahlen, Infrarotstrahlen sowie Infra- und Ultraschallschwingungen arbeiten. Mittels dieser Defektoskopie kann man in das Innere von Bauteilen aus den verschiedensten Werkstoffen (Metallen, Keramik, Kunststoffen) „hineinsehen“. Dadurch hat man die Möglichkeit, Bauteile mit inneren Rissen, Lunkern und Fremdeinschlüssen auszusondern.

Die englische Firma „Hocking Electronics“ entwickelte ein Defektoskop für die Rißprüfung von Schwarz- und Buntmetallen sowie für das Sortieren von Metallen.

Die Prüfköpfe dieses Gerätes lösen optische und akustische Signale aus, wenn sie Risse feststellen. Zum Gerät gehören mehrere Prüfköpfe, von denen einer Metalle mit geringer von solchen mit hoher Zugfestigkeit, ein anderer gehärtete von ungehärteten Bauteilen unterscheiden kann.

Für die zerstörungsfreie Prüfung von Erzeugnissen aus Metall wird ebenfalls die Wirbelstrom-Defektoskopie genutzt. Ihr Wesen besteht darin, daß sich in der Spule eines Elektromagneten anstelle des Spulenkernes das zu prüfende Bauteil befindet. Wenn im Bauteil ein Fehler vorhanden ist, wird das sofort auf dem Bildschirm des aufzeichnenden Oszillographen angezeigt. Dieses Verfahren wird auch für die Prüfung von Schienen eingesetzt, da bei ihnen jeder innere Defekt unzulässig ist. Gegenwärtig sind in der sowjetischen Industrie schon Tausende solcher Geräte im Einsatz.

An der Harvey-Universität (Großbritannien) wurde eine automatische Prüfanlage im Wert von etwa 100000 Pfund Sterling für die Prüfung des Zustandes von Gleisanlagen entwickelt. Die Ausrüstung ist in einem Prüfzug untergebracht.

Bislang wurde in den Prüfzügen eine Apparatur verwendet, die den Gleiszustand fotografisch aufzeichnete. Die Analyse und Verarbeitung der Daten nahm längere Zeit in Anspruch. Die neue Anlage führt eine solche Analyse praktisch sofort aus, bei fahrendem Zug; die mit Rissen und anderen Defekten behafteten Schienen werden mit Farbe gekennzeichnet. Mit dieser automatischen Prüfanlage, die mehrere Mikrorechner vereint, kann man in einem Jahr alle Eisenbahnstrecken des Landes prüfen. Durch die Verringerung des Zeitaufwandes für die Durchführung der Analyse und die Aufzeichnung der Analyseergebnisse auf Magnetband gehen die Kosten der Prüfung zurück, obwohl ihre Genauigkeit zunimmt. Während der Prüfung fährt der Prüfzug mit einer Geschwindigkeit von etwa 40 Kilometern je Stunde. Die Ultraschall-Meßsonden gleiten dabei über einen Wasserfilm, der auf die Schienen aufgetragen wird.

Entwickelt wurden auch Methoden zur Härtemessung von Metallen, bei denen auf der Oberfläche des Bauteils keinerlei Eindruckstellen zurückbleiben. Die zu prüfende Oberfläche wird magnetisiert; an der Größe des Restmagnetismus kann man dann die Härte beurteilen. Diese Methode ist auch deshalb vorteilhaft, weil man die Härte an jedem einzelnen Punkt der Oberfläche bestimmen kann.

Zerstörungsfreie Methoden werden ebenfalls im Elektromaschinenbau angewendet, z. B. bei jenen Stäben, aus denen die Wicklungen der Turbo- und Wasserkraftgeneratoren bestehen. Ziel dieser Arbeiten ist es, daß kein Stab mit einem verdeckten Fehler in den Generator gelangt.

Bei den zerstörungsfreien Prüfmethoden ist es von großem Vorteil, daß die Prüfung automatisiert werden kann. Kehren wir zu dem Beispiel der Rohre zurück. Jetzt werden anstelle des Periskops andere Methoden der zerstörungsfreien Prüfung eingesetzt. Das mit der Geschwindigkeit eines D-Zuges über der Rollbahn rasende

Rohr durchläuft ein System von Meßfühlern, die augenblicklich seine technischen Parameter einschätzen. Ein Rechner, in den alle Parameterdaten eingehen, bestimmt den Weg des Rohres, und zwar ins Lager der Fertigerzeugnisse oder auf den Ausschußplatz.

Die bulgarische Produktionsvereinigung „Elektron" entwickelt und produziert ein originelles selbstfahrendes Defektoskop „DS-100" (Handelsbezeichnung „Gamma-Top"). Dieses Defektoskop, das in technologischen Rohrleitungen, Erdgas- oder Erdölleitungen entlangfährt, prüft die Schweißnähte. „Gamma-Top" kann in Rohren mit einem Durchmesser von 529 bis 1420 Millimetern arbeiten und alle Schweißnähte auf einer 3 Kilometer langen Trasse ohne Auswechseln der Energiequellen fotografieren. Die Bewegung des Defektoskops wird über die Rohrwand ferngesteuert. Die Fahrgeschwindigkeit kann 15 Meter je Minute erreichen.

Nach den Angaben eines der Industrieministerien der UdSSR erhöhte der Einsatz der Gamma-Defektoskope „Neva" die Arbeitsproduktivität auf das 16fache. Und ein Gerätekomplex für die zerstörungsfreie Prüfung von Rohren ersetzt 1500 Prüfer.

Der Anwendungsbereich der zerstörungsfreien Methoden der Qualitätsprüfung von Fertigerzeugnissen ist sehr groß. Defektoskope werden im Elektromaschinenbau, im Bauwesen und in der Elektronik verwendet.

Aber nicht nur bei der Herstellung von Erzeugnissen können die Methoden der Defektoskopie Anwendung finden. Nicht minder wichtig ist ihr Einsatz auch während des Betriebes von Erzeugnissen, wo sie rechtzeitig die unzulässige Abnutzung von Bauteilen signalisieren. Denn ein während des Betriebes entstandener Riß führt nicht immer sofort zu einem Ausfall. So führt z. B. ausländischen Angaben zufolge ein Riß in den Holmen des Tragschraubenblattes eines Hubschraubers zum Bruch des Blattes und zur unvermeidlichen Havarie nach 35 bis 50 Minuten Betriebszeit. Die Geräte der zerstörungsfreien Prüfung könnten diesen Riß vor Flugantritt nachweisen.

Die Wissenschaft vom Messen, die Metrologie, gewinnt gegenwärtig immer mehr an Bedeutung. Natürlich wurden immer Maße verwendet, aber in der fernen Vergangenheit waren die Maße ungenau und instabil. Als Längenmaß beispielsweise wurden in Ägypten der „Finger" und der „Schritt" und in Rußland die „Elle" und das "Klafter" verwendet. Heute sind die Forderungen an die Genauigkeit rapide gestiegen. Wenn noch vor nicht allzu langer Zeit der relative Fehler bei der Messung der Sekunde 10^{-7} betrug, so wurde dieser Fehler jetzt bis auf 10^{-10} verringert, die Genauigkeit der Zeitmessung stieg somit um drei Größenordnungen. Ohne eine derartige Präzision kann man bei der Steuerung von Raumschiffen und auch bei der Steuerung vieler moderner Produktionsprozesse, in denen Vorgänge in winzigen Bruchteilen einer Sekunde ablaufen, nicht auskommen.

Die Verbesserung der Meßgenauigkeit gestattet es, die Zuverlässigkeit von Erzeugnissen zu steigern. Eine Analyse zeigt, daß jeder dritte Fall der Herstellung nicht qualitätsgerechter Produkte auf die Verletzung der Vorschriften für die Messung, Prüfung und Qualitätskontrolle zurückzuführen ist. Fehlerhafte Messungen steigern den nicht festgestellten Ausschuß um 3 Prozent, aber die ökonomischen Verluste sind kolossal.

Um Verluste zu vermeiden, die durch ungenaue Messungen verursacht werden, wird in der UdSSR ein Staatliches System der Gewährleistung der Einheitlichkeit der Messungen eingeführt. Seine Basis bilden 12 grundlegende staatliche Standards. In ihnen ist genau vorgeschrieben, welche physikalischen Einheiten zu verwenden sind, mit welcher Methode zu messen ist, wie ein Meßergebnis zu kontrollieren ist usw. Bei der Überprüfung der Produktqualität wird nicht nur auf die technologische, sondern auch auf die metrologische Disziplin geachtet. Gegenwärtig kann kein Projekt ohne ein metrologisches Gutachten realisiert werden.

Immer umfangreicher werden bei den Prüfungen Computer eingesetzt. Viele Erzeugnisse kann man ohne Computer praktisch nicht prüfen. Ein modernes Flugzeug besteht aus Tausenden von Baugruppen, die getestet werden müssen, auch während eines Fluges. Denn nicht alle auftretenden Belastungen können auf der Erde imitiert werden. Deshalb wird der Zustand der Baugruppen mittels Tausender Meßfühler während eines Fluges automatisch erfaßt. Das an Bord des Flugzeugs installierte Mini-Rechenzentrum ruft die Daten ab und speichert sie auf Magnetband. Nach der Landung des Flugzeugs werden die Daten in einen Computer eingegeben, der sie verarbeitet, das Verhalten der Bauteile und Systeme berechnet, die verschiedenen wechselseitigen Beeinflussungen untersucht usw. Bereits zwei Stunden später erhalten die Ingenieure die ausgewerteten Daten.

Diagnosen von Maschinen für Maschinen

Der Arzt, an den wir uns wenden, stellt in erster Linie die Diagnose. Nach den von uns beschriebenen Symptomen zieht er Schlußfolgerungen über die Ursachen der Krankheit und verordnet eine entsprechende Behandlung. Der Erfolg der Genesung hängt davon ab, wie genau die Diagnose des Arztes zutrifft. In den meisten Fällen kann die richtige und rechtzeitige Diagnose den Menschen vor vielen Leiden bewahren.

Gegenwärtig entsteht der Beruf des „Maschinenarztes“. Das Feststellen der Ursache eines Maschinenschadens, besser noch die rechtzeitige Verhütung einer möglichen Havarie ist eine komplizierte, interessante und lebensnotwendige Aufgabe. Damit beschäftigt sich eine neue Wissenschaft: die technische Diagnostik.

Kraftfahrer wissen, daß es manchmal weitaus komplizierter ist, die Ursache eines Schadens im Auto zu finden, als sie zu beheben. Und dabei ist das Auto noch eine verhältnismäßig einfache Maschine! Was soll man da erst von den superkomplizierten Systemen mit Tausenden von Bauteilen und Baugruppen erwarten?

Ein System kann man auf verschiedene Art prüfen: Man kann jedes Element des Systems prüfen oder Gruppen von Elementen oder ganze Baugruppen. Eine sehr verbreitete Methode der Überprüfung ist das Auswechseln. Das Element, das vermutlich beschädigt ist, tauscht man durch ein offensichtlich funktionstüchtiges aus und schaut, ob dabei das System funktioniert.

Bei der Durchführung der Überprüfungen beginnen große Schwierigkeiten. Für die einfache Schaltung der elektrischen Anlage des „Moskwitsch“ kann man einfache Diagnosetests erstellen. Aber was soll man mit einem System anfangen, das Tausende von Bauelementen enthält? Der Diagnosetest für ein solches System würde viele Bände füllen, und für die Überprüfung wären Jahre erforderlich. Deshalb kann der Diagnostiker nicht ohne elektronische Meßgeräte auskommen, und die gesamte Diagnostik muß automatisiert werden. Prototypen automatischer Diagnosesysteme sind bereits vorhanden. Zum Beispiel gibt es in den Orts-Vermittlungsstellen Automaten, die mit einer Häufigkeit von 600 Rufen je Stunde das Telefonnetz ständig kontrollieren.

Besonders wichtig ist die automatische Diagnostik für komplizierte elektronische und nachrichtentechnische Systeme, wenn sie ihre Fehler selbständig anzeigen und möglicherweise sogar selbständig beheben sollen. Andernfalls kann man irgendein defektes Bauelement jahrelang in den verzweigten elektronischen Schaltungen suchen, während die Reparatur oder das Auswechseln nur wenige Minuten in Anspruch nimmt.

Als „Autodoktor“ bezeichnen Fachleute scherzhaft eine neue tragbare Prüfvorrichtung für Kraftfahrzeuge, die im Budapester Werk „Elektronica“ hergestellt wird. Sie ist vorgesehen für Garagen, Tankstellen, Wartungsstationen und Motels – also für jene Orte, wo eine „Krankheit“ des Kraftfahrzeugs diagnostiziert werden muß. Mit dieser Vorrichtung können alle Systeme des Kraftfahrzeugs geprüft werden: vom Reifendruck und der elektrischen Anlage bis zur Vergasereinstellung und der Abgasprüfung.

Es stellte sich heraus, daß die Messung des Geräusches oder der Vibration der Maschine, die „akustische Diagnostik", die Möglichkeit bietet, ausreichend objektive Informationen über ihren Zustand zu erhalten.

Sicherlich haben Sie schon Filmaufnahmen gesehen, in denen die Inbetriebnahme irgendeiner leistungsstarken Turbine gezeigt wird. Fast immer ist dabei ein Mensch anwesend, der so etwas Ähnliches wie ein medizinisches Stethoskop an die Maschine legt und die Maschine „abhört". Die Maschine „berichtet" ihm, wie ihre Bauteile während des Betriebes miteinander wirken. Wenn die Maschine dröhnt, dann heißt das, daß ihre Bauteile gegeneinanderschlagen. Wäre die Maschine mit idealer Genauigkeit hergestellt, dann gäbe es kein großes Spiel zwischen den Bauteilen, dann würde auch kein Schlagen auftreten, und die Maschine arbeitete fast geräuschlos. Je größer die Spiele, desto stärker das Schlagen, und desto mehr Lärm macht die Maschine.

Natürlich gibt es auch solche Mechanismen, die je nach Arbeitsbedingungen unbedingt klopfen, zum Beispiel Ventile. Aber auch diese Bauteile verursachen ein bestimmtes Geräusch. Wenn es sich ändert, dann bedeutet das, daß nicht alles glatt läuft.

Den Lärm, den eine Maschine macht, kann man messen. Für diesen Zweck wurden spezielle Geräte, sogenannte Geräuschmesser entwickelt. Aber es reicht nicht aus, nur den Geräuschpegel zu kennen. Bei ein und demselben Geräuschpegel kann eine Maschine völlig verschiedene Defekte haben. Der Lärm kann wegen der Vergrößerung der Lagerspiele, wegen des Verschleißes eines Ritzels und wegen anderer Ursachen zunehmen. Die Geräuschzunahme kann auch durch eine große oder viele kleine Bruchstellen erklärt werden. Wie kann man diese Ungewißheit beseitigen?

Einer der Wege zur Verbesserung der akustischen Diagnostik besteht darin, daß gleichzeitig mit dem Geräusch auch andere Größen gemessen werden. Ein Beispiel für ein solches diagnostisches System ist die Diagnostizierung von Panzermotoren, die von amerikanischen Ingenieuren entwickelt wurde. Dabei werden am Motor über 60 Meßfühler installiert, die die Temperatur an verschiedenen Punkten, den Öl- und Kraftstoffdruck, die Vibration von Baugruppen und viele andere Parameter messen. Die Meßergebnisse kommen in einen Digitalrechner, er analysiert die Ergebnisse und druckt als „Diagnose" aus, welche Bauteile auszuwechseln sind.

Diese Maschine steuert einen Prozeß der Diagnoseerstellung, der 30 Minuten dauert.

Ähnliche Diagnosesysteme wurden auch für Flugzeugmotoren entwickelt, aber dort sind bereits Hunderte von Meßfühlern erforderlich. Darin liegt auch ein Nachteil vergleichbarer Systeme: Das Anbringen der Meßfühler nimmt viel Zeit in Anspruch, aber sie bei der Herstellung der Maschine für immer einzubauen ist kostspielig.

Da der Charakter der Geräusche von Bauteilen von der Beschädigungsart abhängig ist, kann man den Fehler durch eine Analyse differenzieren. Wenn beispielsweise die Zähne eines Zahnrades gleichmäßig abgerieben sind, so tritt ein heulendes Geräusch auf, wenn dagegen im Zahnrad ein Zahn abgebrochen ist, entsteht ein periodisches Klopfen.

Man kann also am Charakter des Geräusches das „kranke" Bauteil ermitteln und den Fehler beseitigen. Dabei muß die Diagnostik das Nutzsignal aus dem Rauschen heraustrennen, eine Aufgabe, die in der Nachrichtentechnik schon erfolgreich gelöst ist. In der Tat, wenn das Geräusch aller übrigen Bauteile als „Rauschen" angesehen wird, so muß man aus seinem Untergrund das Nutzsignal des uns interessierenden Teils herauslösen.

Eine Apparatur für die Diagnostizierung, die auf diesem Prinzip beruht, wurde in der Sibirischen Abteilung des Allunionsinstituts für die Mechanisierung der Landwirtschaft entwickelt. Diese Apparatur, die den Namen SAD (System der akustischen Diagnostizierung) erhielt, wurde erfolgreich auf der internationalen Ausstellung „Automation-69" gezeigt. Mit Hilfe einer solchen Apparatur kann man die Diagnose für eine ganze Maschinenklasse erstellen. Die Apparatur muß zuvor „angelernt" werden. Dazu muß man ihr Geräusche von Maschinen mit bekannten Fehlern „vorspielen".

Die schwedische Firma „ASEA" entwickelte eine automatische Anlage zur Analyse von Vibrationen und zur Auswuchtung, die für die Prognostizierung von Fehlern in Maschinen und Mechanismen bestimmt ist. Diese Anlage mißt die Vibrationen, die infolge der Unwucht verschiedener rotierender Elemente entstehen, analysiert sie mit einem Mikrorechner, überträgt die Meßergebnisse und die Analyse auf einen speziellen Bildschirm und registriert sie mit einem Zeilendrucker. Dabei überprüft der Kontrolleur regelmäßig die Ergebnisse der Analyse, bewertet sie und führt die notwendige Auswuchtung der umlaufenden Konstruktionen durch. Mit dieser Anlage können Fehler in rotierenden Mechanismen und Maschinen vorhergesehen und die erforderlichen Maßnahmen zu ihrer Vermeidung getroffen werden.

Der allgemeine Einsatz der Diagnostik gestattet es, die Anzahl der Havarien stark zu verringern. Denn auf diese Weise wird nicht erst eine bereits eingetretene Havarie festgestellt, sondern schon der die Havarie ankündigende Zustand, der durch die Änderung der akustischen Parameter gekennzeichnet ist.

Diagnosestationen für die Überprüfung des technischen Zustandes von Kraftfahrzeugen sind schon keine Seltenheit mehr. Die Fehlerkarte, die der Autobesitzer nach der „Untersuchung“ erhält, gibt genau an, welches Teil repariert oder ausgewechselt werden muß.

Auf den Anfang dieses Abschnitts zurückkommend, muß man leider feststellen, daß noch kein „Diagnosestand“ für den Menschen entwickelt wurde. Die technische Diagnostik entwickelte sich so schnell, daß sie die medizinische teilweise überholte.

Welche Vorteile bietet die technische Diagnostik? Vor allem kann sie die Reparaturzeiten erheblich verkürzen, die bislang noch sehr groß sind. Beispielsweise muß bei Kraftfahrzeugen sogar unter günstigen Betriebsbedingungen für laufende Reparaturen etwa 20 Prozent der Betriebszeit aufgewendet werden; die Betriebszeitverluste von Traktoren betragen 30 bis 35 Prozent, weil potentielle Fehler nicht rechtzeitig genug festgestellt werden.

Anderen Angaben zufolge ist es sogar bei einer organisierten technischen Wartung unvermeidlich, daß Raupenschlepper während der Aussaat und der Ernte alle 50 Betriebsstunden repariert werden müssen, wobei eine Reparatur durchschnittlich 7,1 Stunden in Anspruch nimmt. Das bedeutet, von acht Arbeitsschichten steht der Schlepper eine Schicht still. In dieser Zeit muß er repariert werden, was man bei einer ordnungsgemäßen technischen Diagnostizierung hätte vermeiden können.

Und das betrifft nicht nur Kraftfahrzeuge und Traktoren. Den Angaben der Presse der USA zufolge betragen die Gesamtausgaben für die Reparatur und technische Wartung von radioelektronischen Ausrüstungen 1200 Prozent ihrer Anschaffungskosten.

Die Ingenieure suchen nach neuen, immer effektiveren Verfahren der technischen Diagnostik. Manchmal werden auch völlig überraschende Lösungen vorgeschlagen. Die Mitarbeiter des Institute of Technology in Illinois (USA) empfehlen, an den am stärksten verwundbaren und an lebenswichtigen Stellen der Ausrüstungen und Anlagen Parfümampullen anzubringen. Wenn in der betreffenden Baugruppe der Maschine irgend etwas passiert, wird die Ampulle zerschlagen, die Baugruppe verbreitet einen angenehmen Geruch und signalisiert so ihre Störung.

Eine praktische Methode der Fehlersuche nutzt der elektronische Informator „ELIN“, der sich an der Außenwand eines Gebäudes auf dem Kalinin-Prospekt in Moskau befindet. Der „ELIN" ist ein großer Farbbildschirm, auf dem Text- und Bildinformationen erscheinen. Wir wollen hier nicht auf die technischen Fragen des Betriebes dieser komplizierten elektronischen Vorrichtung eingehen, zu der über 600000 Bauelemente gehören. Betrachten wir nur, wie das Funktionieren der Schaltung gewährleistet wird; denn bei einer derartig komplizierten Schaltung und einer solchen Fülle an Bauelementen ist die Wahrscheinlichkeit für das Ausfallen irgendeines Elements sehr groß. Deshalb wurde der Zuverlässigkeit des „ELIN" von Beginn der Entwicklung an große Aufmerksamkeit gewidmet.

Der Bildschirm (die sogenannte Matrizentafel) besteht aus 103000 Lämpchen. Er ist so aufgebaut, daß sogar der gleichzeitige Ausfall von 5000 Lämpchen nicht sichtbar wäre. Aber wie kann man die durchgebrannten Lämpchen unter all den nicht durchgebrannten herausfinden? Zu Hilfe kommt ein System der automatischen Fehlersuche, das das ausgefallene Lämpchen ausfindig macht und anzeigt, wo es sich befindet.

Die Steuerschaltung des „ELIN" enthält eine Vielzahl von Thyristoren, Transistoren und Dioden, die in auswechselbaren Modulen zusammengefaßt sind. Wenn ein solcher Modulbaustein ausfällt, kann er schnell durch einen anderen ersetzt werden. Die Zuverlässigkeit des ELIN soll durch Reserveblöcke erhöht werden, die ebenfalls aus derartigen Modulbausteinen bestehen. Wenn irgendein Block ausfällt, so wird er automatisch abgeschaltet und an seiner Stelle ein Reserveblock in Betrieb genommen. Auf dem Steuerpult erscheint dann das Signal: Block defekt! Modulbausteine auswechseln! Somit ist im „ELIN" bereits eines der wichtigsten Strukturprinzipien elektronischer Systeme verwirklicht, das Prinzip der „Selbstreparatur".

Jedoch gelingt es bei weitem nicht immer, ein defektes Bauelement so einfach auszuwechseln wie im „ELIN". Betrachten wir das am Beispiel des Ausfalls eines Flugzeugmotors.

Ein modernes mehrmotoriges Flugzeug kann selbst bei Ausfall eines Motors ohne sonderliche Abenteuer gewöhnlich den nächsten Flugplatz erreichen. Dort stehen in der Regel Flugzeugmotoren verschiedener Fabrikate bereit, und der defekte Motor kann ausgetauscht werden. Aber auf den Flugplätzen liegen nur Kolbenmotoren in Reserve. Einen Vorrat an Strahltriebwerken anzulegen wäre unwirtschaftlich; denn sie fallen viel seltener aus als Kolbenmotoren und kosten wesentlich mehr. Man muß deshalb warten, bis das benötigte Strahltriebwerk zur Landestelle mit einem speziellen Transportflugzeug gebracht wird.

Spezialisten des Flugzeugkonzerns „Lockheed Aircraft Corporation“ schlugen vor, in diesen Fällen das benötigte Austauschtriebwerk von einem gewöhnlichen Passagierflugzeug mitführen zu lassen, bei dem es unter der Tragfläche befestigt werden könnte. Während des Fluges würde das „überflüssige“ Triebwerk zwar einen zusätzlichen Luftwiderstand erzeugen, der das Flugzeug zur Seite abzudrängen versucht, aber der Pilot könnte diese Kraft leicht mit dem Steuerknüppel kompensieren.

Warum sind U-Boote so teuer?

Warum sollten sie eigentlich billig sein? Ein modernes U-Boot – das ist schließlich eine Welt für sich, in der die Besatzung Monate leben kann, ohne aufzutauchen. Derartige Boote müssen eben sehr viel kosten.

Man kann jedoch beweisen, daß sie weitaus weniger kosten könnten.

Im Jahr 1939 richteten die USA besonders große Aufmerksamkeit auf den Aufbau einer schlagkräftigen U-Boot-Flotte. Sie sollte die Vorherrschaft der Vereinigten Staaten auf den Ozeanen gewährleisten. Vom Stapel liefen die Unterwasserkreuzer, einer nach dem anderen, immer vollkommener.

Die „Squalus“ gehörte zu den ersten. Das zur damaligen Zeit modernste U-Boot mit schlagkräftiger Bewaffnung konnte bei Überwasserfahrt eine Geschwindigkeit von bis zu 20 Knoten entwickeln. Die „Squalus“ hatte bereits 18 Tauchtests hinter sich, die alle erfolgreich verlaufen waren. Am 23. Mai 1939 sollte die nächste, die neunzehnte Erprobung des U-Bootes erfolgen. Das Programm war für dieses Mal nicht kompliziert. Das schnelle Tauchen sollte erprobt werden: in 60 Sekunden bis in 15 Meter Tiefe.

Der Test war für 8.30 Uhr angesetzt. Der Kommandant des Flottenstützpunktes, Konteradmiral *Cowl*, erhielt um 8.40 Uhr die Meldung über den Beginn des Tauchens und darüber, daß das U-Boot nach einer Stunde auftauchen sollte. Aber nach einer Stunde ging keine Meldung über das Auftauchen des U-Bootes ein. Sie kam auch nicht nach 24 Stunden, sie kam überhaupt nicht. Die „Squalus“, der Stolz der amerikanischen Seekriegsflotte, sank bei ihrer neunzehnten Tauchfahrt.

Zum Glück gelang es, wenigstens einen Teil der Besatzung zu retten, was bei U-Boot-Havarien nur selten möglich ist. Diesem Umstand verdanken wir es, daß wir die Havarie relativ genau rekonstruieren können.

Die Erprobung begann planmäßig. Um 8.30 Uhr, genau wie vorgesehen, wurde der Befehl zum Tauchen gegeben. Der Kommandant des U-Bootes, Oberleutnant *McQueen*, erhielt die Meldungen über den hermetischen Verschluß des Bootes, die Tauchtanks füllten sich schnell mit Wasser. Nach 60 Sekunden war das U-Boot bereits in 15 Meter Tiefe, genauso wie es auch geplant war. Plötzlich ging in der Zentrale ein Signal ein, daß in den Maschinenraum Wasser eindringt, und schon einen Augenblick später ertönte der verzweifelte Ruf: „Luftzuleitungsventil zum Motorenraum offen!" Durch eine nicht verschlossene Öffnung im Schiffskörper von einem knappen Meter Durchmesser brach ein mächtiger Wasserstrahl in das U-Boot ein. Die verzweifelten Versuche, das Boot zu retten, dauerten nicht lange. Bereits vier Minuten nach Beginn des Tauchens lag das Boot auf dem Meeresgrund, und es wurde klar, daß es nie mehr auftauchen würde. Jene Besatzungsmitglieder, die nicht vom Wasserstrom überrascht wurden, flohen in eine unbeschädigte Abteilung und warteten auf Hilfe von draußen.

Obwohl das Wasser durch eine metergroße Öffnung ins U-Boot strömte, zeigte die Signalanlage an, daß das Boot hermetisch verschlossen sei. Kein einziges rotes Lämpchen auf der Signaltafel meldete den Fehler des Ventils, obwohl mindestens eines von ihnen speziell dafür vorgesehen war.

Fast 48 Stunden dauerten die Aktionen zur Rettung der Besatzung. Dreiunddreißig Mann konnten gerettet werden, aber sechsundzwanzig Matrosen starben, und das U-Boot ging verloren. Und das nur deshalb, weil die Signalanlage defekt war.

Die Katastrophe der „Squalus" ist kein Zufall. Allein während des zweiten Weltkrieges gingen 50 U-Boote der kapitalistischen Staaten nicht im Gefecht unter, sondern wegen unterschiedlicher Defekte.

Nach dem zweiten Weltkrieg begann man, Atom-U-Boote zu bauen – noch kompliziertere Fahrzeuge. Bei ihnen kamen ebenfalls Havarien vor, und was für welche!

Auf dem ersten amerikanischen atomgetriebenen U-Boot, der „Nautilus", wurden während der Reparatur 159 Defekte festgestellt. Die „Helibat" mußte wegen eines Lecks in der Bugseite auftauchen, auf der „Triton" – Brand, Explosion und Verlust der Manövrierbarkeit. Ausströmen von Wasser aus der ersten Reaktorwandung auf dem Raketenträger „Theodore Roosevelt". Als die „Skate" eine Fahrt unter das Eis des Nördlichen Eismeeres unternahm, fiel ihr Hauptkondensator aus. Das U-Boot konnte nur durch den Zufall gerettet werden, daß man für die Reparatur eine eisfreie Stelle fand. Auf der „Skeepjack" fiel die Pumpe der Kraftanlage aus. Und schließlich im April 1962 das Unglück mit der „Tresher", eine der größten U-Boot-Katastrophen, die zum Tod von insgesamt 129 Besatzungsmitgliedern führte. Die Ursache dafür war dem Urteil der Untersuchungskommission zufolge der Bruch der Außenbordwasserleitung. Einige Spezialisten meinen jedoch, daß es der Wahrheit näherkommt, wenn man als Ursache eine Störung der Horizontalruder ansieht. Gäbe es noch einen Satz Ruder, noch einen Kondensator ...

Nach einer jeden Havarie ergriffen die U-Boot-Konstrukteure Maßnahmen, damit sich die Katastrophen nicht mehr wiederholten. Man verdoppelte alle lebenswichtigen Baugruppen der U-Boote. Wenn beispielsweise die „Squalus" mit zwei unabhängigen Signalanlagen ausgestattet gewesen wäre, dann hätte beim Ausfall einer Anlage die zweite das Tauchen des U-Bootes mit geöffnetem Ventil verhindert.

In modernen U-Booten sind praktisch alle Systeme und Mechanismen doppelt vorhanden. Die Signalsysteme wurden sogar vervierfacht, und die Geräte arbeiten nach dem sogenannten „Quorum-Prinzip", wobei die Anzeige eines Gerätes unbedingt durch die Anzeigen noch weiterer Geräte bestätigt werden muß, die unabhängig vom ersten sind. Jetzt können wir auf die in der Überschrift gestellte Frage antworten: U-Boote sind so teuer, weil in dem einen Schiffskörper zwei voneinander völlig unabhängige und gleichwertige Unterseeboote stecken.

Die „doppelten" U-Boote sind gegenwärtig fast genauso zuverlässig wie traditionelle Überwasserschiffe. Viele havariefreie Weltumrundungen der sowjetischen U-Boote sind dafür eine Bestätigung.

Man kann sagen, daß in zahlreichen Fällen eine drei-, vier-, fünf- oder sogar sechsfache Redundanz erforderlich ist. Die Notwendigkeit einer solchen Reserve in besonders schwerwiegenden Fällen wird durch ein einziges Beispiel überzeugend bestätigt.

Vor längerer Zeit mußte ein amerikanischer Bomber vom Typ B-52 infolge zahlreicher Umstände eine Atombombe, die er an Bord hatte, über dem relativ dichtbesiedelten Staat South Carolina abwerfen. Das mußte natürlich so geschehen, daß die Bombe nach dem Abwurf nicht explodierte. Dafür sollten sechs(!) Sicherungen sorgen. Als man die Bombe fand, stellte sich heraus, daß von den sechs Sicherungen fünf defekt waren; lediglich der sechsten Sicherung ist es zu verdanken, daß keine Katastrophe schrecklichen Ausmaßes passierte.

Man muß eben mit dem ungünstigsten Fall rechnen ...

Die Notwendigkeit der Redundanz sahen die Konstrukteure im

allgemeinen sehr schnell ein. Man mußte sich aber erst noch über deren erforderlichen Umfang klarwerden. Das war erst nach einigen tragischen Lehren möglich.

... *Thomas Andrews*, der berühmte Schiffbauer zu Beginn unseres Jahrhunderts, schuf sein neues Schiff unter Berücksichtigung der letzten Errungenschaften. Der Ozeanriese sollte etwa $^1/_4$ Kilometer lang werden, ungefähr 40 Meter hoch aus dem Wasser aufragen, eine Wasserverdrängung von etwa 66 000 Tonnen erhalten und eine Geschwindigkeit von 24 bis 25 Knoten erreichen. Das Ziel, das die britische White-Star-Linie verfolgte, war die Einrichtung einer der schnellsten und komfortabelsten Verbindungen zwischen der Alten und der Neuen Welt, und die Reederei scheute kein Geld für die Ausstattung ihres bewundernswerten, phantastischen und einzigartigen Schiffes. Luxuriöse Kabinen, Rauchsalons, Restaurants – alles sollte bereit sein zu Diensten der Transatlantikreisenden.

Auch die Sicherheit der künftigen Passagiere wurde nicht vergessen. Das war das erste Schiff der Welt, von dem man mit Gewißheit sagen konnte: Es ist praktisch unsinkbar! *Andrews* sah wasserundurchlässige Schotte im Kielraum vor. Durch sie wurde das Schiff in 16 Räume unterteilt. Sogar ein riesiges Leck würde das Schiff nicht bedrohen. Nur der hinter dem Leck liegende Raum würde sich mit Wasser füllen und das Schiff leicht schiefstellen – mehr nicht. Das Schiff brauchte auch zwei Leckstellen nicht zu fürchten, die zwei beliebige Räume fluteten; auch in diesem Fall wäre das Schiff weiter schwimmfähig. Passierte sogar das Unwahrscheinliche – das Fluten von drei Räumen –, auch dann könnte das Schiff nicht sinken. Mit dem Ziel maximaler Sicherheit berechnete *Andrews* das Schiff so, daß es auch bei vier benachbarten gefluteten Bugräumen nicht untergehen würde. Das war ein kolossaler Rekord der Zuverlässigkeit: ein unsinkbares Schiff.

Das Schiff wurde auf den Namen „Titanic“[1] getauft.

(Jahre später grub man in den Bibliotheken das geheimnisvolle Buch des Kapitäns zur See a. D. *M. Robertson* aus. *Robertson* beschrieb genau ein solches Schiff wie die „Titanic“, sechzehn Jahre vor dem Bau des Ozeanriesen. Robertsons Superschiff lief, ohne in New York anzukommen, in einer kalten Aprilnacht auf einen Eisberg und sank. Alle Charakteristika des Schiffes – Tonnage, Länge, Anzahl der Passagiere – waren bei *Robertson* und bei *Andrews* ein und dieselben. Was verbarg sich dahinter? Es ist naheliegend, daß

[1] Eine, die neuesten Erkenntnisse berücksichtigende Darstellung der Ereignisse um die „Titanic“, geben *H. Hess* und *M. Hessel* in ihrem 1989 im transpress-Verlag Berlin erschienen Buch „TITANIC – Zwei Gesichter einer Katastrophe“.

Robertson von dem Projekt eines Ozeanriesen wußte. Aber wie konnte er das übrige vorhersagen?)

Die „Titanic“ lief am 10. April 1912 aus Southampton aus. Sie nahm Kurs auf New York. *Smith*, der Kapitän, beeilte sich. Die Funkstation der „Titanic“ war überlastet mit Telegrammen, die von den Passagieren zu Freunden und Verwandten an beiden Küsten des Atlantik gingen. Das lenkte den Bordfunker etwas von den nüchternen und für diese Gegenden alltäglichen „Eiswarnungen“ ab. Am 14. April erhielt der Funker davon fast ein Dutzend! Die letzte schickte ihm die „California“, ein amerikanischer Hochseedampfer, der knapp zehn Meilen von der „Titanic“ entfernt war.

Kapitän *Smith* wußte, daß der Zusammenstoß mit einem Eisberg eine sehr seltene Angelegenheit war. Wenn er trotzdem geschehen würde, nichts könnte passieren. Der Schiffbauer *Andrews*, der verständlicherweise bei der Jungfernfahrt anwesend war, berichtete von der außergewöhnlichen Sicherheitsreserve des Schiffes: „Sogar wenn ein Eisberg die Bordwand durchbohrt (was im übrigen wenig wahrscheinlich ist, eher kommen wir mit einer Einbeulung, einem schwachen Stoß davon, den an Bord sowieso keiner bemerken wird), so wird auch in diesem fast undenkbaren Fall das Schiff nichts verlieren, es wird weiterschwimmen.“ Der Konstrukteur *Andrews* war deshalb auch nicht aufgeregt. Er schaute durch die Bullaugen in die kalte Aprilnacht. Mitternacht brach an. Das Schiff begann zu schlafen.

Der Ausguckmann hoch über Deck war *Frederic Fleet*. Er sollte als erster eine mögliche Gefahr erkennen und sie dem Kapitän melden. Die Nacht war kalt und finster. Eisberge sind nicht groß, gewöhnlich ragen sie einen bis anderthalb Meter aus dem Wasser heraus, neun Zehntel bleiben unter der Wasseroberfläche. Und *Frederic Fleet* schaute angestrengt nach unten in die dunklen Wellen vor dem Schiff …

Zwanzig Minuten vor Mitternacht erblickt *Frederic Fleet* mit Schrecken einen seltsamen Schatten. Aber nicht unten, sondern oben, über seinem Kopf. Er steigt empor, wird mal dunkler, mal heller, kommt von oben immer näher und näher. *Frederic Fleet* begreift, daß jetzt etwas Ungewöhnliches passieren wird – voraus schwimmt ein Eisberg phantastischer Größe. *Fleet* betätigt den Signalknopf und sieht, wie sich stumm und unaufhaltsam zwei Kolosse nähern. Endlich, seine Meldung ist offensichtlich eingegangen: Das Schiff neigt sich scharf nach Backbord, und der gut fünfzig Meter aus dem Meer ragende, nun schon in der Dunkelheit sichtbare, grünlich schimmernde, vom Wasser ausgespülte Eisfelsen gleitet an der Steuerbordseite des Schiffes vorbei. Anscheinend Glück gehabt!

„Anscheinend Glück gehabt!“ dachte auch der Rudergänger *George Thomas Roy*, der zu dieser Zeit Brückenwache hatte (er spürte für einen Augenblick die eigenartige Änderung im Arbeitsrhythmus der Maschinen und sah danach, wie an der Steuerbordseite des Schiffes langsam und starr ein gigantischer Eisberg vorbeizog). Die Stille und die Erhabenheit des Bildes flößten ihm Angst ein; und er atmete erleichtert auf, als der Eisriese allmählich in der Dunkelheit verschwand. Irgendwo in der Ferne schimmerten die Bordlichter der „California“.

Viele Passagiere spürten einen schwachen Stoß, aber er versetzte niemanden in Angst. Allein *Thomas Andrews*, der Schiffbauer, rannte Hals über Kopf zum Kapitän, um zu erfahren, was geschehen war.

Der Kapitän war aufgeregt. Irgend etwas Unangenehmes war auf dem Schiff passiert. Die Maschinen stoppten. Bald wurde das allen klar. Der Schiffskörper begann sich nach Steuerbord zu neigen. Das hätte niemals geschehen dürfen, und *Andrews* begriff wahrscheinlich, daß er nicht alles vorhersehen konnte, als er dieses Schiff konstruierte.

In den Äther wurden Notsignale gesandt. Aber jene, die sie hörten, waren weit entfernt. Und jene, die in der Nähe waren, d. h. die „California“, blieben in Unkenntnis – der Bordfunker hatte um Mitternacht Dienstschluß, und es war bereits Viertel nach zwölf.

Auf der „California“ vermutete man auch später kein Unglück. Als man sah, daß auf der „Titanic“ plötzlich die Bordlichter ausgingen (sie tauchten ins Wasser), war man der Meinung, daß dort Nachtruhe eingetreten sei. Als von der „Titanic“ Feuerwerkskörper abgeschossen wurden, dachte man auf der „California“, daß ein Fest abgehalten werde.

Andrews begriff sofort, daß er noch einen weiteren Fehler begangen hatte. Noch einen Fehler, der an Selbstsicherheit grenzt, – auf der „Titanic“ waren keine Rettungsgürtel vorgesehen. Wozu brauchte man sie auf einem unsinkbaren Schiff? Aber mit den Rettungsbooten und Rettungsflößen konnte man bei vollständiger Besetzung sowie organisierter Einbootung im besten Fall 1178 Passagiere retten. Auf dem Schiff aber waren fast doppelt soviel.

Die „Titanic“ versank langsam im Wasser.

Die Passagiere der ersten Klasse sowie Frauen und Kinder waren in erster Linie in Sicherheit gebracht worden. Um halb zwei Uhr in der Nacht waren alle Rettungsmittel erschöpft, und der Kapitän sagte den übrigen Passagieren, daß sie nur auf sich selbst rechnen könnten. Der Kapitän blieb auf dem Schiff.

In einem der prunkvollen Rauchersalons, ohne Anteilnahme zuerst an der überflüssigen Hast und danach an der eingetretenen Stille, saß einsam der Schiffbauer *Thomas Andrews.* Er verschränkte nachdenklich die Arme auf der Brust (so sah ihn zuletzt einer der Stewards). Er beschloß, auch auf dem Schiff zu bleiben, und warf verächtlich seinen Rettungsgürtel von sich. Möglicherweise konnte er bis zum Schluß nicht verstehen, was geschehen war. Möglicherweise glaubte er bis zuletzt nicht an eine Katastrophe mit seinem unsinkbaren und in jeder Hinsicht sicheren Schiff.

Um Viertel nach zwei Uhr tauchte das Brückendeck der „Titanic" ins Wasser. Die Katastrophe forderte eintausendfünfhundertunddrei Menschenleben. Lediglich siebenhundertfünf Passagiere und Mitglieder der Besatzung konnten gerettet werden.

Eine gründliche technische Analyse, die in der Folgezeit durchgeführt wurde, zeigte, daß die Katastrophenursache natürlich der Zusammenstoß mit dem Eisberg war. Jedoch wider Erwarten verursachte der Eisberg weder eine Einbeulung noch ein Leck im Schiff, sondern zerstörte sofort die wasserundurchlässigen Schotte in fünf der sechzehn Räume. Eine Katastrophe solchen Ausmaßes konnte sich *Thomas Andrews* einfach nicht vorstellen.

Auch in unseren Tagen bereiten die auf den nördlichen Breiten des Ozeans umhertreibenden Eisberge den Schiffen viele Sorgen. Betroffen sind besonders amerikanische Reedereien, die mit Tankern Erdöl vom Endpunkt der Transalaska-Pipeline, vom Hafen Valdez, zu den Häfen der Westküste transportieren.

Durch die ungewöhnlichen Wetterverhältnisse der letzten Jahre kommen Eisberge in diesen Gewässern außergewöhnlich häufig vor und stellen eine ernsthafte Bedrohung für die Schiffe dar. Es gibt Tage, an denen man von den Schiffen und Tankern aus mehrere Dutzend vorbeischwimmender Eisberge sehen kann.

Am unangenehmsten ist, daß man einen Eisberg schwer mit dem Radar ausmachen kann; er ragt in der Regel nicht hoch aus dem Wasser heraus, und die Radaranlagen „sehen" die flachen Objekte nicht.

Bislang wurde vorgeschlagen, die Eisberge von den belebtesten Fahrtrouten mit Hilfe von Spezialschiffen abzuschleppen. Wenn das nicht ausreicht, so muß man sie vielleicht an ihrer Entstehungsstelle, an der „Mündung" des Columbia-Gletschers, mit einem superfesten Seil „einsperren" und auf diese Weise ihre „Wiege" vom schiffbaren Teil der Columbia-Bay isolieren. Gegenwärtig wird ein solches Verfahren schon in Grönland eingesetzt. Als Barriere ist vor die Eisberge ein Netz gespannt worden, das aus gigantischen Nylonseilen von 25 Zentimeter Dicke geknüpft ist.

Schiffskatastrophen entstehen nur selten durch derart exotische

Ereignisse wie das Auflaufen auf einen Eisberg. Viel öfter resultieren sie leider aus elementarer Nichteinhaltung der Betriebs- und Sicherheitsvorschriften für Schiffe.

In den 60er Jahren unseres Jahrhunderts bereiteten die zahlreichen Schiffsbrände und die in diesem Zusammenhang zu zahlenden hohen Summen den Versicherungsgesellschaften große Sorgen. So wurden infolge der Brände auf den Veteranenschiffen „Lakonia" im Jahre 1963 und „Jarmut Kasl" im Jahre 1965 über zweihundert Menschenleben dahingerafft, von dem riesigen materiellen Schaden ganz zu schweigen. Feuer war im Jahre 1966 auch der Grund für die fast völlige Zerstörung des norwegischen Fahrgastschiffes „Viking Princes" und der westdeutschen „Hanseatik". In allen Fällen brachen die Brände im Maschinenraum aus.

Diese dramatischen Ereignisse führten zu neuen Maßnahmen des Brandschutzes und zu wesentlich strengeren Anforderungen an die Schiffbauer und die Besatzungen. Doch auch dies brachte keine Abhilfe.

Ende September 1980 machte vom Kai des Hafens Vancouver das Luxus-Fahrgastschiff „Princedam" los. Seine 320 begüterten Fahrgäste hatten sich auf eine höchst abwechslungsreiche Kreuzfahrt eingestellt. Zunächst wurde Alaska angelaufen, wo die Reisenden einen gigantisch erhabenen Eisgletscher besichtigen konnten, danach drehte das Schiff nach Westen ab, um den nächsten Punkt der Kreuzfahrt, den japanischen Hafen Yokohama, zu besuchen.

In der dritten Nacht, um halb zwei etwa, meldete sich der Schiffsfunk. Alle Passagiere wurden aufgefordert, sich sofort an Deck zu begeben. Die Erklärung lautete, im Maschinenraum sei ein Feuer ausgebrochen, das man jedoch bereits lokalisiert hätte.

Doch die Meldung entsprach mehr dem Wunschdenken als dem tatsächlichen Sachverhalt. Der Brand konnte nicht lokalisiert werden. Es ist nicht einmal gelungen, das Umsichgreifen des Feuers zu verhindern. In der Morgendämmerung wütete es bereits im Restaurant. Um 5.30 Uhr gab der Funker das Seenotzeichen durch. Eine halbe Stunde später befahl der Kapitän, die Rettungsboote zu besteigen. 320 Passagiere sowie 190 Matrosen fanden sich in der offenen See wieder, die zum Glück ruhig war.

Was war wirklich passiert? Im Maschinenraum war ein Feuer ausgebrochen. Die Mannschaft bemühte sich, den Brand zu löschen, aber vergeblich: die handbetriebenen Feuerlöschpumpen erwiesen sich als zu schwach. Erfolglos blieben auch die Versuche, die bordeigene Feuerlöschpumpanlage einzuschalten. Die automatischen Sprühdüsen in allen Kajüten und Gemeinschaftsräumen sprachen infolge Wassermangels nicht an. Das Ganze war um so überraschender, als nur fünf Monate vor der unheilvollen Kreuzfahrt das Schiff von der amerikanischen Klassifikationsbehörde überprüft und für ideal zuverlässig befunden worden war.

Alle Fahrgäste und die gesamte Mannschaft der „Princedam“ konnten glücklicherweise gerettet werden.

Nach dem Vorfall mit der „Princedam“ müßten die Schiffsbetreiber, meint man, doppelt so vorsichtig geworden sein. Doch das war leider nicht der Fall. Nur vier Monate danach geschah Tausende Kilometer von Alaska entfernt, in der Javasee, die größte Schiffskatastrophe der letzten Jahre.

Die „Tampomas“ war 1971 vom japanischen Mitsubishi-Konzern gebaut worden. Im Februar 1980 erwarb eine indonesische Firma das Schiff. Sie zahlte den Preis von 8,3 Millionen Dollar, in dem auch die Kosten für den Umbau der „Tamponas“ in ein Fahrgastschiff enthalten waren. Selbstverständlich gehörten dazu auch die Arbeiten in bezug auf Brandsicherheit. Doch der Mitsubishi-Konzern ist den Vertragsvereinbarungen nicht nachgekommen – das Deck ist nicht mit der feuerabweisenden Imprägnierung versehen worden, das Feuermeldesystem wurde nicht installiert, und die vorhandenen Anlagen erwiesen sich als nicht funktionstüchtig. Schon bei der ersten Fahrt im Juni 1980 fiel allein der Schiffsantrieb sechsmal aus.

Dennoch wurde das Schiff weiter eingesetzt. Die Schiffseigner wollten sich mit der Instandsetzung der defekten Anlagen nicht abgeben. Mehr noch, die „Tampomas“ nahm ständig eine überhöhte Anzahl von Fahrgästen an Bord.

An dem Tag, als die Katastrophe geschah, am 26. Januar 1981, waren 300 Passagiere über die Norm hinaus an Bord. Der Brand brach, wie auch auf der „Princedam“, im Maschinenraum aus. Der Wachoffizier meldete dies dem Schiffskapitän Abdul Rivai, der daraufin befahl, alles zum Löschen des Brandes zu unternehmen. Damit sich der Brand nicht weiter ausbreitet, wurden auf Befehl des Kapitäns die Maschinen gestoppt. Die Stromversorgung wurde abgeschaltet. Unter den Fahrgästen brach Panik aus, einige sprangen über Bord.

Als sich herausgestellt hatte, daß der Brand nicht gelöscht werden kann, befahl der Kapitän, die Schiffsmotoren wieder in Gang zu setzen und den nächsten Hafen anzulaufen. Bald danach gab es eine gewaltige Detonation. Die Autos und die Motorräder auf dem Oberdeck waren in die Luft geflogen. Die „Tampomas“ bekam starke Schräglage und büßte an Fahrt ein. Es wurde klar, daß sie es nicht mehr bis zum Ufer schafft.

Der Kapitän wies den Funker an, das Seenotzeichen durchzugeben, doch die Schiffsstation war defekt. Der Funker wollte den Sender des inzwischen gewasserten Rettungsbootes benutzen, schaffte dies aber nicht mehr, da das Boot sich schon zu weit entfernt hatte. Vier Tage und fünf Nächte wurde das stark überladene Rettungsboot mit seinen 150 Insassen auf dem Meer umhergetrieben. Als Hilfe kam, waren nur noch 63 von ihnen am Leben.

... Auf der „Tampomas" wurde weiter gegen den Brand angekämpft. In der Morgendämmerung des nächsten Tages sichtete man das sinkende Schiff von der „Sanghiche" aus, die auf Fahrt von Pandan nach Surabaja war. Die „Sanghiche" näherte sich der „Tampomas", um Bergungsaktionen einzuleiten. Leider war die „Sanghiche" selbst im Havariezustand – nach dieser Fahrt sollte sie in Generalüberholung gehen. Nur eine Eilfracht hatte den Kapitän veranlaßt, sich aufs offene Meer hinauszuwagen. Unterwegs waren schon zwei von den vorhandenen drei Elektrogeneratoren ausgefallen.

Die „Sanghiche" kam auf 150 Meter an das sinkende Schiff heran und schoß die Rettungsleine hinüber. Dies gelang, aber der starke Seegang brachte die Schiffe auseinander, und die Leine zerriß. Nun versuchte man, die „Tampomas" mit Rettungsbooten zu erreichen. Davon gab es sechs auf der „Sanghiche", da aber nur ein Generator intakt war, konnten lediglich zwei Boote zu Wasser gelassen werden, von denen eines sich als funktionsuntüchtig erwies. Das andere nahm 150 Passagiere vom brennenden Schiff an Bord.

Den ganzen Tag und die ganze nächste Nacht dauerten die Bergungsarbeiten an. Jetzt beteiligten sich an ihnen noch weitere Schiffe. Insgesamt sind etwa 300 Menschen gerettet worden.

Am nächsten Tag explodierte auf der „Tampomas" um 12.30 Uhr der Lagerraum mit den Gasflaschen für die Schiffsküche. Das Schiff neigte sich enorm. Zwanzig Minuten später war es in der Meerestiefe verschwunden.

Über 500 Menschenleben hatte die Katastrophe in der Javasee dahingerafft. Und der Grund der Katastrophe bestand im defekten Zustand der Feuerlöschanlagen, soweit sie überhaupt vorhanden waren, und im Nichteinhalten der elementaren Sicherheitsvorschriften.

Es ist besonders schrecklich, wenn Fahrlässigkeit, Schlamperei und Nichteinhalten elementarer Dienstpflichten seitens der Kapitäne, denen das Leben Hunderter Passagiere anvertraut ist, die Ursache schwerer Schiffskatastrophen sind.

Auf der Seekarte der Zemesbucht bei Noworossisk sind als Zeichen auch kleine schwarze Kreuze eingetragen. Sie kennzeichnen die mit ihren Besatzungen 1918 versenkten Schiffe des Schwarzmeer-Geschwaders, die dem Feind nicht in die Hände fallen sollten. Sie stehen auch für die heldenhaften Besatzungen und Schiffe, die während des Großen Vaterländischen Krieges sanken. Um so unsinniger und schrecklicher ist ein anderes schwarzes Kreuz, das im September 1986 auf der Karte auftauchte. An dieser Stelle, 2,14 Meilen von Kap Doop und 5,51 Meilen von Mys Chako entfernt, liegt die „Admiral Nachimow“ ein Touristenschiff der Schwarzmeer-Schiffahrtsgesellschaft.

Am Abend des letzten Augusttages legte die „Admiral Nachimow“, die sich auf einer Kreuzfahrt befand, vom Ankerplatz im Hafen von Noworossisk ab und nahm Kurs auf Sotschi. An Bord waren 1234 Personen – 888 Passagiere und 346 Besatzungsmitglieder. Es war bereits 22.30 Uhr, so daß sich viele Passagiere in ihre Kabinen begeben hatten. Andere hielten sich noch auf dem hellerleuchteten Heck des Motorschiffes auf, wo Musik erklang und getanzt wurde.

Der Kapitän des Schiffes, *V. Markov*, verließ unmittelbar nach dem Ablegen die Kommandobrücke und überließ dem Zweiten Nautischen Offizier, *Čudnovskij*, das Kommando. Der Kapitän eilte in die Luxuskabine. Dort wartete auf ihn ein Gast, dessentwegen übrigens auch die Abfahrt des Schiffes um eine ganze Stunde verschoben worden war.

Kurze Zeit später teilte der Hafendispatcher dem Kapitän des Motorschiffes über Funk mit, daß sich der Trockenfrachter „Piotr Wassew“, ein großes Schiff mit einer Wasserverdrängung von 40000 Tonnen und mit Getreide in den Laderäumen, den Hafengewässern von Noworossisk näherte.

Es war eine dunkle, aber wolkenlose südliche Nacht. Bei solchem Wetter sind die Positionslampen sogar der kleinsten Kutter zu erkennen, geschweige denn die eines solch großen Schiffes wie der „Piotr Wassew“ oder der „Admiral Nachimow“, eines Schiffes, das einem mehrgeschossigen Hause glich. Alle, die an Deck standen, konnten mit bloßem Auge sehen, wie am Horizont zwei Schiffe auftauchten. Sie begriffen, daß diese sich so aufeinander zubewegten, daß sich ihre Kurse kreuzen mußten.

Die weiteren Handlungen der Kapitäne sind logisch nicht zu erklären. Der Lotse hatte die Kapitäne rechtzeitig gewarnt, vorsichtiger zu sein. Die Schiffe standen über Funk miteinander in Verbindung und sprachen sich über die gegenseitige Passage ab. Auch wenn sie dies nicht getan, sondern einfach nur die Internationalen Regeln zur Verhinderung von Schiffskollisionen eingehalten hätten, in denen klar und deutlich festgelegt ist, wer den anderen passieren lassen muß und wer auf Kurs bleiben kann, wäre es nicht zu der Katastrophe gekommen. Keiner der auf den Kommandobrükken Stehenden wollte jedoch eine Kursänderung vornehmen.

Die „Piotr Wassew“ setzte mit unverminderter Geschwindigkeit ihre Fahrt fort, obwohl der Hafendispatcher dem Kapitän *V. Tkačenko* vorschlug, erst das Passagierschiff kreuzen zu lassen. Der Kapitän des Frachters schaute auf seiner Kommandobrücke fortwährend auf den Radarschirm, um die Möglichkeiten verschiedener Ausweichmanöver zu erwägen. Der Dritte Nautische Offizier machte den Kapitän mehrmals darauf aufmerksam, daß es Zeit ist, den Kurs zu ändern, denn das Passagierschiff lag direkt auf dem Kurs. Aber der Kapitän winkte nur ab. Erst als die Gefahr einer Kollision deutlich wurde, drehte *Tkačenko* den Hebel des Maschinentelegrafen auf „volle Fahrt zurück“. Einen Frachter mit einer Masse von fünfzigtausend Tonnen sofort zu stoppen ist jedoch unmöglich. Die Schiffe näherten sich zusehends, denn auch der Kommandierende der „Admiral Nachimow“ entschloß sich zu spät, den Kurs zu ändern.

Um 23.15 Uhr rammte die „Piotr Wassew“ bei einer Geschwindigkeit von zehn Knoten und unter einem Winkel von etwa 100 Grad die Bordwand der „Admiral Nachimow“.

Bei dem Aufprall schlug der sogenannte Wulstbug ein Leck in den Bereich des Maschinenraumes des Liners, das ein Ausmaß von etwa acht Quadratmetern hatte. Die „Wassew“ stoppte, die „Nachimow“ fuhr aufgrund der Trägheit weiter, wobei die Bordwand auseinandergerissen wurde. In die entstandene Öffnung von etwa achtzig Quadratmetern drang Wasser ein. Nach Berechnungen von Spezialisten betrug die Geschwindigkeit, mit der das Wasser in das Innere des Schiffes eindrang, etwa 30000 Kubikmeter in der Minute. Durch den großen Wasserdruck wurden die Schotten eingedrückt, das Schiff bekam Schlagseite und sank innerhalb von sieben bis acht Minuten.

In diesen schweren Minuten haben die Menschen, die an Bord waren, Rettungsmaßnahmen getroffen. Augenzeugen berichteten davon, wie Besatzungsmitglieder Rettungsgurte austeilten, wie die Männer, die in dieser extremen Situation nicht den Kopf verloren, Frauen und Kinder retteten. Die schreckliche Lage wurde außerdem noch dadurch erschwert, daß das Wasser in den Maschinenraum drang und das Licht auslöschte. Der Maschinenassistent *V. Belan* wollte das Notstromaggregat einschalten. Das Licht brannte jedoch nur wenige Sekunden. Der Maschinenassistent selbst konnte aus den Fluten nicht mehr gerettet werden ...

Unter diesen Bedingungen und in dieser kurzen Zeit war die Mannschaft physisch nicht in der Lage, viele der auf dem Schiff vorhandenen Rettungsmittel zum Einsatz zu bringen. Genutzt werden konnten lediglich Schwimmwesten und Rettungsflöße.

Der Notruf wurde in Noworossisk zwei Minuten nach der Katastrophe empfangen. Alle zur Verfügung stehenden Mittel wurden sofort an den Unglücksort geschickt. Dem tragischen Punkt am nächsten befand sich das Lotsenboot LK-90, ein winziges Schiff mit drei Mann Besatzung. Aber auf diesem Boot fanden 84 Schiffbrüchige Platz. Zu Hilfe eilten auch Küstenschutzboote. Aus einem unvorstellbaren Wirrwarr von ausgelaufenem Öl, Rettungsflößen, abgerissenen Leinen, Sachen und Menschen, die vom untergehenden Schiff sprangen, zogen die Angehörigen des Küstenschutzes Bewußtlose, die meistens verletzt waren. Offiziersschüler der Seefahrtschule in Noworossisk näherten sich mit Vergnügungsjachten dem Unglücksort und begannen sofort mit der Rettung der Schiffbrüchigen. Die Situation wurde durch auflandigen Wind, der die Menschen vom Ufer wegtrieb, erschwert. Hubschrauber entdeckten Schiffbrüchige noch viele Kilometer vom Unglücksort entfernt.

Dank der getroffenen Maßnahmen wurde die Mehrheit derjenigen, die das sinkende Schiff verlassen konnten, gerettet. Das waren insgesamt 838 Menschen. Aber 396 Menschen verloren bei dieser Tragödie, die es in solchem Ausmaß im Schwarzen Meer bisher nicht gegeben hatte, ihr Leben.

Was war die Ursache dieser schrecklichen Katastrophe? Diese Frage wurde während des Gerichtsprozesses, der im März 1987 gegen die ehemaligen Kapitäne *V. Tkačenko* und *V. Markov* in Odessa stattfand, eindeutig beantwortet. Mehr als zwei Wochen lang untersuchte das Strafkollegium des Obersten Gerichtes der UdSSR jede Einzelheit der Tragödie auf dem Meer sehr sorgfältig. Etwa sechzig Bände umfaßten die Materialien der Voruntersuchung. Es wurden Hunderte Zeugen und Experten befragt. Am Ende war die Schuld der beiden Kapitäne unwiderlegbar nachgewiesen. Sie hatten zahlreiche grobe Verstöße gegen die Regeln der Sicherheit der Seeschiffahrt zugelassen, was zu einem schweren Verbrechen führte. Die beiden Angeklagten wurden zu langjährigen Freiheitsstrafen verurteilt. Neben ihnen auf der Anklagebank saßen Unverantwortlichkeit, Nachlässigkeit und Disziplinlosigkeit.

Man sollte meinen, daß eine solche Katastrophe eine Lehre für die Seeleute vieler Länder gewesen wäre, daß sie dazu beigetragen hätte, die nicht leichte Arbeit mit noch größerer Verantwortung auszuführen. Aber bereits ein halbes Jahr nach der Tragödie im Schwarzen Meer ereignete sich ein schrecklicher Schiffbruch am anderen Ende von Europa, in der Nordsee.

Zwischen Belgien und Großbritannien kursieren regelmäßig riesige Fährschiffe. Neben Passagieren werden auch Autos und andere Güter befördert.

Am 6. März 1987 sollte eine solche Fähre, die „Herald of Free Enterprise", aus dem belgischen Hafen Zeebrugge auslaufen. Auf der Fähre begann man sofort nach Einsetzen der Flut mit dem Verladen von 84 PKW und 46 LKW. Die Lastkraftwagen fuhren auf das untere Deck, die Personenkraftwagen auf das Oberdeck, das eine bewegliche Ladebrücke aus Metall hatte.

Die Fähre war überladen. Gewöhnlich sind im zeitigen Frühjahr wenige Passagiere an Bord. Aber an diesem Tag waren es 463, hauptsächlich Engländer. Unter ihnen auch britische Armeeangehörige von den in Westdeutschland stationierten Truppen, die auf Urlaub nach Hause fuhren, Eltern mit ihren Kindern, die aus den Ferien in Belgien zurückkehrten.

Das Ablegen der Fähre verzögerte sich. Eile war geboten, um den Fahrplan genau einzuhalten. Wie gewöhnlich gab der Kapitän das Kommando „Zurück", und die gewaltige Fähre legte von der Anlegestelle ab. Währenddessen war die Mannschaft auf den Decks, die an die riesigen Decks eines Flugzeugträgers erinnern, noch damit beschäftigt, die Fahrzeuge zu vertäuen.

Nachdem die Fähre einige hundert Meter zurückgelegt hatte, wendete sie und fuhr in Richtung Hafenausgang, wo nach der Flut gewöhnlich eine starke Strömung von links nach rechts zu beobachten ist. Um Kursabweichungen zu verhindern, empfiehlt es sich, diese Stelle mit einer hohen Geschwindigkeit zu passieren. Deshalb betrug die Geschwindigkeit der Fähre am Hafenausgang etwa 15 Knoten.

Auf dem mit Gütern beladenen Deck kam es zu einer gefährlichen Situation. Die riesigen Außentore, von denen jedes eine Masse von 12 Tonnen hat, waren nicht dicht verschlossen. Es gibt zwar noch Innentore, von denen eines jeweils fünf Tonnen wiegt, aber diese waren an diesem Tag ebenfalls nicht verschlossen.

Als die Fähre in die Strömung hineinfuhr, drang Wasser durch die unverschlossenen Tore. Sofort bekam das Schiff nach Backbord Schlagseite. Da das Wasser immer weiter eindrang, wurde auch die Schlagseite größer. Die Autos wurden aus den Verankerungen gerissen. Das Schiff sank buchstäblich in Sekundenschnelle. Es vergingen nur 30 bis 50 Sekunden. Der Kapitän schaffte es nicht einmal mehr, das Signal „SOS" zu geben. Es waren erst 11 Minuten vergangen, seit die Fähre von der Anlegestelle abgelegt hatte.

Da das Ufer nur 800 m entfernt war, konnten sofort Rettungsmaßnahmen eingeleitet werden. Und trotzdem fanden 134 Menschen den Tod.

Die große Zahl der Opfer läßt sich vor allem dadurch erklären, daß die Fähre sehr schnell sank. Außerdem kam es an Bord zu Panik. Die geretteten Passagiere berichteten, daß an Bord völliges Chaos geherrscht habe, daß das Licht ausgegangen wäre, und daß die Zwischenwände zwischen den Kabinen wie Karten eingestürzt seien.

Warum waren die hermetisch schließenden Tore der Fähre nicht geschlossen? War die Ursache dafür verbrecherische Nachlässigkeit oder ein Defekt im Schließmechanismus der Tore? Eine ausführliche Antwort darauf soll die Untersuchung liefern. In diesem Zusammenhang ist der Hinweis des Londoner „Daily Express" von Bedeutung, daß gerade bei dieser Fähre früher schon Probleme beim Schließen der massiven Tore auftraten. Mitunter mußte eine spezielle hydraulische Vorrichtung zum Einsatz gebracht werden, um die verkeilten Tore nach der Rückkehr von einer Fahrt wieder zu öffnen.

Leider ist diese Tragödie nicht die einzige und die schwerste bei den Fährschiffkatastrophen. Das nach dem zweiten Weltkrieg schwerste Fährunglück ereignete sich 1954 an der Küste Japans. Der Untergang des Schiffes „Toija Maru" kostete 1172 Menschen das Leben. 1956 sank in der Irischen See die Postfähre „Prinzessin Victoria". Es kamen 133 Passagiere und die Besatzung ums Leben. Allein in den 80er Jahren ereigneten sich neun schwere Fährunglücke, bei denen 1273 Menschen starben.

Die gefährdetsten Stellen der Fähren sind nach Meinung von Spezialisten die riesigen Fahrzeugdecks, die keine wasserundurchlässigen Querschotte haben. Die Ursachen für die Tragödien waren zum Teil Nachlässigkeit in der Wartung, ungenügender technischer Zustand der Schiffe und Mangel an Rettungsmitteln. All das führte dazu, daß sich vergleichsweise unbedeutende Zwischenfälle zu schweren Unglücken auf dem Meer ausweiteten. Deren bittere Lehren müssen von allen Seemächten berücksichtigt werden.

Zahlreiche Seekatastrophen gab es in den letzten Jahren in der Nordsee, im Raum der Offshore-Erdölfelder. Seit dem Zeitpunkt, als die ersten Konzessionen für die Suche nach Erdöl in diesem Raum erteilt worden waren, sind erst etwas mehr als zwanzig Jahre vergangen, doch heute existieren hier bereits Tausende Bohrungen und Dutzende Bohrplattformen für die Erdölgewinnung auf offener See.

Die Offshore-Bohrplattformen sind metallene Giganten von etwa 250 Meter Höhe und mehr als 10 Kilotonnen Masse. Diese zur Hälfte aus dem Wasser herausragenden Konstruktionen stehen gewöhnlich auf fünf Stützen, die wiederum auf riesigen Pontons ruhen. Theoretisch wird die Standsicherheit der Plattformen durch vier der vorhandenen fünf Stützen gewährleistet. Die Plattformen halten Stößen von Wellen mit einer Höhe von 25 bis 30 Metern stand.

An alles scheint gedacht worden zu sein. Die Offshore-Bohrplattform müßte und könnte fraglos ein zuverlässiges Bauwerk abgeben. In Wirklichkeit jedoch ist das nicht der Fall. Die Erdölkonzerne betreiben ihr Fördergeschäft mit großem Risiko für Menschen und Umwelt. Die Sicherheitsvorschriften werden nicht eingehalten, im Vordergrund stehen hohe Förderleistungen um jeden Preis. Darum kann es nicht verwundern, daß das Betreiben der Offshore-Erdölfelder von Anfang an havarieträchtig war.

Bei der Explosion auf der Plattform „Alpha" der Lagerstätte „Ekofisk" im November 1975 sind drei Menschen ums Leben gekommen, drei weitere wurden verletzt. Im März 1976 ist an der norwegischen Küste eine Bohrturmplattform gekentert: Sechs Personen ertranken. Im April 1977 sind infolge eines Fehlers beim Auswechseln eines Ventils an der Plattform „Bravo" zwanzigtausend Tonnen Erdöl in die Nordsee ausgeschwemmt worden; das Personal konnte gerettet werden. Bei der Bekämpfung eines Brandes an der „Maersk-Explorer" im Oktober 1977 kam ein Taucher um. Ein Jahr danach büßte an einer Plattform von „Ekofisk" ein weiterer Taucher sein Leben ein. Im Februar 1978 brach an Bord einer Plattform im Stav-Fjord ein Brand aus, dabei verbrannten fünf Arbeiter.

Die größte Katastrophe auf Offshore-Erdölfeldern gab es im März 1980. Am 27. März war die Wohnplattform „Alexander Kielland" des amerikanischen Konzerns „Phillips petroleum" gekentert. 123 Personen kamen ums Leben. Rettungsmannschaften aus Norwegen, Holland und England gingen sofort an die Arbeit, wurden aber durch dichten Nebel behindert. Am nächsten Morgen war der Nebel verflogen. 45 Schiffe und 10 Hubschrauber kamen zum Katastrophenort. Aus dem Wasser ragten vier Stützen der bei einem Sturm aus ihrer Verankerung gerissenen und umgekippten Plattform heraus. Das Wohnheim der Erdölarbeiter lag rund 30 Meter unter Wasser. Taucher und ein kleines, mit Fernsehkameras ausgestattetes U-Boot gingen an die Untersuchung des in der Tiefe befindlichen Teils der „Alexander Kielland", in der Hoffnung, Anzeichen von Leben in den Wohnräumen festzustellen, in denen mehrere Dutzend Arbeiter eingeschlossen sein mußten. Die Rettungsmannschaften arbeiteten bis spät in die Nacht hinein, aber es war alles umsonst.

In dem vierstöckigen Wohnheim mit seinen Schlaf-, Freizeit- und Küchenräumen waren auch die Erdölarbeiter von den benachbarten Förderplattformen untergebracht. Zu einer von ihnen, der „Edda“, führte eine Stahlbrücke vom Wohnheim, die zum Glück kurz vor der Katastrophe demontiert worden war. Zum Glück, weil die Zahl der Opfer sonst um ein Vielfaches höher gewesen wäre.

Die Katastrophe geschah abends um halb sieben, als sich die meisten Bewohner im Kinosaal befanden. Die Geretteten sagten später aus, zuerst wäre ein furchtbares Krachen zu hören gewesen, und die Plattform hätte sich um 45 Grad geneigt. In dieser Stellung verharrte sie etwa fünfzehn Minuten, worauf sie vollends umkippte. Die Menschen fanden sich im eisigen Wasser wieder, und nur diejenigen, die auf Flöße und Rettungsboote gestoßen waren und diese in Besitz genommen hatten, konnten sich retten.

Die letzte Überprüfung der „Alexander Kielland“ war im September 1979 von norwegischen Spezialisten vorgenommen worden, die keine besonderen Abweichungen von der Norm festgestellt haben. Doch aufgrund von Umständen, die von der Firma streng geheimgehalten wurden, sollte diese Plattform am 2. April 1980 durch eine andere, konstruktiv analoge Wohnplattform, die „Henrik Ibsen“, abgelöst werden. Die Katastrophe geschah fünf Tage vor dem geplanten Austausch.

Die Ursachen der Katastrophe sind bis heute nicht restlos geklärt. Von den Förderkonzernen wird sie als „unerklärlich“ bezeichnet. Fachleute jedoch ziehen mehr zur Sache sprechende Erklärungen vor. Experten haben die abgebrochene fünfte Stütze sehr gründlich in der norwegischen Stadt Stavanger untersucht und meinen, sie habe das Umkippen der Riesenkonstruktion verschuldet. Nach Ansicht von Mitarbeitern des Ministeriums für Energiewirtschaft in London konnte zur Ursache der Katastrophe auch das heftige Aufprallen des Schiffes werden, das die Verbindung zwischen den Wohnplattformen und den Förderplattformen aufrechterhielt. Auch eine Gasexplosion am Fuße der Stütze wird nicht ausgeschlossen.

Was die Ursachen dieser konkreten Katastrophe auch sein mögen, klar ist, daß die Plattformen der Lagerstätte „Ekofisk“ zu wenig Sicherheitsvorrichtungen und Einrichtungen aufwiesen, die für die Standfestigkeit bei stürmischer See zu sorgen hatten.

Das zuverlässige Auto auf sicherer Straße

Seit den achtziger Jahren des vergangenen Jahrhunderts, als *G. Daimler* (1834 bis 1900) und *C. F. Benz* (1844 bis 1929) die leichten Benzinmotoren in das Zweirad und in die Kutsche einbauten, begann der Siegeszug des Autos auf den Straßen der ganzen Welt. Eine sehr bequeme Sache – das Auto. Aber ... wenn man sich die Frage stellt, wo sich der Mensch sicherer fühlt – unter der Betondecke eines modernen Hauses oder in den Ledersesseln eines fahrenden Autos – so wird die Antwort eindeutig sein ... Buchstäblich jeden Tag gehen neue Meldungen von Unfällen im Straßenverkehr ein:

„Paris. Bei Autounfällen auf den Straßen Frankreichs starben in der vergangenen Woche 119 Personen und 3674 wurden verletzt. Im Vergleich zum Vorjahr stieg die Zahl der Verkehrsunfälle und Verkehrstoten" (15. April 1971).

„Brüssel. Ein schwerer Unglücksfall, der sich auf der Hauptverkehrsstraße zwischen Gent und Antwerpen ereignete, forderte infolge der Explosion eines Flüssiggastransporters drei Menschenleben. Sechs weitere Fahrer und Insassen erlitten schwere Körperverletzungen. Die durch den Unfall verursachten Verluste betragen über 1 Million Belgische Franc" (25. April 1971).

„Bonn. Während der Osterfeiertage kamen bei Verkehrsunfällen auf den Straßen der BRD Dutzende Personen ums Leben. Allein im Bundesland Nordrhein-Westfalen gab es in vier Tagen 18 Tote und 996 Verletzte.

Auf den Straßen eines weiteren Bundeslandes, Bayern, gab es in diesen Tagen fast 1000 Unfälle mit 19 Verkehrstoten" (24. April 1973).

„Genf. Infolge der alle 30 Sekunden in den europäischen Ländern passierenden Verkehrsunfälle stirbt alle 5 Minuten ein Mensch und weitere 20 werden verletzt, teilt die Europäische Wirtschaftskommission der UNO mit" (16. März 1973).

Ein 3000 Jahre alter Ölbaum, unter dem einst *Platon* mit seinen Schülern Gespräche geführt haben soll, wurde Opfer eines Verkehrsunfalls. Wie die Nachrichtenagentur Griechenlands mitteilte, fuhr ein vom Pech verfolgter Autofahrer gegen diesen Baum. Der Stamm wurde samt Wurzeln herausgerissen und zerbrach in vier Stücke. Von einem Auto konnte keine Rede mehr sein.

Leider waren Havarien schon immer ein ständiger Begleiter des Automobils. Bereits im Jahre 1896 gab es den ersten Autounfall in England: Bei einer steilen Abfahrt brach die Radfelge eines Autos, der Fahrer und der Beifahrer kamen ums Leben.

Der zu Beginn unseres Jahrhunderts populäre Schriftsteller *Anton Skitalec* schrieb in der Zeitung „Kopejka":

„Selten vergeht ein Tag, ohne daß Automobile zwei bis drei Passanten zu Tode fahren. Das Heer der Chauffeure kommt mir vor wie eine Horde weißer Wilder, die willkürlich hinrichten und begnadigen."

Es wurden harte Strafen für Vergehen im Straßenverkehr eingeführt. Und einige Beamte des Zaren fällten einfach die Entscheidung „Verbieten!". Als sich der in Jekaterinodar ansässige Rechtsanwalt *Logoškin* aus dem Ausland ein Automobil kommen ließ und mit ihm in den Straßen der Stadt auftauchte, löste der Militär-Gouverneur des Ural unverzüglich das Problem der Verkehrssicherheit. In seiner Order Nr. 11063 vom 3. Oktober 1901 befahl er dem Uraler Polizeimeister: „Das Automobil anhalten und beschlagnahmen und den mit ihm Fahrenden zur gesetzlichen Verantwortung ziehen."

Natürlich war das Verbieten ohne Erfolg. Das Automobil eroberte sich die Straßen der ganzen Welt.

Aber sind die Unfälle unvermeidlich? Wird das Automobil immer eine lange Liste von Opfern verursachen?

Wahrscheinlich wird man diese Liste nicht vollständig beseitigen können. Vor allem deshalb nicht, weil ein Verkehrsunfall auf eine, wenn man es so ausdrücken will, „dreifache Unzuverlässigkeit" zurückzuführen ist: Mensch + Auto + Verkehrsorganisation. In die Wissenschaft von der Zuverlässigkeit müssen deshalb auch Erkenntnisse der Psychologie, der Verkehrssicherheit, der Verkehrsorganisation und des Bauwesens einfließen.

Wir beginnen allmählich zu erkennen, daß die Wissenschaft von der Zuverlässigkeit umfassender ist als die Zuverlässigkeitstheorie. Die Wissenschaft von der Zuverlässigkeit enthält Elemente anderer Wissenschaften sowie eine Vielzahl von Forschungs- und Entwicklungsrichtungen.

Leider wurden die meisten Straßen innerhalb der Städte und zwischen den Ortschaften hauptsächlich in einer Zeit gebaut, als an das Auto noch nicht zu denken war. Das trifft besonders für alte Städte zu, in denen sich das Straßennetz unter Berücksichtigung einer bequemen Fortbewegung für Fußgänger, Reiter und relativ kleine Equipagen ausbildete. Das Auto von heute kann sowohl im direkten als auch im übertragenen Sinn das „Netz" aus Kreuzungen, Haupt- und Nebenstraßen nicht verlassen. Schon jetzt ist in Paris die durchschnittliche Geschwindigkeit eines Autos kleiner als die eines Fußgängers. Über die kurvenreichen englischen Straßen sagte der Schriftsteller *G. K. Chesterton*: „Ein von einer zur anderen Seite schwankender englischer Säufer baute die krummen englischen Straßen ..." Die verwinkelten und engen Straßen sind ein Erbe der Vergangenheit, und der Widerspruch zwischen dem modernen Verkehr und diesem Anachronismus führt zu einer großen Anzahl von Verkehrsunfällen.

Sowohl in der Sowjetunion als auch im Ausland ist man bestrebt, in den Städten den Strom der Fußgänger von dem der Fahrzeuge zu trennen. Durch den Bau von Fußgängertunneln, deren Anzahl mit jedem Jahr größer wird, ging die Anzahl der Unfälle, bei denen Fußgänger in Mitleidenschaft gezogen wurden, rapide zurück. In den neuen Stadtteilen Moskaus, z. B. in Severnoe Čertanovo, verschwindet der Fahrzeugstrom sogar gänzlich unter der Erdoberfläche; Straßen und Plätze bleiben den Fußgängern vorbehalten.

In der ganzen Welt entfaltete sich ein kolossaler Straßenbau. Alte Straßen werden durch breite, moderne Hauptverkehrsadern ohne Überschneidungen und Kreuzungen ersetzt.

Aber selbst auf der geradesten und breitesten Straße kann ein Zusammenstoß erfolgen. Die Kollision zweier Fahrzeuge in der norwegischen Stadt Björkö, gelegen auf einer winzigen Insel der Inselgruppe Vesteralen, wurde zum Thema tagelanger Gespräche und nicht endender Witzeleien: Hier stießen nämlich der einzige PKW der Insel und der einzige LKW auf der einzigen Straße der Stadt zusammen!

Das Auto ist nicht wie eine Lokomotive an Schienen gebunden, und durch eine falsche Bewegung des Fahrers kann es auf die Gegenfahrbahn gelangen.

Auf dem Wolgograd-Prospekt in Moskau und an vielen anderen Stellen erprobt man bereits Drahtnetze, die sich zwischen den Fahrbahnen befinden. Wenn ein Fahrzeug von der Spur abkommt, kann es infolge des Netzes nicht auf die Gegenfahrbahn gelangen, und ein Frontalzusammenstoß wird somit abgewendet. Aber selbst unabhängig von solchen Vorfällen ist das Trennetz von Nutzen, denn es streut das Scheinwerferlicht der entgegenkommenden Fahrzeuge und verhindert ein Blenden des Fahrers.

Die häufigsten Ursachen von Verkehrsunfällen sind das Auffahren eines Autos an einen Baum oder einen Brückenpfeiler und der Sturz in den Straßengraben. In den USA starben beispielsweise im Jahre 1970 über 20000 Menschen aus den genannten Ursachen. In diesem Zusammenhang werden an den gefährlichsten Straßenabschnitten sogenannte Leitplanken aufgestellt. Die bisher üblichen Planken haben aber ernsthafte Nachteile. Zum Beispiel kann der Zusammenstoß mit einer massiven Betonplanke sowohl dem Fahrer als auch dem Auto teuer zu stehen kommen. Eine elastische Barriere in Form einer Kettenabsperrung schleudert das Fahrzeug zwar auf die Fahrbahn zurück, aber ein nachfolgendes Fahrzeug kann einen Auffahrunfall verursachen.

Amerikanische Wissenschaftler entwickelten deshalb Leitplanken eines prinzipiell neuen Typs, die energieschluckend und damit aufpralldämpfend wirken. Eine solche Planke besteht aus stählernen Hohlzylindern. Prallt ein PKW unter einem Winkel von 20 Grad mit der Geschwindigkeit von 60 Kilometern in der Stunde auf, wird er nur geringfügig beschädigt. Konstruiert wurden auch Kunststoffplanken in Form von Zylindern, die mit Wasser gefüllt sind. In den USA wurden aufpralldämpfende Sicherheitsplanken aus Schaumstoff, alten Autoreifen und Sandsäcken erprobt.

Im Jahr 1896 nahm der französische Physiker und Elektromechaniker *Marcel Depré* an der feierlichen Eröffnung der Automobilausstellung in Paris teil. In einem Trinkspruch äußerte er die Überzeugung, daß das Auto der Zukunft eine Geschwindigkeit von 60 Kilometern je Stunde erreichen würde. Einer der damaligen namhaften Automobilkonstrukteure sagte daraufhin unzufrieden: „Warum findet sich immer jemand, der mit seinen dummen Vorhersagen die ganze Feierlichkeit verdirbt!"

Heutzutage sind auch 200 Kilometer je Stunde keine Grenze für einen gewöhnlichen Serienwagen. Die hohe Geschwindigkeit eines Autos ist allerdings eine häufige Unfallursache. Die Nationale Behörde für Verkehrssicherheit, die den Straßenverkehr in den USA überwacht, veröffentlichte Zahlen, die auf der Grundlage einer Statistik von Verkehrsunfällen berechnet wurden. Diese Zahlen geben darüber Auskunft, welche Fahrgeschwindigkeit am sichersten ist.

Wenn die Geschwindigkeit des Autos über 115 Kilometer je Stunde liegt, dann sind die Überlebenschancen des Fahrers bei einem Aufprall praktisch gleich Null. Bei einer Geschwindigkeit von 100 bis 115 Kilometern je Stunde betragen sie ungefähr 87 Prozent, bei 80 bis 100 Kilometern je Stunde ungefähr 97 Prozent. Bei einer Geschwindigkeit von 65 bis 80 Kilometern je Stunde steigen die Chancen, mit einem Schrecken oder leichten Schürfwunden davonzukommen, fast bis auf 98 Prozent, während sie bei 50 bis 65 Kilometern je Stunde 99 Prozent erreichen. Das ist auch die optimale Fahrgeschwindigkeit. Deshalb wurde in vielen Ländern eine Geschwindigkeitsbegrenzung eingeführt, die bereits ihre Früchte trägt. Zum Beispiel starben auf den Straßen Japans im Jahr 1978 etwa 9000 Menschen. Das sind halb soviel wie im Jahr 1970. Das läßt sich dadurch erklären, daß die japanische Polizei neue, strengere Straßenverkehrsvorschriften eingeführt hatte. Die Geschwindigkeit der Fahrzeuge wurde in den Städten auf 40 Kilometer je Stunde begrenzt, und die Strafen für das Fahren unter Alkoholeinwirkung wurden erhöht.

Viele Unfälle sind auf den starken Abfall der Beleuchtungsstärke beim Hineinfahren eines Autos in einen Tunnel zurückzuführen. Die Zeit, in der sich unsere Augen an die herabgesetzten Sichtverhältnisse gewöhnen, beträgt 2 bis 4 Sekunden; so lange steuert der Fahrer das Auto sozusagen blind. Die Zeitspanne verdoppelt sich bei grellem Sonnenschein – selbst die leistungsstärksten Scheinwerfer können den Helligkeitsabfall nicht ausgleichen.

Das menschliche Auge ist ähnlich einer Filmkamera aufgebaut: Dort wird die Intensität des Lichtbündels, das auf den Film trifft, mit der Blende reguliert; hier spielt eine vergleichbare Rolle die Iris, die sich zusammenzieht oder weitet. Sie verringert oder vergrößert entsprechend die im Zentrum befindliche Pupille, das „Fenster" zur Außenwelt. Die Schnelligkeit der Muskeln, die diese lebendige „Blende" bewegen, hängt nicht vom Willen des Menschen ab, sondern vom Zustand seines vegetativen Nervensystems. Müdigkeit oder selbst eine kleine Menge konsumierten Alkohols vermindern erheblich das Reaktionsvermögen; dadurch wird das Unfallrisiko erhöht.

Um diese Gefahr auf ein Minimum einzuschränken, muß beim Hineinfahren in einen Tunnel vor allem die Geschwindigkeit verringert werden. Denn bevor sich die Augen des Fahrers an das Halbdunkel gewöhnen, hat das Auto bei einer Geschwindigkeit von 60 Kilometern je Stunde bis zu 66,5 Meter, bei 90 Kilometern je Stunde bis zu 99,75 Meter und bei bei 120 Kilometern je Stunde bis zu 133 Meter zurückgelegt. Deshalb sollte man vor dem Einfahren in einen Tunnel den Sicherheitsabstand zum Vordermann auf mindestens 100 Meter vergrößern und die Augen leicht zusammenkneifen, um den Kontrast zu verringern.

Den Berechnungen von Versicherungsgesellschaften zufolge hängt die Verkehrssicherheit noch von einem Faktor ab, der bis jetzt nicht berücksichtigt wurde. Ausgewertet wurden 16 Millionen Unfälle auf den Straßen Amerikas in den vergangenen Jahren. Dabei stellte sich heraus, daß ledige Fahrer und Fahrerinnen viermal häufiger Unfälle verschulden als verheiratete.

Überhaupt ist die Rolle des menschlichen Faktors bei der Gewährleistung der Verkehrssicherheit sehr groß. Es hat sich die Meinung eingebürgert, daß sich ein routinierter Fahrer durch gutes Sehvermögen und schnelle Reaktionsfähigkeit auszeichnet. Jedoch bei näherer Betrachtung zeigt sich, daß es zwischen diesen Eigenschaften und der Häufigkeit von Verkehrsunfällen keinen beständigen und eindeutigen Zusammenhang gibt.

Trotzdem existiert eine objektive Kenngröße, die die Unfallneigung des Menschen bestimmt – die emotionelle Instabilität. Es wurde nachgewiesen, daß der Fahrstil von Taxifahrern eng mit ihrem sonstigen Verhalten in Familie und Beruf zusammenhängt. Taxifahrer mit aggressivem Charakter, die sich oft mit den Vorgesetzten anlegen und in der Familie Streitigkeiten schaffen, geraten auch häufig in Verkehrsunfälle. Aber die „unfallfreien" Fahrer sind auch in allen übrigen Lebenssituationen ausgeglichen, kontrollieren streng ihre Handlungen.

Aber selbst der ausgeglichenste Fahrer kann einen Unfall verursachen, wenn seine Aufmerksamkeit infolge von Übermüdung nachläßt. Am schlimmsten ist die Gefahr, hinter dem Lenkrad einzuschlafen. Um das zu verhindern, sind bereits mehrere Signalsysteme entwickelt worden. Unglängst wurde in Ungarn ein neues Gerät für diesen Zweck entwickelt. Das Gerät sendet dem Fahrer in ungleichmäßigen Zeitabständen Lichtsignale. Der Fahrer muß durch Knopfdruck bestätigen, daß er sie bemerkt hat. Wenn keine Bestätigung eingeht, ertönt in der Fahrerkabine ein Wecksignal. Wenn auch nach diesem Signal keine Reaktion erfolgt, so bedeutet das, daß der Fahrer das Fahrzeug nicht mehr unter Kontrolle hat. Dann beginnt das Gerät, den auf der Straße entgegenkommenden Fahrzeugen Lichtsignale zu geben, damit sie vor einer Gefahr gewarnt sind.

Mediziner aus der BRD warnen: „Rauchen im Auto ist gefährlich!" Wie Versuche bewiesen haben, kann die Konzentration des giftigen Kohlenmonoxids im Auto bei laufendem Motor 30 bis 50 Milligramm je Kubikmeter Luft erreichen. Wenn man im Auto außerdem noch raucht (Kohlenmonoxid ist auch im Zigarettenqualm enthalten), so kann die Menge an Kohlenmonoxidgas gefährlich werden. Dieses Gift wirkt vor allem auf das Gehirn – die Aufmerksamkeit des Fahrers wird geschwächt, die Reaktionsgeschwindigkeit sinkt.

Wenn es regnet, bildet sich bei Überschreiten einer bestimmten Fahrgeschwindigkeit zwischen der Fahrbahn und den Rädern des Autos ein Wasserfilm aus, der die Straßenhaftung stark herabsetzt (sogenanntes Aquaplaning). Unter diesen Bedingungen kann das Fahrzeug praktisch die Lenkfähigkeit verlieren. Zum Beseitigen dieser Erscheinung entwickelte der Reifenhersteller „Dunlop" Reifen, die das Wasser aus dem Profil der Räder herausdrängen. In England veränderte man mit dem gleichen Ziel die Oberflächenstruktur der Fahrbahnen. Durch eine spezielle Behandlung wird die Oberfläche von Betonstraßen grobkörnig gestaltet, bevor der Beton ausgehärtet ist. Wenn sich die Oberfläche mit zunehmendem Verschleiß glättet, erneuert man die Struktur durch Aufbringen von quer verlaufenden Rillen.

Viele Unfälle auf den Straßen passieren infolge des Auffahrens auf Verkehrszeichen, mit denen der Straßenrand in den Städten dicht „bepflanzt" ist. Aber wenn der Pfahl des Verkehrszeichens elastisch wäre, würde er sich beim Aufprall des Fahrzeugs umbiegen und das Auto unbeschädigt lassen.

Die Moskauer haben sich schon an die Durchsage gewöhnt: „Den Zug der Metro steuert ein automatischer Fahrer". Automatische Fahrer werden ebenfalls auf Eisenbahnstrecken eingesetzt. Vielleicht wird auch bald der Fahrer eines Autos von der Notwendigkeit befreit sein, das „Lenkrad zu drehen".

Automaten kennen kein psychisches „Hoch" und „Tief". Aufregungen, Nachlassen der Aufmerksamkeit und Zerstreutheit – für den Menschen kennzeichnende Eigenschaften – sind den Automaten fremd. Die Einführung eines automatischen Fahrers könnte die Sicherheit des Straßenverkehrs erheblich steigern. In England wird bereits das Muster eines Radargerätes erprobt, das für den Einbau in Kraftfahrzeugen vorgesehen ist. Es soll die Entfernung bis zum vorausfahrenden Fahrzeug und dessen Geschwindigkeit bestimmen. Das Radargerät wird an einen transportablen elektronischen Rechner angeschlossen, der durch die Steuerung des Vergasers und der Bremsen einen Sicherheitsabstand zwischen den Fahrzeugen gewährleistet.

In einigen Ländern gibt es bereits Straßenabschnitte, in denen unter der Straßendecke ein elektrisches Kabel verlegt ist. Der durch das Kabel fließende elektrische Strom erzeugt ein elektromagnetisches Feld, und ein Empfänger im Auto sorgt dafür, daß das Auto genau dem Verlauf des Kabels folgt.

Das interessanteste Projekt einer „elektronischen Stadtautobahn" entwickelte eine Gruppe von Professoren im Institute of Technology in Massachusetts. Diese Wissenschaftler schlagen vor, über den Hauptverkehrsadern einer Stadt auf Trägern gelagerte Hochstraßen zu errichten, die über die Stadtgrenzen hinaus reichen. Wichtig an diesem Projekt ist, daß die Autos auf den Hochstraßen elektrisch angetrieben werden sollen. Auf diese Weise könnte die betreffende Stadt ohne Halt und Verzögerung durchquert werden. Für den Bau dieser Elektrostraßen könnten Fertigteile aus vorgespanntem Stahlbeton verwendet werden. Das Projekt würde, wie seine Autoren behaupten, wesentlich kostengünstiger sein als der Bau gewöhnlicher Straßen. Die verdeckten Schienen, auch „elektronische Führer" genannt, die zu beiden Seiten der Elektrostraße verlegt werden sollen, dienen der Zuführung von elektrischer Energie und von Signalen für das automatische Fahren entlang der einprogrammierten Wegstrecke. Die Fahrzeuge, die sich der elektronischen Führer bedienten, brauchten eine zweifache Steuerung – eine für das automatische Fahren auf der Elektrostraße und eine für das Fahren auf gewöhnlichen Landstraßen und im Stadtverkehr.

Ein solches System hat viele Vorteile, vor allem eine höhere Geschwindigkeit. Auf der Elektrostraße könnten die Fahrzeuge mit einer Geschwindigkeit von annähernd 100 Kilometern je Stunde fahren. Weiterhin käme das hohe Durchlaßvermögen der Straße hinzu. Der Abstand zwischen den Fahrzeugen würde 3 Meter nicht überschreiten. Außerdem beseitigte man durch den Einsatz von Elektromotoren teilweise das Problem der Luftverschmutzung. Die Autofahrer brauchten nicht erst darauf zu warten, bis man einen speziellen Autotyp konstruiert, der auf einer solchen Elektrostraße fahren kann. Jedes moderne Auto könnte ohne besonderen Aufwand und in kürzester Zeit entsprechend angepaßt werden.

Wie aber geht das Fahren auf der Elektrostraße vor sich? Wenn sich ein Auto einer Auffahrt auf die Elektrostraße nähert, führt eine elektronische Vorrichtung in der Straße eine technische Diagnostizierung durch, bei der der Zustand des Fahrzeugs geprüft wird. Bei geringfügigen Störungen am Fahrzeug wird es auf eine gesonderte Strecke gebracht. Ist dagegen alles in Ordnung, so teilt der Fahrer durch Knopfdruck auf der Steuertafel dem elektronischen Rechner den Endpunkt seiner Reise mit. Der Rechner entscheidet, wann das Fahrzeug in den allgemeinen Verkehrsstrom einbezogen wird, und bestimmt die günstigste Fahrstrecke. Anschließend schaltet der Fahrer auf Signal des Rechners den Motor aus und stellt das Auto auf die automatische Steuerung um. Unter dem Kotflügel wird eine Kontaktstange ausgefahren, über die die elektrische Energie und die Steuersignale für die Fahrt auf der Elektrostraße ankommen. Das Fahrzeug ordnet sich auf der Hauptfahrspur in den Verkehrsstrom ein. Der Rechner begleitet es bis zur Abfahrt, die dem Zielort am nächsten gelegen ist, und führt es von der Elektrostraße hinunter. Anschließend übernimmt der Fahrer wieder das Lenken des Autos.

Vielleicht bleibt dieses grandiose Projekt ein Traum. Aber einige Teile dieses Vorhabens sind bereits schon heute zur Realität geworden. *William Olden*, ein Ingenieur aus Westborrow (Massachusetts), konstruierte ein Elektroauto mit doppelter Steuerung. Das Fahrzeug wird von Akkumulatoren gespeist, auf den gewöhnlichen Straßen von Hand gesteuert und auf einer Elektrostraße automatisch. Für die Erprobung und Weiterentwicklung des Projekts schlug *Olden* eine kurze Fahrstrecke vor, auf der das Elektroauto mit einer Geschwindigkeit von etwa 100 Kilometern je Stunde fahren kann. Seinem Werk gab *Olden* den Namen „Star car" („Sternenauto"). Seiner Meinung nach ist die Durchlässigkeit der von ihm entwikkelten Straße 10mal größer als die der herkömmlichen, weil die Fahrzeuge trotz der hohen Geschwindigkeit sehr nahe hintereinander fahren können. Wenn ein Elektroauto aus irgendeinem Grunde ausfällt, wird es von dem nächsten bis zur folgenden Abfahrt mitgeschleppt.

Ein grundsätzlich anderer Weg zum Vermeiden von Unfällen ist die Verbesserung des Autos selbst. Vor allem muß man sich bei der Herstellung des Autos mit aller Verantwortung um seine Qualität kümmern. In der Halle Nr. 61 des Autowerkes an der Wolga werden neue „Lada", die gerade das Fließband verlassen haben, absichtlich in „Schrotthaufen" verwandelt.

Auf einem der Prüfstände öffnet und schließt ein Automat ununterbrochen die Autotüren – nicht eine Stunde, nicht zwei Stunden, sondern eine ganze Woche lang. Durch die dabei gewonnenen Erkenntnisse konnte erreicht werden, daß sich im Fall eines Unfalls die Türen nicht von allein öffnen (das ist eine sehr häufige Ursache für den Verkehrstod).

Auf einem großen Vibrationsprüfstand mit elektrischer Schwingungserzeugung wird durch einen Rütteltest die Karosserie des Fahrzeugs innerhalb von 40 Minuten in einen solchen Zustand gebracht, den sie normalerweise erst nach 200000 Fahrtkilometern erreicht.

In derselben Halle gibt es Kammern, in denen das Auto der Einwirkung tropischer Hitze und arktischer Kälte ausgesetzt wird, in Regenschauer gerät und gegen Schneeverwehungen ankämpft. Alle Tests dienen dazu, daß das Fahrzeug zuverlässig und sicher ist.

Sogar die Farbgebung der Autos spielt für die Gewährleistung der Sicherheit eine erhebliche Rolle. Untersuchungen zeigten, daß ein Auto mit heller Lackierung sicherer ist als eins mit dunkler. In der Statistik der Verkehrsunfälle entfallen auf hell lackierte Autos 6 Prozent der Unfälle, auf dunkel lackierte 61 Prozent und der Rest auf zweifarbige Autos. Die Experten vermuten, daß die Fahrer die Entfernung bis zum nächsten Auto in Abhängigkeit von seiner Farbgebung verschieden einschätzen. Doch das gehört schon zum Betätigungsfeld der Psychologen.

Ein Auto muß das Herstellerwerk ohne Fehler verlassen, das ist allen klar. Und dennoch kann die Herstellung von „fehlerfreien" Autos bei schwacher Kontrolle durch die technische Kontrollorganisation nur ein frommer Wunsch bleiben.

Im Jahr 1972 wurden 12 Millionen Autos, die von amerikanischen Automobilherstellern sowohl in den Vereinigten Staaten als auch im Ausland produziert worden waren, als unbrauchbar bzw. reparaturbedürftig anerkannt. Das besagt eine Mitteilung des Verkehrsministeriums der USA. Diese Zahl ist die größte in der gesamten Geschichte der amerikanischen Automobilherstellung. Den zweifelhaften Rekord in der Herstellung fehlerhafter Autos hält der Automobilkonzern „Ford". 5,7 Millionen Fahrzeuge, die von ihm im Jahre 1972 hergestellt wurden, wiesen ernsthafte konstruktive Mängel oder Produktionsfehler auf.

Auf der anderen Seite des Ozeans ist die Lage auch nicht besser. Die Automobilfirmen Japans nehmen im Wettlauf um Profit die Massenproduktion von neuen Fahrzeugmodellen mit offenkundigen Mängeln auf. Beispielsweise wurden über 24000 Autos, die im Werk „Tono Kotsio" zwischen dem 25. Dezember 1972 und dem 15. März 1973 montiert wurden, als defekt und reparaturbedürftig erkannt.

Aber sogar in einem intakten Auto auf idealer Straße können wir uns nicht völlig sicher fühlen. Man braucht nur scharf zu bremsen, und schon entsteht die Gefahr, daß man mit dem Kopf gegen die Frontscheibe prallt oder sich den Brustkorb am Lenkrad quetscht. Projektanten, Konstrukteure und Prüfer stehen deshalb vor weiteren Aufgaben, um die Zuverlässigkeit und Sicherheit zu erhöhen.

Der Konzern „Rockwell International" bietet für Kraftfahrzeuge automatische Sicherheitsgurte an. Ein Ende der Gurte ist am Boden auf der Innenseite der Sitze befestigt, das andere Ende an der Tür des Autos oder an der Innenseite des Karosseriedaches. Bei geöffneter Tür zieht ein Elektromotor die Gurte mit Hilfe eines Seiles zurück, damit sie nicht beim Einsteigen der Insassen und des Fahrers stören. Wenn die Tür geschlossen wird, legen sich die Sicherheitsgurte in eine Stellung, die die Bewegung der Insassen begrenzt.

Die Verwendung von Sicherheitsgurten wurde 1956 von schwedischen Ingenieuren vorgeschlagen. Diese Gurte sollten ähnlich wie jene funktionieren, mit denen sich die Passagiere in Flugzeugen anschnallen. Es stellte sich heraus, daß diese einfache Einrichtung 70 Prozent der tödlichen Ausgänge bei Unfällen verhindert. Heute gehören Sicherheitsgurte bereits in vielen Ländern zur standardmäßigen Ausstattung der Kraftfahrzeuge.

Auch in sowjetischen Personenkraftwagen wurden sie zur Pflicht. Besonders anschaulich sind die Vorteile der Sicherheitsgurte in den Fällen, in denen ein Auto umkippt. Das wurde bei Spezialversuchen mit imitierten Unfällen festgestellt.

Auf die Modellierung von Unfällen greift man gegenwärtig immer öfter zurück. Man modelliert sogar die Verletzungen, die die Insassen davontragen. Für die Versuche werden Modellpuppen eingesetzt, an denen die Belastung der einzelnen Körperpartien gemessen wird. Bei einem imitierten Unfall wird das Auto mit der Modellpuppe am Steuer bis auf eine Geschwindigkeit von 100 Kilometern je Stunde beschleunigt; danach prallt es gegen ein Hindernis. Das Ereignis wird von verschiedenen Punkten aus mit mehreren Filmkameras aufgenommen, die eine Aufzeichnungsgeschwindigkeit von bis zu 500 Bildern je Sekunde haben.

Um nicht bei jedem Versuch ein teures Auto zu zerstören, baute der Automobilkonzern „General Motors“ ein „dynamisches Schlittenfahrzeug“. Das ist ein Schlitten, der auf Schienen bewegt wird. Mit Hilfe einer Druckluftanlage erhält dieses Fahrzeug eine gewaltige Beschleunigung. Die Analyse des auf dem Prüfstand modellierten Aufpralls erfolgt anhand eines Zeitlupenfilms.

Vergleichbare Untersuchungen wurden auch in Italien durchgeführt. Als Ergebnis wurde ein neues Modell des Personenkraftwagens „Pininfarina“ auf der Automobilausstellung im Jahre 1973 in Turin gezeigt. Den einzelnen Elementen der Karosserie wurde eine unterschiedliche Steifigkeit verliehen (die Trennwände des Mittelteils sind verstärkt und im Gegensatz dazu die Vorder- und Rückwand abgeschwächt). Das Oberteil der vorderen Trennwand ist nach vorn und das der hinteren nach hinten geneigt, damit bei einem Unfall der Motor nicht in die Fahrerkabine gedrückt wird, sondern darunter bleibt. Die Kabine hat weder nach außen noch nach innen hervortretende Bauteile. Die Wölbungen der Kabinenwände sind in Kopfhöhe der Fahrgäste mit einer weichen oder federnden Verkleidung überzogen. Bei einem Unfall öffnen sich die Türen – aber nicht nach außen, sondern sie gleiten in Längsrichtung zur Karosserie wie bei der U-Bahn. Die Griffe der Steuerorgane, die Hebel der Schalter und die Türgriffe sind aus flexiblen Werkstoffen hergestellt. Die Windschutzscheibe fällt bei einem Frontalzusammenstoß nur nach außen heraus. Die Sitze sind mit Sicherheitsgurten ausgestattet.

Die Konstrukteure anderer Automobilhersteller (insbesondere Mercedes-Benz) sind bestrebt, jene Teile des Fahrzeugs stabiler zu gestalten, die den Fahrgast schützen; die übrigen Teile kann man zur Dämpfung des Aufpralls aus weicherem Material herstellen.

Damit sich das Lenkrad beim Zusammenstoß nicht in die Brust des Fahrers bohren kann, ist bei dem Fahrzeug des Typs „Pininfarina“ die Lenksäule verkürzt, während ihr oberer Teil teleskopartig gestaltet ist, damit er sich bei einem Aufprall zusammenschiebt. Ein analoges Lenkrad haben auch die englischen Fahrzeuge „Triumph“, „Rover-2000“ und die neuen Modelle von „Moskwitsch“ und „Wolga“.

Große Aufmerksamkeit wird auf die Konstruktion der Stoßstangen gerichtet. Bei den meisten Unfällen nimmt zuerst die Stoßstange den Aufprall auf. Jedoch ist es zweifelhaft, ob es jemals gelingen wird, diese Vorrichtung so zu konstruieren, daß das Fahrzeug und seine Insassen selbst bei Geschwindigkeiten von 60 bis 70 Kilometern je Stunde bei einem Zusammenstoß geschützt sind. Aber man kann die zerstörende Kraft eines Aufpralls abschwächen, ihn zeitlich in die Länge ziehen. Für dieses Ziel wird eine Vielzahl von Stoßstangen vorgeschlagen: gefederte, hydraulische, teleskopartige, wabenförmige und andere. Bei einer der Konstruktionen ist die Stoßstange mittels zweier Spiralfedern an dem kastenförmigen Stahlrahmen befestigt und auf die Stoßkraft bei einer Geschwindigkeit von 25 Kilometern je Stunde berechnet. Der Automobilkonzern „Chrysler" bietet eine Stoßstange an, die bei Geschwindigkeiten von über 40 Kilometern je Stunde automatisch um 30 Zentimeter ausgefahren wird. Sie schützt die Insassen bei Zusammenstößen mit einer Geschwindigkeit von bis zu 75 Kilometern je Stunde.

In England werden für Busse druckluftgefüllte Stoßstangen erprobt, die bei einem Zusammenstoß vor Schäden bewahren sollen. Diese Stoßstangen werden aus einem leichten Elastomer hergestellt und halten selbst bei hoher Geschwindigkeit den Zusammenstoß mit einem PKW ohne Zerstörungen aus. Während des Aufpralls strömt die Luft aus einer derartigen Stoßstange durch schlitzförmige Gummiventile aus, die sich ähnlich den Blütenblättern einer Blume öffnen. Dadurch wird die Energie des Zusammenstoßes aufgefangen. Danach schließen sich die Ventile, und nach wenigen Sekunden ist der ursprüngliche Luftdruck wieder erreicht.

Eine originelle Lösung des Problems der Fahrsicherheit schlägt Professor *Manfred von Ardenne* (DDR) vor. Die von ihm angebotene Konstruktion des Autos zeichnet sich dadurch aus, daß Fahrer und Fahrgäste nicht wie gewöhnlich mit dem Gesicht in Fahrtrichtung sitzen, sondern mit dem Rücken. Hinter ihnen befindet sich ein sogenannter Heuhaufen – ein schwammartiger Kunststoff-Stoßdämpfer, der die Insassen bei einem Unfall schützt, unabhängig davon, wie stark der Zusammenstoß auch sein mag. Ein optisches und ein Fernsehsystem gestatten es, Straße und Gelände vollständig zu überblicken. Der Fahrer kann daher das Fahrzeug lenken, ohne irgendwie behindert zu sein. Selbst wenn ein solches Auto mit der Geschwindigkeit von 140 Kilometern je Stunde auf ein Hindernis raste, blieben die Fahrgäste und der Fahrer nicht nur am Leben, sondern überständen den Aufprall ohne Komplikationen, behauptet Professor *von Ardenne.*

Der Konzern „Lorenz Electronics“ (Bredford, England) konstruierte ein preisgünstiges Radargerät, das für den Einbau in Autos vorgesehen ist, um Zusammenstöße zu verhindern. Zu diesem Radargerät gehört ein „Hohlleiter“, der sich als Sender und Empfänger vorn auf dem Auto befindet und mit einer Warneinrichtung auf dem Armaturenbrett verbunden ist. Bei Nebel und heftigem Regen können mit dem Radargerät ortsfeste und bewegliche Hindernisse in einer Entfernung bis zu 90 Metern ausgemacht werden. Es kostet nicht mehr als ein gutes Autoradio.

Im Vergleich zur großen Anzahl von Unfällen, die sich mit schnell fahrenden Autos ereignen, kann das Problem der Sicherheit der „langsamen“ Traktoren als belanglos erscheinen. Doch auf den englischen Farmen geschehen die meisten Unfälle mit tödlichem Ausgang durch Umkippen von Traktoren. Beispielsweise verunglückten im Zeitraum von Juli 1968 bis Dezember 1978 durch umgekippte Traktoren, die nicht mit Sicherheitskabinen ausgestattet waren, in Großbritannien 208 Menschen tödlich. Beim Umkippen von Traktoren, die mit Sicherheitsholmen für den Traktoristen oder mit Sicherheitskabinen ausgerüstet waren, starben im gleichen Zeitraum lediglich 12 Menschen, die sich bei den Unfällen außerhalb der Kabinen aufhielten. 1976 kamen beim Umkippen von 42 Traktoren, die nicht mit Sicherheitskabinen ausgerüstet waren, 20 Menschen ums Leben, während es bei 72 umgekippten Traktoren mit Sicherheitskabinen nur 3 Menschen waren.

Wie wir sehen, gibt es sogar beim „Schneckentempo“ ernsthafte Probleme. Was soll man da erst von den mit 100 Kilometern je Stunde rasenden Autos erwarten?[1)]

[1)] Im übrigen wird die Geschwindigkeit von 100 Kilometern je Stunde gegenwärtig zum Anachronismus. Um Benzin einzusparen und die Schadstoffemission zu verringern, wird in vielen Ländern die Höchstgeschwindigkeit auf 80 bis 90 Kilometer je Stunde begrenzt.

Je höher der Mensch in den Erkenntnissen emporsteigt, desto weiter eröffnet sich ihm die Aussicht.

A. Radiščev

Den Naturgewalten nicht untertan

Der Mensch lernte, seine technischen Schöpfungen zu zähmen; sie gehorchten ihm. Aber die Naturgewalten bedrohen ihn weiterhin. Sie können sowohl den Menschen als auch die von ihm geschaffenen Dinge ins Verderben stürzen. Wird der Mensch den ihm eigenen Optimismus angesichts der schrecklichen Naturgewalten behalten? Werden die neuen Wissenschaften, zum Beispiel die Ingenieurseismik und die Ingenieurmeteorologie, in die Wissenschaft von der Zuverlässigkeit einmünden? Wird der Mensch die Naturkräfte bändigen und in seine Pläne einbeziehen können? Oder wird er es wenigstens lernen, die zügellosen Ausbrüche der Natur vorherzusagen?

Erdbeben und Seismologie

An einem frühen Winterabend saß die vierzehnjährige *Helen Irish* mit zwei Freundinnen an der Landungsbrücke des kleinen Alaskahafens Valdez. Die Mädchen beobachteten, wie ein Dampfer entladen wurde.

„Plötzlich begann die ganze Erde zu beben“, erinnert sich *Helen*, „und sie bebte stärker und immer stärker....“ Schreiend stürzte das Mädchen nach Hause – ihr Haus war ungefähr 100 Meter von der Anlegestelle entfernt. „Die Erde spaltete sich“, berichtet sie, „und auf Schritt und Tritt fiel ich in die entstandenen Risse. Die Kanalisationsrohre vor unserem Haus brachen, und ich mußte mir, bis zum Gürtel im Schlamm steckend, den Weg bahnen.“

Viele Jahre danach erinnert sich *Helen* mit Zittern an das Durchgemachte: „Ich drehte mich um und sah, wie eine Welle den Dampfer ergriff und wie ein Spielzeugschiff, mit dem ich in der Badewanne spiele, umwarf. Das zweistöckige Lagergebäude flog in die Luft und klatschte mit Getöse ins Wasser. Alle rannten, von Panik ergriffen, aus dem Hafen, aber die Wellen holten sie ein, und Dutzende Menschen verschwanden im Meer – verschwanden für immer.“

Im März des Jahres 1964 hatte ein Erdbeben den südlichen Teil der Halbinsel Alaska in Bewegung versetzt. Teuer kam das Alaska zu stehen: 115 Tote und Zerstörungen im Werte von 538 Millionen Dollar.

Am 8. August 1968 starb die chilenische Stadt Arica. Während des Erdbebens lag das amerikanische Kriegsschiff „Wotery“ im Hafen, dessen Leutnant *Billings* diese Katastrophe beobachtete. Hören wir, was er über dieses, eines der stärksten registrierten Erdbeben berichtet:

„Gegen vier Uhr nachmittags saßen wir mit dem Kapitän in der Kajüte. Plötzlich sprangen wir auf: Das Schiff vibrierte, als ob der Anker geworfen und die Ankerkette in der Ankerklüse klopfen würde. Wir wußten, daß dies nicht sein kann. Wir rannten auf die Kapitänsbrücke. Eine dichte Staubwolke, die von Südost herankroch, zog sofort unsere Aufmerksamkeit auf sich. Gleichzeitig verstärkte sich ständig ein Schrecken einjagendes Krachen. Vor unseren Augen begannen die Hügel scheinbar zu schwanken. Über die Oberfläche der Erde liefen in unregelmäßigen Abständen kurze, abgehackte Wellen, wie auf dem Meer bei starkem Seegang.

Die herangezogene Wolke überschüttete Arica. In demselben Augenblick hörte man durch ihren undurchsichtigen Vorhang Hilferufe, das Krachen einstürzender Gebäude und die aus Tausenden Stimmen vermischten Laute der von der Naturkatastrophe heimgesuchten Stadt. Unterdessen begann unser Schiff maßlos zu beben, wie unter der Einwirkung irgendeiner gigantischen Kraft. Anschließend bewegte sich die Staubwolke kriechend weiter.

Der Staub lichtete sich allmählich, und wir schauten zum Ufer. Wir trauten unseren eigenen Augen nicht. An der Stelle, wo vor wenigen Augenblikken noch die blühende Stadt lag, sahen wir nur einen einzigen Trümmerhaufen. Wehklagen und Hilferufe erfüllten die Luft.

Aus Angst vor dem Herannahen einer Erdbebenflutwelle wandten wir uns der offenen See zu. Aber sie war ruhig, durch nichts gestört, und man konnte denken, daß die vier oder fünf Minuten, in denen wir das Bild der schrecklichen Zerstörung miterleben mußten, nur ein böser Traum gewesen sei. Vorsichtshalber gab der Kapitän dennoch Befehl, die Reserveanker zu werfen, die Luken zu schließen, die Geschütze festzumachen und die Rettungsleinen zu spannen.

Während dieser Zeit rannten die bei der Katastrophe am Leben gebliebenen Menschen zum Ufer und versammelten sich an der kleinen Anlegestelle. Sie flehten die Schiffsbesatzungen an, ihnen bei der Bergung von Angehörigen aus dem unwahrscheinlichen Berg von Ruinen Hilfe zu leisten und die Verletzten auf die vor Anker liegenden Schiffe zu bringen, die sich scheinbar außer Gefahr befanden. Wir konnten das nicht mehr aushalten, und eine Schaluppe mit 13 Mann Besatzung legte sofort vom Schiff ab. Nach Erreichen des Ufers ging die Mannschaft an Land, zum Schutz blieb nur ein Matrose im Boot. Wir begannen eiligst, eine Abteilung von 40 Mann zusammenzustellen, um sie an Land zu schicken, und rüsteten sie mit Schaufeln und Spitzhacken aus. In diesem Moment wurde unsere Aufmerksamkeit auf ein dumpfes Getöse gelenkt. Als wir zum Ufer schauten, stellten wir zu unserem unbeschreiblichen Schrecken fest, daß an der Stelle, an der sich einen Augenblick zuvor die durch die Menschenansammlung schwarz erscheinende Anlegestelle befunden hatte, überhaupt nichts mehr war; im Handumdrehen war alles von dem plötzlich herannahenden Meer verschlungen worden. Auf dem Schiff hatte diese Meeresflut niemand bemerkt. Gleichzeitig erblickten wir die Schaluppe mit dem Matrosen, die mit unaufhaltsamer Kraft von einer Meereswoge direkt auf die steile Moro-Felsenklippe getragen wurde. Die Welle brach am Fels, und Boot und Matrose verschwanden im weißen Schaum.

In diesem Augenblick gab es ein neues Beben, das am Ufer von einem schrecklichen, mehrere Minuten andauernden Getöse begleitet wurde. Wir erblickten erneut, wie sich auf der Erdoberfläche die Wellen von rechts nach links ausbreiteten. Dieses Mal ging das Meer so weit zurück, daß unser Schiff auf eine Sandbank aufsetzte. Der Meeresgrund entblößte sich, und vor unseren Augen öffnete sich etwas niemals zuvor Gesehenes: Auf dem Grund schlugen die Fische um sich, und andere Meeresbewohner zappelten. Die Schiffe mit rundem Schiffskörper legten sich auf die Seite, aber unsere ‚Wotery‘ hatte direkt auf ihren flachen Schiffsboden aufgesetzt. Das Meer strömte erneut heran, aber nicht mit einer Einzelwelle, sondern mit einer gigantischen Flut. Die Schiffe unserer Begleiter kenterten, wogegen unsere ‚Wotery' mit dem stürmischen Wasser unversehrt emporstieg.

In diesem Augenblick hatte die Meereskatastrophe anscheinend allen Gesetzen der Natur den Kampf angesagt. Starke Strömungen zogen unser Schiff in die verschiedensten Richtungen. Wir wurden mit einer Geschwindigkeit getragen, die wir zu anderer Zeit niemals hätten erreichen können, selbst wenn wir mit Vollkraft gefahren wären. Die Erde bebte in ungleichmäßigen Zeitabständen weiter, jedoch mit jedem Male immer schwächer und nicht so lange.

Ein Teil der Nacht war vergangen, als der Ruf des Wachgängers ertönte, der das Herannahen einer Flutwelle meldete. Als wir in die Dunkelheit schauten, sahen wir zuerst ein dünnes, leuchtendes Band, das scheinbar immer höher zum Himmel emporstieg. Der Kamm der Flutwelle, der von einem unheilverkündenden, phosphoreszierenden Leuchten gekrönt war, warf von oben das Licht auf die schreckliche Ansammlung der schwarzen Wassermassen. Nach der fürchterlichen Ankündigung ihres Herannahens durch ein tausendstimmiges Geheul infolge der sich mit dumpfem Rollen ergießenden Brandung stürzte die Flutwelle, deren Erscheinen wir seit vielen Stunden mit Schrecken erwartet hatten, schließlich über uns herein.

Von allen über uns ergangenen grauenhaften Prüfungen war diese Flutwelle wahrscheinlich die schrecklichste. Wir waren durch die Ankerketten an den Meeresgrund gefesselt und konnten nicht die Flucht ergreifen. Wir hatten alle Vorsichtsmaßnahmen getroffen, die nur irgend möglich waren, und jetzt blieb uns nichts weiter übrig, als auf das Herannahen der sagenhaften Flutwelle zu schauen. Jeglicher Hoffnung beraubt, daß das Schiff dem massiven, zielstrebig näherkommenden Wasserberg widerstehen kann, der uns zu zertrümmern drohte, konnten wir uns nur stärker an den Sturmhandlauf klammern und auf das Ende warten.

Mit ohrenbetäubendem Geheul verschluckte die Flutwelle unser Schiff, überschüttete es mit Massen von Wasser und Sand. Wir verblieben einige Zeit unter Wasser, die uns unendlich lange vorkam. Danach, dumpf mit dem gesamten Schiffskörper ächzend, bahnte sich unsere alte, stabile ‚Wotery' den Weg an die Oberfläche – gemeinsam mit ihrer Besatzung, die am Ersticken war und sich weiterhin am Sturmhandlauf festklammerte. Einige Seeleute waren schwer verletzt, aber keiner ums Leben gekommen; alle waren an Bord. Das war ein wahres Wunder, und ich selbst kann bis jetzt noch nicht daran glauben.

Mit erschreckender Zielstrebigkeit riß die Strömung unser Schiff mit, aber bald blieb es stehen. Wir warteten ein wenig und ließen schließlich eine Laterne von Bord. Wie sich herausstellte, war das Schiff fest auf eine Sandbank aufgelaufen. Wo? Das wußten wir nicht. Die Wellen schlugen noch mehrmals gegen unser Schiff, aber schon weitaus schwächer, und hörten dann gänzlich auf. Einige Zeit blieben wir auf unseren Posten, aber da das Schiff unbeweglich stand und nichts weiter passierte, wurde der erschöpften Besatzung der Befehl erteilt, unter Deck zu gehen und sich in die Hängematten schlafen zu legen.

Bei Tagesanbruch konnten wir das Ausmaß der schrecklichen Zerstörung überblicken. Wir befanden uns an Land, fünf Kilometer von unserem Ankerplatz und drei Kilometer vom Ufer entfernt. Die Flutwelle hatte unser Schiff mit unwahrscheinlicher Schnelligkeit über die Sanddünen an der Küste durch das Tal hinter die Eisenbahnlinie getragen, die nach Bolivien führt, und es an den Fuß des Ufergebirges der Kordilleren geworfen. An dem fast senkrechten Fels stellten wir Spuren vom Auftreffen der Flutwelle fest: Sie befanden sich in einer Höhe von 47 Fuß. Hätte die Flutwelle uns noch 200 Fuß weitergetragen, so wäre das Schiff an dem steilen Fels zerschellt.

Die Stadt selbst war verschwunden. An ihrer Stelle breitete sich eine eintönige Sandebene aus. Kein Haus wies auf die Stelle hin, an der zuvor die Stadt Arica gelegen hatte. Alle Gebäude – errichtet aus luftgetrockneten Hohlziegeln, die ‚Adobe' genannt werden – waren bei den unterirdischen Erdstößen eingestürzt, und anschließend hatte das Meer die Trümmer fortgespült. Zu den Vororten, die über der vom Meer erreichten Höhe lagen, bahnten wir uns den Weg durch einen Ruinenhaufen von sechs bis zehn Metern Höhe, in dem alles durcheinandergewürfelt war, einschließlich der Leichen der Menschen. Von den 10000 bis 15000 Einwohnern, die in Arica gelebt hatten, blieben wohl kaum mehrere Hundert am Leben."

Unzählbar sind die Opfer von Erdbeben. In China starben im Jahre 1290 100000 Menschen und im Jahre 1556 830000, in Kalkutta im Jahre 1737 300000, in Lissabon im Jahre 1755 60000.

Den Berechnungen einiger Fachleute zufolge kamen in den vergangenen eintausend Jahren bei Erdbeben und Vulkanausbrüchen zwischen 3 und 5 Millionen Menschen ums Leben.

Welche geheimnisvollen Kräfte sprengen von Zeit zu Zeit die Oberfläche unseres Planeten mit der Stärke Tausender Wasserstoffbomben? Wird der Mensch immer wieder den Naturgewalten zum Opfer fallen? Kann man eine Naturkatastrophe verhindern oder zumindest die Zahl der Opfer verringern, indem man die Plötzlichkeit des Auftretens derartiger Katastrophen beseitigt?

Jedes Jahr gibt es an den verschiedensten Punkten unseres Planeten Hunderttausende von Erdbeben. Die meisten Erdstöße sind nicht zu spüren, und nur hochempfindliche Meßgeräte stellen sie fest. Auf der Erde gibt es sogenannte seismische Gebiete, in denen Erdbeben sehr häufig vorkommen: Japan, Iran, Türkei, Chile, Griechenland, Peru, Alaska, Kalifornien, Kolumbien, Mexiko und Mittelamerika. Auch in der Sowjetunion gibt es erdbebengefährdete Gebiete. Dazu gehören Kamtschatka, der Kaukasus, die Krim und die Karpaten. Häufig gibt es auch Erdbeben im Gebiet um den Baikalsee, weil die geologische Herausbildung des Sees noch nicht abgeschlossen ist – die Uferlinie verändert sich, und der Boden des Sees sinkt ab. Erdbeben gibt es auch in den mittelasiatischen Gebieten, in denen die Städte Taschkent, Duschanbe und Aschchabad liegen. Besonders stark war das Erdbeben in Taschkent im April/Juni des Jahres 1966.

Erdbeben sind schrecklich wegen ihres unverhofften Auftretens. Deshalb sind die Geophysiker bemüht, die Geheimnisse der Erde zu erkunden, um Erdbeben vorhersagen zu können.

In den Laboratorien, in den geophysikalischen Stationen und auf den Forschungsschiffen werden Untersuchungen durchgeführt, wobei man bemüht ist, in das Innere der Erde hineinzuschauen, die eigenen Arbeiten mit denen der Fachkollegen vergleichend. Wie ein Arzt mit dem Stethoskop den Patienten abhört, hört der Geophysiker die Erde ab, registriert ihren Pulsschlag und stellt jede Schwankung fest.

An den Orten, wo verheerende Erdbeben besonders häufig auftreten, untersucht man sogar die geringfügigsten Schwankungen des Bodens; die Daten der Seismographen werden dabei von Computern ausgewertet.

Japanische Wissenschaftler schlugen ein neues Verfahren zur Vorhersage von Erdbeben vor. Ihren Berechnungen zufolge kann ein Seismograph, der in einen etwa 9 Kilometer tiefen Schacht herabgelassen wird, frühzeitig vor einer Gefahr warnen. Das Gerät ist über ein Kabel an einen Sender angeschlossen. Wenn im Ergebnis komplizierter Prozesse, die im Erdinnern ablaufen, die flüssige Lava und die Gase beginnen, einen Ausweg an die Oberfläche zu suchen, so drücken sie mit großer Kraft gegen die tieferen Schichten der Erde. Die dabei entstehenden Schwingungen werden von dem Seismographen registriert und die Meßwerte per Funk weitergegeben.

Um das Projekt der japanischen Wissenschaftler zu verwirklichen, müssen zahlreiche Schwierigkeiten überwunden werden. Die größte Schwierigkeit besteht darin, eine Tiefe von 9 Kilometern zu erreichen. Die erforderliche Arbeit könnte man verringern, wenn die Bohrung im Ozean vorgenommen würde. Dann brauchte man nur 3 bis 4 Kilometer tief zu bohren, aber dabei entstünden große technische Schwierigkeiten.

Nach dem erwähnten Erdbeben in Alaska begann man, intensiv nach Vorhersageverfahren für diese Naturkatastrophe zu suchen.

Von verschiedenen Ländern wurden Programme zur Erforschung der Erdbeben vorgeschlagen, die über einen Zeitraum von zehn Jahren laufen sollten. Die Wissenschaftler untersuchten die Gebiete der seismisch aktiven Bruchstellen und erarbeiteten technische Maßnahmen, damit künftige Erdbeben weniger katastrophale Folgen haben. Amerikanische Wissenschaftler konzentrierten ihre Untersuchungen auf den tektonischen Bruch in den San Andrews

Mountains, die sowjetischen Wissenschaftler dagegen auf die Berge Tadshikistans und auf Kamtschatka.

Entlang der Bruchgrenze in den San Andrews Mountains stehen zehn geophysikalische Stationen, die mit hochempfindlichen Geräten (Laser-Interferometer, Neigungsmesser, Deformationsschreiber u. a.) ausgestattet sind. Diese Geräte messen die kleinsten Deformationen der Erdoberfläche. Empfindliche Seismographen registrieren die schwächsten Mikrostöße. Eingesetzt werden ebenfalls Magnetometer und Gravimeter, da festgestellt wurde, daß vor einem starken Erdbeben Anomalien des Magnet- und Gravitationsfeldes auftreten.

Die sowjetischen Geophysiker erproben in Tadshikistan und auf Kamtschatka bereits seit mehreren Jahren ein neues Vorhersageverfahren für Erdbeben. Bei diesem Verfahren beobachtet man, wie sich das Verhältnis zwischen den Ausbreitungsgeschwindigkeiten der longitudinalen und der transversalen seismischen Wellen ändert. Die entsprechenden Werte kann man bei sogenannten Mikroerdbeben messen, die von einem örtlichen Netz von Seismographen registriert werden. Die sowjetischen Forscher stellten fest, daß unweit von Taschkent das normale Verhältnis dieser Geschwindigkeit 1,75 beträgt. Einen Monat vor dem Erdbeben des Jahres 1966 war dieses Verhältnis durchschnittlich um 10 Prozent kleiner, aber 24 Stunden vor Beginn der Erdstöße stieg es im Vergleich zum Normalwert an.

Die ganze Menschheit ist der Gefahr von Erdbeben ausgesetzt. Deshalb werden die seismischen Untersuchungen gegenwärtig im internationalen Maßstab durchgeführt. Auf der ganzen Erde gibt es über 1200 seismische Stationen, die in den verschiedensten Gebieten liegen.

Erdbeben, deren Zentren in den Tiefen der Weltmeere liegen, weit entfernt vom bewohnten Festland, richten ebenfalls große Zerstörungen an. Diese Zerstörungen werden von gigantischen Erdbebenflutwellen (Tsunami) hervorgerufen, die mit einer Geschwindigkeit von bis zu 1000 Kilometern je Stunde über den Ozean jagen. Die Flutwellen, die im Jahre 1946 einen Teil der Stadt Hilo auf Hawaii zerstörten, waren die Folge eines Unterwasserstoßes im Gebiet südlich der Aleuten. Die Wellen, die mit einem Abstand von 150 Kilometern aufeinander folgten, rasten über den Stillen Ozean mit einer Geschwindigkeit von 800 Kilometern je Stunde. Die erste Welle erreichte Hawaii 4,5 Stunden nach dem Erdstoß. An den flachen Küsten der Inselgruppe türmten sich die Wellen auf, bildeten Wellenkämme bis zu 16 Metern Höhe. Sie fielen über die Stadt Hilo her, zerstörten Wohnhäuser und öffentliche Gebäude. Wie

Streichholzschachteln warfen sie die Eisenbahnwaggons, Schiffe und Autos nach allen Seiten. Ein Brückenfeld der Eisenbahnbrücke trugen sie 275 Meter weit ins Innere der Insel, bedeckten Straßen mit Sand und spülten Strände weg. Diese Katastrophe forderte 159 Menschenleben.

Flutwellen richten riesige Schäden an. Der amerikanische Erdbebenspezialist *Nikolas Hake* untersuchte 270 große Flutwellen, die in den vergangenen 200 Jahren registriert wurden.

Eine der größten Flutwellen suchte am 15. Juni 1896 den nördlichen Teil Japans heim. Die Folgen waren schrecklich: 27000 Tote und 10000 zerstörte Häuser. Die Höhe der Welle erreichte bis zu 30 Metern.

Aber vermutlich kann sich nichts mit der Welle messen, die am 6. Oktober 1737 die südliche Spitze von Kamtschatka heimsuchte: Am Kap Lopatka erreichte die Flutwelle eine Höhe von 60 Metern! Ein Tsunami spülte im Jahre 1952 auf den Kurilen eine ganze Stadt weg: Južno-Kurilsk.

Bis zum Eintreffen eines Tsunami bleibt genügend Zeit für die Evakuierung, wenn das Unterwasserbeben nur rechtzeitig genug festgestellt wird. Deshalb haben die meteorologischen Dienste Japans, der USA, Kanadas und der UdSSR, die häufig von Tsunamis heimgesucht werden, ein System entwickelt, das vor ihrem Herannahen warnt: In diesen Gebieten sind Hunderte Seismographen installiert. Die Seismologen können 10 Minuten nach dem Feststellen eines Unterwasserstoßes den Alarm auslösen. Vor der Einführung des neuen Systems waren 30 bis 40 Minuten erforderlich. Diese 20 bis 30 Minuten können viele Menschenleben retten.

In nicht allzu ferner Zukunft werden die Wissenschaftler offensichtlich Erdbeben voraussagen, die Lage ihres Epizentrums genauer bestimmen, ihre Energie und sogar die Zeit der ersten Erdstöße angeben können.

Aber welche Maßnahmen kann man ergreifen, wenn ein Erdbeben in einem dichtbesiedelten Gebiet erwartet wird? Wird es gelingen, Millionen Einwohner zu evakuieren und materielle Werte in Sicherheit zu bringen? Man berechnete: Ein Erdbeben wie das in San Francisco im Jahr 1906 richtet heutzutage Schäden in Höhe von 4,5 Milliarden Dollar an.

Es gibt einen Plan, solche Naturkatastrophen mit Hilfe künstlicher Erdbeben zu verhindern.

Unterirdische Explosionen, die von Menschen gezündet wurden, führten in einigen Fällen zu heftigen Erdstößen. Deshalb kamen die Seismologen auf den Gedanken, mit kleinen, künstlich erzeugten Erdbeben die Spannung der unterirdischen Naturkräfte zu „entladen“ und auf diese Weise katastrophale unterirdische Erdstöße zu verhindern. Es wurde vorgeschlagen, mit dem gleichen Ziel unterirdische Kernwaffenexplosionen einzusetzen.

Die Untersuchungen werden jedoch auch in andere Richtungen geführt, die nicht so kostspielig sind. Es stellte sich heraus, daß beispielsweise das Hineinpumpen von Wasser in den Boden, um das Erdöl „herauszupressen“, auf den Erdölfeldern im Staat Colorado (USA) zu kleinen Erdbeben führte. Die amerikanischen Forscher setzten ihr Untersuchungsprogramm auf diesen Ölfeldern und an Modellen fort, um den Zusammenhang zwischen dem Flüssigkeitsdruck auf die Flöze und der Erdbebentätigkeit zu verstehen.

Man vermutet, daß sich in den Gebieten seismischer Aktivität der Druck, der beim Füllen eines künstlichen Stausees mit Wasser entsteht, in den umgebenden Gesteinsschichten impulsartig fortpflanzt, in Kombination mit dem Gewicht des Wassers die Spannung in den Gesteinsschichten verstärkt und die Entstehung von Erdbeben fördert.

Topposada und *Kramer* (USA) veröffentlichten eine empirische Wechselbeziehung zwischen den Änderungen des Wasserpegels in dem künstlichen See Mendocino und der Erdbebentätigkeit in der Umgebung des Sees, der sich unweit der Küste des Golfs von California, ungefähr 150 Kilometer nördlich von San Francisco befindet. Sie schreiben, daß die Zahl der Erdbeben im Umkreis von 90 Kilometern um den See Mendocino nach seiner Fertigstellung im Jahre 1959 gestiegen ist. Seit dieser Zeit gab es hier allein sieben Erdbeben mit einer Stärke über 3,5. Vier Erdbeben erfolgten im Laufe eines halben Jahres nach den drei großen Änderungen des Wasserstandes im See während seines zwanzigjährigen Bestehens. Sofort nach dem Füllen des Stausees erfolgte ein Erdbeben der Stärke 3,6, nach einem halben Jahr ein weiteres der Stärke 3,5. Im Juni 1962, vier Monate nach dem bis zu dieser Zeit höchsten Wasserstand im See, geschah ein Erdbeben der Stärke 5,2. Im Dezember 1977 war der Wasservorrat des Stausees nach der Dürreperiode 1976 bis 1977 wieder aufgefüllt, und im März 1978 wurde ein Erdbeben der Stärke 4,5 registriert.

Ungeachtet der relativ kleinen Abmessungen dieses Stausees (sein Fassungsvermögen beträgt nur 10^8 Kubikmeter Wasser), kann er seismische Aktivitäten auslösen, weil er in der Nähe des aktiven Verwerfungsbruches Maacama liegt.

Möglicherweise läßt sich aus diesen Beobachtungen ein aussichtsreicher Weg zum Verhindern von Erdbeben ableiten.

Jedoch gibt es gegenwärtig ein noch zuverlässigeres Verfahren, die unheilvollen Folgen solcher Naturkatastrophen abzuschwächen. Es besteht in der Anwendung erdbebensicherer Gebäudekonstruktionen in den Gebieten, die Erdbeben ausgesetzt sind.

Bekannt ist zum Beispiel, daß sowohl Wolkenkratzer als auch kleine Wohnhäuser starken unterirdischen Erdstößen standhalten können. Das bewies auch das Erdbeben in Taschkent; der größte Teil der Zerstörungen entfiel auf die Häuser, die ohne Berücksichtigung der Erdbebentätigkeit gebaut worden waren. Die Erdbeben der Stärke 9 auf Kamtschatka verursachten in Petropavlovsk nur geringfügige Zerstörungen.

Die Projektierung und der Bau von erdbebensicheren Gebäuden erhöhen die Baukosten nur unwesentlich; insgesamt um 3 bis 5 Prozent. Zwar können auch trotz solcher Maßnahmen menschliche Opfer nicht völlig vermieden werden, aber eines ist klar: Sie senken die Verluste erheblich.

Den Worten eines amerikanischen Seismologen zufolge werden die Menschen nicht durch die Erdbeben, sondern durch die von ihnen gebauten Häuser getötet.

Am 27. August 1883, um 10 Uhr früh, brach der Vulkan Krakatau aus. Der Vulkan und die Insel wurden in die Luft geschleudert. Das Krachen des Ausbruchs war über 5000 Kilometer weit zu hören. Die gigantische Flutwelle, die sich beim Ausbruch gebildet hatte, forderte 35000 Menschenleben auf den Inseln Sumatra und Java.

Die letzte Vulkankatastrophe in Indonesien ereignete sich vor relativ kurzer Zeit. Im März 1963 brach der Vulkan Agung auf der Insel Bali aus. Über 1200 Menschen starben, über 100000 mußten ihre Häuser verlassen und die Flucht ergreifen.

Im Jahre 1902 suchte eine Katastrophe die Stadt Saint-Pierre auf der Karibik-Insel Martinique heim. Infolge eines Ausbruchs des Vulkans Mont Pelée kamen 30000 Menschen ums Leben.

Viel Unglück brachten den Italienern der Vesuv und der Ätna. Der Ausbruch des Vesuvs im Jahre 79 wurde von dem berühmten Gelehrten der Antike *Gajus Plinius Secundus* (23 bis 79 u. Z.) beschrieben. Bei dem Ausbruch wurden die drei Städte Pompeji, Herculaneum und Stabiä unter den Strömen des Vulkanschlamms begraben. Bei dem Ausbruch im Jahr 1960 forderten Asche- und Schlammassen ebenfalls viele Menschenleben.

Man hat berechnet, daß seit 1500 bis in die Gegenwart auf dem Erdball etwa 200000 Menschen durch Vulkanausbrüche getötet wurden.

Wie kann man dageben kämpfen? Versuche eines solchen Kampfes sind bekannt. Im Jahre 1935 lenkte die Bombardierung des Kraters des Vulkans Mauna Loa auf Hawaii die Lavaströme ab und rettete die kleine Stadt Hilo vor dem Untergang. Leider sind solche Beispiele eine Ausnahme. Bislang kann man die Ausmaße einer Katastrophe nur mindern, indem man sie voraussagt und die erforderlichen Maßnahmen trifft.

In dieser Hinsicht wurde bereits viel getan. Alle Vulkane der Erde sind „erfaßt“ und werden ausgiebig von den Vulkanologen untersucht. Dieser außergewöhnliche Beruf erfordert mutige Menschen, für die der Krater eines tätigen Vulkans ein gewöhnlicher Arbeitsplatz ist.

Nach Meinung der Wissenschaftler hat jeder Vulkan sein eigenes „Temperament“. Einige Vulkane sind für ewig erloschen. Andere haben einen „ruhigen“ Charakter. Es gibt aber auch sehr aktive. Ein solcher Vulkan – der Paricutin in Mexiko – wurde direkt vor den Augen eines Menschen in völlig ebenem Gelände geboren.

Ein Bauer, der sein Maisfeld bearbeitete, bemerkte plötzlich in der Erde ein Loch, aus dem Rauch entwich. Er versuchte, das Loch mit Steinen zu füllen, aber vergeblich. Rauch und Funken sprühten aus dem Loch immer stärker hervor. Am selben Tage erfolgte gegen Abend der erste Ausbruch. Der neugeborene Vulkan wuchs sehr schnell, bereits nach einer Woche ragte auf dem ehemaligen Maisfeld ein 100 Meter hoher Berg aus Vulkanschlacke empor. Nach einem Jahr erreichte seine Höhe 360 Meter, aber anschließend stellte der Vulkan seine Tätigkeit ein. Für eine lange Zeit?

Für die Vorhersage von Vulkanausbrüchen richtet man vulkanologische Stationen ein. Sie werden mit Seismographen, die auf geringfügigste Schwankungen der Erdkruste reagieren, mit Neigungsmessern, die eine Höhenänderung von einem Millimeter auf 5 Kilometer erfassen können, und mit weiteren präzisen Geräten ausgestattet. Mit Hilfe derartiger Geräte wurde der Ausbruch des Vulkans Kilaueae auf Hawaii vorhergesagt. Sehen wir, wie das gemacht wurde.

Gegen Ende 1958 und zu Beginn des Jahres 1959 zeigten die Geräte an, daß das gesamte Gelände um den Krater anstieg. So wurde das Aufsteigen des Magmas bemerkt. Als im August das Ansteigen aufhörte, entlud sich eine ganze Kaskade von Erdstößen. Danach begann die Vulkankuppe erneut anzusteigen. Am 14. November setzten immer häufigere Stöße ein, das Magma bahnte sich den Weg durch die letzten hundert Meter der oberen Schichten der Erdkruste. Gegen 8 Uhr abends brach die Lava nach außen durch. Der Vulkanausbruch dauerte eine Woche. Es ergossen sich etwa 40 Millionen Kubikmeter Lava.

Dennoch zeigten die Geräte den Vulkanologen, daß der Prozeß noch nicht abgeschlossen war: Der Vulkan begann sich erneut zu heben, wieder folgten Erdstöße. Der neue Lavastrom floß drei Wochen. Das Volumen der ausgebrochenen Lava erreichte den Berechnungen zufolge 133 Millionen Kubikmeter.

Und die Meßwerte der Geräte zeigten, daß das Ende des Ausbruchs noch immer nicht eingetreten war. Ende Dezember wurde eine Vielzahl kleiner Stöße seitlich vom Hauptkrater registriert. Es wurde klar, daß ein seitlicher Ausbruch bevorstand, der die Ortschaften Capocho und Coas bedrohte. Die Bevölkerung wurde evakuiert. Am 13. Januar erfolgte ein gigantischer Ausbruch, aber die 200 Millionen Kubikmeter Lava begruben nur die geräumten Ortschaften unter sich.

Sechs Monate dauerte der Ausbruch, und während dieser Zeit registrierten die Geräte genau alle Stadien dieses Prozesses. Außerdem konnten weitere Erscheinungen vorhergesagt und so vor ihnen gewarnt werden.

1947 wurden in Japan mit Hilfe von Neigungsmessern der Ausbruch des Vulkans Asam und die Stärke des Ausbruchs vorhergesagt. Die Bevölkerung konnte evakuiert werden.

Im Jahre 1973 „erwachte“ der Vulkan Merani auf Java. Durch die rechtzeitige Evakuierung der Bevölkerung konnte auch hier eine Tragödie vermieden werden.

Umfangreiche Arbeiten führen sowjetische Wissenschaftler in einer der vulkanisch aktivsten Regionen der Erde durch – am Kamtschatka-Kurilen-Wall. In den vergangenen 200 Jahren starben hier bei Vulkanausbrüchen 17 Menschen, was natürlich nicht so sehr mit den „friedlichen Sitten“ der dortigen Vulkane, sondern mit der geringen Bevölkerungsdichte zusammenhängt.

Gegenwärtig nimmt die Bevölkerung Kamtschatkas schnell zu. Aber drohen die Vulkane auf Kamtschatka mit einer Katastrophe? Nein, weil die Wissenschaftler mit Sicherheit einen Ausbruch vorhersagen, seine Folgen abschätzen und zuvor die erforderlichen Maßnahmen einleiten können.

Der Mensch schätzt seine Möglichkeiten im Kampf mit einer solchen „Zufälligkeit“ wie dem Erdbeben optimistisch ein. Und eine im Weltmaßstab relativ unbedeutende Tatsache – der Bau einer Metro in dem von einem starken Erdbeben heimgesuchten Taschkent – ist dafür die beste Bestätigung.

Gebändigte Orkane?

Ungeachtet dessen, daß Erdbeben und Vulkanausbrüche die schrecklichsten Naturerscheinungen sind, können hinsichtlich der schweren Folgen auch andere Naturgewalten mit ihnen mithalten. Wir sprechen von den mächtigen Orkanen, die von Zeit zu Zeit einige Küstenregionen der Ozeane zerstören. In ihrer vernichtenden Wirkung auf ingenieurtechnische Bauwerke stehen sie keinesfalls hinter den Erdbeben zurück, besonders wenn man berücksichtigt, daß große Erdbeben nur einmal in mehreren Jahrzehnten vorkommen, aber Orkane mehrmals in einem Jahr.

Die Energie eines Orkans übertrifft die Energie der stärksten Wasserstoffbomben Tausende Male. Als die USA auf dem Bikini-Atoll eine Wasserstoffbombe zündeten, wurden 10 Millionen Tonnen Wasser in die Luft geschleudert. Ein Orkan (Hurrikan) in Puerto Rico beförderte dagegen 2 Milliarden Tonnen Wasser in die Lüfte.

Es ist daher nicht verwunderlich, daß sich ein Taifun leicht einen solchen „Spaß“ erlauben kann wie im Oktober 1960 an der Küste des Bengalischen Meeres. Der Taifun war seit 70 Jahren der stärkste in dieser Gegend, die Windgeschwindigkeit erreichte 220 Kilometer je Stunde. Der englische Dampfer „Clan Alpine“ mit einer Wasserverdrängung von 10000 Tonnen hatte es nicht geschafft, im Hafen Schutz zu suchen. Am nächsten Morgen stellten die Seeleute mit Erstaunen fest, daß sich das Schiff auf Land befand, ungefähr einen Kilometer vom Meer entfernt. Trotz seiner Unversehrtheit konnte das Schiff nicht mehr ins Meer zurückgebracht werden, und es wurde zur Verschrottung verkauft. Aber mit dieser eher heiteren als traurigen Geschichte wurde über das Unheil, das die Orkane brachten, bei weitem nicht erschöpfend berichtet.

Der „Große Hurrikan“ des Jahres 1780 forderte auf den Westindischen Inseln 20000 Menschenleben.

Und hier eine Meldung vom 5. April 1973: „Über Europa raste ein Orkan gewaltiger Stärke hinweg.“ Dieser Orkan tobte über Mitteleuropa und erreichte eine Geschwindigkeit von 180 Kilometern je Stunde. In der BRD, den Niederlanden und England starben 10 Menschen, viele Hunderte erlitten Verletzungen und mußten in Krankenhäuser eingeliefert werden. Die materiellen Schäden, die durch den Orkan angerichtet wurden, lassen sich nicht genau bestimmen, aber in jedem Fall wird von Milliarden gesprochen, gleich in welcher Währung sie berechnet werden. In Dortmund wurde ein Hüttenwerk stark in Mitleidenschaft gezogen, zwei von seinen drei Hochöfen fielen aus.

Die Europäer lernten die Orkane schon in der Zeit kennen, als die Karavellen von *Christoph Columbus* (1451–1506) die Küsten der Antillen erforschten. Nicht umsonst sahen die Seeleute ein „schreckliches Ungeheuer" in den Wellen – nach dem Aberglauben der Seeleute das Anzeichen für das Herannahen eines schrecklichen Orkans. Ein Orkan fegte im Jahre 1502 in der Monapassage zwischen Hispaniola und Puerto Rico über die mit Gold vollbeladenen und nach Spanien segelnden Schiffe hinweg.

Columbus selbst traf im Jahre 1503 auf einen Orkan, als er im südlichen Teil des Karibischen Meeres kreuzte. Er beschrieb die vorher für ihn unbekannte Erscheinung wie folgt:

„Nie zuvor sah ich das Meer so hoch, so schäumend und so fürchterlich. Der Sturm war uns gerade entgegen und machte es uns unmöglich, eine vor uns liegende Landzunge zu erreichen. Er hielt mich in der See zurück, die ganz von Blut zu sein schien und wie ein Kessel über starkem Feuer kochte. Ohne Unterlaß, Tag und Nacht, flammte der Himmel von glühenden Blitzen, die von so entsetzlichem Donner gefolgt wurden, daß wir alle nichts anderes dachten, als daß wir mitsamt den Schiffen verschlungen würden. Der Regen war so erschöpfend, daß alle zu sterben wünschten, um das Elend los zu werden. Meine Wunde brach wieder auf, und neun Tage war alle Hoffnung verschwunden, mich am Leben erhalten zu können. Ich wußte nicht mehr, was tun."

Von den Indianern wußte *Columbus*, daß der „böse Wind", der von der Seite der aufgehenden Sonne her blies und alles auf seinem Wege zerstörte, „huracan" oder „hunracan" hieß. *Hunracan* war ein Gott der Maya.

Einmal im Jahr wählten die Maya eine wunderschöne Jungfrau aus, beteten sie an, erfüllten ihr alle Wünsche, aber das Mädchen konnte sich darüber nicht freuen. Sie wußte: Es kommt die Zeit, daß sie in einen außergewöhnlich tiefen, kleinen See geworfen wird, um den mächtigen Gott des Regens, *Hunracan*, barmherzig zu stimmen. Sie wußte auch, daß ihr der schönste, stärkste und tapferste junge Krieger hinterherspringt, um sie zu *Hunracan* zu begleiten. Und nach ihnen sanken Goldbarren und Edelsteine auf den Grund des geheimnisvollen Sees.

Besonders erzürnt war *Hunracan* immer gegen Ende des Sommers. Vor seinem Erscheinen zogen sich am Himmel besondere Wolken zusammen, und die Luft war unwahrscheinlich sauber, frisch und klar. Aber schon danach kamen die schrecklichen Wolken, die mit ungewöhnlicher Schnelligkeit die Regengüsse trugen ...

Die Priester der Maya versuchten auf ihre Art, die Ankunft der Hurrikane vorherzusagen: Sie warfen Asche in ein Gefäß mit Wasser, beobachteten, wohin die „haarigen Raupen“ kriechen, legten Neugeborenen glatte Steinchen in den Mund, horchten aufmerksam auf das Klopfen des Spechtes und den Schrei der Möwe ...

Möglicherweise enthielten einige dieser Handlungen ein Körnchen Wahrheit; sicherlich führte die Aussonderung des nicht Eingetroffenen zu irgendwelchen richtigen Schlußfolgerungen. Nichtsdestoweniger gab die Erfindung des Barometers durch *Evangelista Torricelli* (1608 bis 1647), einem Schüler von *Galileo Galilei*, den Seeleuten ein unvergleichlich genaueres Hilfsmittel in die Hand als jenes, das den alten Vorhersagern der Orkane zur Verfügung stand.

Es erwies sich, daß der Druckabfall ein sehr zuverlässiges Zeichen für einen herannahenden Hurrikan ist. Aber viele glaubten noch lange nicht daran.

Am 6. September 1900, um 11.30 Uhr vormittags, stellte *Isaac Monroe Cline*, der dienstälteste Mitarbeiter der meteorologischen Station in Galveston an der Ostküste Amerikas, einen starken Abfall des atmosphärischen Drucks fest. Sofort brachte er diese Feststellung mit den Meldungen in Zusammenhang, daß sich im Karibischen Meer, zweieinhalbtausend Kilometer von Galveston entfernt, vor einigen Tagen ein Hurrikan geringer Stärke ausgebildet hatte. *Cline* verfolgte aufmerksam die über den Telegrafen eingehenden Depeschen über die Bewegung dieses Hurrikans und erkannte scharfsichtig, daß er sich unvermeidlich Galveston näherte. Der Meteorologe hißte die Gefahrenflagge, aber dem maß niemand Bedeutung bei.

Cline setzte sich aufs Fahrrad und begann, die Stadt abzufahren. Die Einwohner versammelten sich zu der Zeit an der Mole und beobachteten die besonders hohen Wellen. *Cline* ermahnte alle, sich auf sichere Höhen zu begeben, die Häuser zu verlassen, deren untere Etagen nur einige Meter über dem Meeresspiegel lagen. Aber die mahnenden Worte von *Cline* verhallten bei den Stadtbewohnern wie ein Schrei in der Wüste.

Cline kehrte in die Station zurück und stellte fest, daß die Quecksilbersäule im Barometer bis auf 747 Millimeter gefallen war. Das Wasser stieg den Meldungen zufolge mit einer Geschwindigkeit von 40 Zentimetern je Stunde.

Bald stürzte sich der schrecklichste Hurrikan auf die Stadt. In dem Buch „Wenn die Naturgewalten toben“ von *Thomas Helm* ist er so geschildert:

„Gegen acht Uhr befand sich der untere Teil der Stadt unter einer Wasserschicht von drei bis fünf Metern. Die Ankerketten und die Heckleinen der im Hafen liegenden Schiffe rissen, so daß die Schiffe der Gewalt des

Windes und der Wellen ausgesetzt waren. Wenn ab und zu ein Blitz entflammte, beleuchtete er ein gespenstisches Bild: Riesige Ozeandampfer schaukelten zwischen den Häusern hin und her, die von hohen Wogen überrollt wurden."

Ungefähr um 7.30 Uhr stand *Cline* frühmorgens an der Tür und schaute in das undurchdringliche Dunkel der Nacht, das mit Geheul erfüllt war. Das Wasser überschwemmte den Fußboden und reichte schon bis an die Knöchel. Plötzlich tauchte von der See her eine gigantische Woge auf. Bevor *Cline* sich umdrehen konnte, war das Wasser schon fast bis zu seinen Schultern gestiegen. *Cline* begriff, daß Galveston von einer Sturmflut heimgesucht wurde. Der Wasserstand war um 6 Meter angestiegen.

In der folgenden Minuten erbebte das gesamte Haus von einem starken Schlag. Danach folgte eine Erschütterung und es krachte: In der mächtigen Strömung trieben von den Fundamenten losgerissene Häuser, riesige Haufen von Ruinen. Nicht zu haltende Balken durchstießen wie Rammsporne die Gebäudewände. Anfangs waren die Schläge selten, danach wurden sie häufiger. Bald brach das Gebäude zusammen und stürzte in die tobenden Wellen.

Kurz vor Mitternacht sahen die Leute, die den höchstgelegenen Teil der Stadt erreichen konnten, wie das Wasser zurückzuströmen begann. Die Flutwelle verließ die Stadt noch zielstrebiger, als sie sich auf sie gestürzt hatte. An einzelnen Stellen raste sie durch die Straßen mit der Geschwindigkeit eines reißenden Bergflusses, richtete weitere Zerstörungen an und tötete noch mehr Menschen als während des Herannahens.

Später schrieb *Isaac Cline* in dem offiziellen Bericht: „Was die Einwohner der Stadt am Sonntag, dem 9. September 1900, sahen, war ein schreckliches Bild, das die zivilisierte Welt bis dahin nicht gesehen hatte."

Überall waren Spuren der furchtbaren Tragödie. Überall war der Tod. Tote Menschen, Pferde, Kühe, Hunde lagen in Haufen oder einzeln. Die Ruinen der zerstörten Stadt, überzogen mit einer dikken Schicht von Schmutz und Schlamm, strömten einen unerträglichen Gestank aus.

Der Hurrikan, der Galveston heimgesucht hatte, tötete über 6000 Menschen. Praktisch die gesamte Stadt wurde zerstört.

Während die Toten im Golf von Mexiko versenkt wurden, während man den Schmutz beseitigte und die zerstörten Gebäude abriß, stellten sich die Einwohner die Frage: „Was soll man weiter tun? Was soll geschehen, wenn ein neuer Hurrikan hereinbricht?"

Die Bevölkerung forderte von den Beamten des Stadtrates den

Bau eines Deiches, der ihre Häuser vor dem Wasser des Golfs von Mexiko schützen sollte. Erörtert wurden an die zehn Pläne. Letzten Endes wurde beschlossen, sowohl einen Deich zu errichten als auch die Stadt höher anzulegen.

Von der Golfseite her ragt über der ehemaligen Stadt ein grandioses ingenieurtechnisches Bauwerk empor. Vor der Gewalt der Wasserkräfte wird der Deich durch eine 8 Meter hohe Steinaufschüttung geschützt. Die Breite des Deiches erreicht am Fluß fünf Meter, die Höhe beträgt fünfeinhalb Meter. Um dieselbe Höhe wurden alle Gebäude der Stadt höher angelegt.

Bis auf den heutigen Tag gehen über Galveston heftige Hurrikane hinweg. Sie fügen der Stadt natürlich Schäden zu, aber die Folgen können unmöglich mit der Katastrophe des Jahres 1900 verglichen werden.

Eine unschätzbare Rolle für die Vorhersage der Hurrikane spielte ein bedeutendes Ereignis unseres Jahrhunderts. Am 4. Oktober 1957 wurde in der UdSSR der erste künstliche Erdsatellit gestartet. Allen war klar, daß durch das gleichzeitige Fotografieren von beträchtlichen Gebieten der Wolkendecke die Entstehung eines Hurrikans „ausgekundschaftet“, seine wahrscheinliche Bewegung und Evolution vorhergesagt werden kann. Und schon die ersten meteorologischen Erdsatteliten – der sowjetische „Kosmos-122“ und der amerikanische „Tiros-1“ – haben die Richtigkeit der in die Satelliten gesetzten Hoffnungen bestätigt.

„Kosmos-122“ hatte noch mehr „Fähigkeiten“ als „Tiros“; mit seiner Hilfe konnte die Wolkendecke nicht nur am Tage, sondern auch in der Nacht fotografiert werden. In ihm befand sich eine Apparatur für das Fotografieren mit Infrarotstrahlen. Und noch etwas: „Kosmos-122“ konnte die Strahlungstemperatur der Wolken beurteilen.

Die komplexe Auswertung der meteorologischen Informationen, die gleichzeitig von den sowjetischen Sputniks des Systems „Meteor“ kommen, bietet die Möglichkeit, die Struktur der Hurrikane und Taifune genau zu erkennen.

Die rechtzeitige Vorhersage des Weges der Hurrikane könnte viele Menschenleben retten. Noch vor nicht allzu langer Zeit, im Jahr 1970, wurde die Welt Zeuge einer schrecklichen Katastrophe an der Küste des Bengalischen Meeres, bei der nach Meldungen einiger Zeitungen bis zu einer halben Million Menschen starben und bis zu 10 Millionen Menschen in unterschiedlichem Maße in Mitleidenschaft gezogen wurden.

Die genaue Vorhersage des Weges künftiger Hurrikane würde es ebenfalls erlauben, Bauwerke an den sichersten Orten zu errichten.

Wettersatelliten informierten über die Entstehung und Ausbreitung der Zyklone „Alice“, „Cora“, „Nora“ u. a. Die Bewohner der Küsten, denen sich die gewaltigen Hurrikane näherten, konnten rechtzeitig gewarnt werden. Die Naturgewalt konnte nicht mehr plötzlich hereinbrechen. Den Berechnungen amerikanischer Forscher zufolge wurden bis heute allein durch die rechtzeitige Vorhersage der Hurrikane über 50 000 Menschen vor dem Tode bewahrt und riesige materielle Verluste vermieden.
Und schließlich besteht kein Zweifel daran, daß die Wissenschaft Verfahren finden wird, um die Hurrikane nicht nur vorherzusagen, sondern sie auch zu zähmen.

Die kleinen Erdsatelliten vom Typ „Kosmos“, „Meteor“, „Essa“ und „Nimbus“ sowie die grandiosen sowjetischen und amerikanischen Weltraumlaboratorien beobachten aufmerksam die sich ändernde Struktur der Wolken. Dabei stellen sie die bedrohlichen Kennzeichen für das Entstehen eines neuen Hurrikans frühzeitig fest. In einigen Jahren wird man vielleicht auch in der Lage sein, auf atmosphärische Wirbel chemisch oder mechanisch einzuwirken, indem man Flugzeuge oder Raketen in das gefährliche Gebiet entsendet.

Theoretischen Erwägungen sowjetischer Wissenschaftler zufolge kann man unter gewissen Bedingungen den Charakter der Entwicklung der Hurrikane und ihre Bahn verändern. Die todbringenden Wirbelstürme werden zu einer gewünschten Seite hin abgelenkt. Möglicherweise wird es letzten Endes gelingen, die ungeheure Stärke dieser Naturkraft sinnvoll zu nutzen. Berechnungen zeigen, daß die Energie eines „anständigen“ Hurrikans so groß ist, daß zu ihrer Erzeugung das Bratsker Wasserkraftwerk 30000 Jahre mit voller Leistung fahren müßte.

Die Versuche zum Bezwingen der Hurrikane haben begonnen. Schon jetzt gestattet es die Analyse der möglichen Wege der Hurrikane, die richtige Strategie für das Errichten von Küstenbauten zu finden, ihre Zerstörung zu vermeiden, ihre Zuverlässigkeit zu steigern, ihre Abhängigkeit von den zufälligen Faktoren auszuschließen.

In höchstem Grade gefährlich sind für die Menschen und die von ihnen geschaffenen Bauwerke die Windhosen. Dort, wo der Trichter einer Windhose die Erdoberfläche berührt, passiert etwas Unvorstellbares. Eine Windhose kann große Häuser oder Eisenbahnbrücken in die Luft heben und zu einem anderen Platz tragen.

Die Irvingtoner Windhose in den USA drehte eine 75 Meter lange Eisenbahnbrücke akkurat zusammen und zerstörte sie; anschließend beförderte sie die Kirche mitsamt der Pfarrgemeinde

4 Meter durch die Luft und danach noch weitere zwei Meter auf der Erde.

Die Moskauer Windhose des Jahres 1904 zerstörte einen Hain jahrhundertealter Bäume in Lefortovo und fällte die Bäume im Sokolniki-Park auf einer Breite von 400 Fuß.

Rekordhalter in der Anzahl der Windhosen sind die USA. Dort nennt man sie „Tornado". Allein im Jahre 1967 wurden 837 Wirbelstürme registriert, die 117 Menschenleben forderten und Verwüstungen anrichteten, die in die Millionen Dollar gehen. Die Mehrzahl der Tornados wütete zwischen den Rocky Mountains und den Appalachen in einem Gebiet, das von den Meteorologen als „Tornado-Allee" bezeichnet wird.

Die Naturgewalten bringen dem Menschen Tod und Verletzungen, vernichten Ernten und Wohnhäuser. Bislang ist der beste Schutz vor Hurrikanen und Tornados die rechtzeitige Warnung, die es der Bevölkerung ermöglicht, sich vor der Gefahr an einen sicheren Ort zu begeben. Zu diesem Zweck werden zahlreiche Maßnahmen getroffen.

Um die Seefahrer vor Gefahren zu warnen, haben amerikanische Ingenieure z. B. einen schwimmenden Roboter, „Nomade-1", gebaut. Das ist ein Floß mit vier hermetisch geschlossenen Aluminiumbehältern, die sich unter Wasser befinden und mit meteorologischen Ausrüstungen gefüllt sind. Regelmäßig alle 6 Stunden, bei starkem Wind stündlich, funkt „Nomade-1" die meteorologischen Angaben über die Wetterlage am Standort des Floßes an das Wetterbeobachtungszentrum mittels eines Kurzwellensenders. In den Wettermeldungen werden die Luft- und Wassertemperatur, der Luftdruck, die Windgeschwindigkeit und -richtung sowie die Geschwindigkeit und Richtung der Oberflächenströmung des Meeres genannt.

Natürlich ist die Zähmung einer Naturgewalt und ihre Steuerung nicht eine Angelegenheit der nächsten Zukunft. Der Mensch verfügt noch nicht über die dazu erforderliche Energie, die etwa so groß wie diejenige der Hurrikane, Tornados und der anderen gewaltigen Naturerscheinungen sein müßte. Aber die ersten Versuche wurden bereits unternommen. Es gibt schon Methoden, mit denen man zuverlässig und „mit Garantie" Regen oder Schnee herbeiführen, Nebel auflösen oder Hagel verhindern kann.

Erfolgreich wird an der Einführung des internationalen Satellitensystems SARSAT gearbeitet, das ein schnelles Auffinden von in Not geratenen Flugzeugen und Schiffen ermöglichen soll.

Die erste Erprobung des Systems auf seine Funktionstüchtigkeit unter realen Bedingungen fand gleich zu Beginn seiner Anwendung statt. Ende 1982 wurde ein kleines Flugzeug mit drei Personen an Bord über den vollkommen unbesiedelten Gebieten der kanadischen Provinz Britisch Kolumbien für vermißt erklärt. Eine Rettung schien unmöglich zu sein – das komplizierte Bodenrelief und die große Entfernung von allen Verkehrswegen schlossen ein schnelles Auffinden der in Not Geratenen aus.

Zum Glück war das vermißte Flugzeug eines der ersten, die ein Notfunkfeuer des SARSAT-Systems an Bord hatten. Der sowjetische Sputnik „Kosmos-1383“ – der erste Raumflugapparat des Rettungssystems, mit den entsprechenden Empfangsanlagen ausgestattet – registrierte beim Überfliegen Kanadas das Notsignal und gab es an die Empfangsstation in der Nähe von Ottawa weiter. Anhand der vom Sputnik übermittelten Daten konnte der bodengebundene Computer den Havarieort sofort ermitteln. Das Weitere war reine Routinesache – nur wenige Stunden danach sind die Verunglückten mit einem Hubschrauber ins Krankenhaus gebracht worden.

Das Satelliten-Rettungssystem KOSPAS-SARSAT, an dem die Sowjetunion, die USA, Frankreich und Kanada beteiligt sind, wird mehrere Satelliten unterhalten, die die gesamte Oberfläche der Erde unter Kontrolle halten werden. Flugzeuge und Hochseeschiffe wird man mit speziellen Notfunkfeuern ausstatten, die bei einer Katastrophe automatisch ansprechen. Das Notsignal wird an Bord eines SARSAT-Satelliten empfangen und an die Bodenstationen in verschiedenen Ländern – jeweils drei in der UdSSR und in den USA, jeweils eine in Kanada, Frankreich und Norwegen – durchgegeben. Danach tritt das System der Rettungsdienste in Funktion. Flugzeuge, Hubschrauber und Hochseeschiffe werden binnen weniger Minuten aufbrechen, um den in Not Geratenen zu helfen.

Die Wissenschaftler entwickeln Verfahren zum Verhindern der Gewitterbildung. In den Vereinigten Staaten schlägt man vor, in den Gewitterwolken Metallfäden „auszusäen“. In der Sowjetunion verwendet man für diesen Zweck spezielle Pulver, die mit Raketen in die Wolken geschossen werden. Erste Experimente zeigen, daß die Wissenschaftler auf dem richtigen Weg sind.

In der UdSSR werden umfangreiche Maßnahmen zum Schutz landwirtschaftlicher Kulturen vor Hagelschlag ergriffen. Allein in Mittelasien sind über 600000 Hektar landwirtschaftlicher Fläche vor dieser Naturerscheinung geschützt. In der Grusinischen SSR wurde ein eigenes Verfahren zur Hagelbekämpfung entwickelt. Zuerst beschießt man die Wolken mit Kochsalz, damit sich kein Hagel ausbilden kann. Aber wenn dieser Prozeß bereits begonnen hat, so beschießt man die Wolken mit Artilleriegeschossen und Raketen, die mit speziellen Chemikalien gefüllt sind.

Entwickelt werden Verfahren zur Einwirkung auf die tropischen Zyklone. Viele Fachleute vermuten, daß mächtige, zielgerichtete Explosionen auf dem Weg der Zyklone diese zwar nicht vernichten, aber auf jeden Fall ihre Stärke abschwächen.

Der amerikanische Wissenschaftler Dr. *Werner Rossou* ersann eine andere Zähmungsmethode für Tornados. Er schlägt vor, die in den Gewitterwolken entstehenden elektrischen Felder mit einem 3 Kilometer langen Kabel zu erden, das mit Hilfe einer Rakete hochgeschossen werden soll. Das Kabel soll an einem Fallschirm herabschweben und sich auf der Erde spiralförmig zusammenrollen.

Vermutlich werden sowohl die Zyklone als auch die Tornados letzten Endes bezwungen werden, genauso wie die früher unbesiegbar erscheinenden Muren (Schlammströme).

Das Wort „Mure" versetzte noch bis vor nicht allzu langer Zeit die Bewohner der Gebirgsregionen Österreichs, Italiens, Frankreichs, Nord- und Südamerikas sowie Mittelasiens in Schrecken.

Wenn in den Gebirgen heftige Niederschläge fallen oder die Schneeschmelze intensiv einsetzt, dann sammelt sich an den Berghängen Wasser an. Dasselbe passiert, wenn sich an den Gletschern sogenannte Moränen bilden – Abschnitte, an denen das Eis schmilzt und ein Gletschersee entsteht. Wenn sich genug Wasser angesammelt hat, strömt es von den Bergen herab, erfaßt an den Berghängen Steine, Schlamm, Sand und Schotter, und reißt sie mit sich. Dieser Schlamm- oder Stein-Schlamm-Strom (Mure) bewegt sich mit einer Geschwindigkeit von 15 bis 20 Kilometern je Stunde den Berghang hinunter und zieht alles in Mitleidenschaft, was sich auf seinem Weg befindet.

Im August 1910 starben in der aserbaidshanischen Siedlung Basch-Gejnjuk 400 Menschen, 130 Häuser und eine riesige Menge Vieh wurden vernichtet.

Am 4. Mai 1927 zerstörte ein Schlammstrom von der Ortschaft Vuadel bis zur Stadt Fergana 189 Bauten, vernichtete 800 Stück Vieh und 1000 Hektar Ackerland.

Am 25. Mai 1946 verwüstete ein Schlammstrom im Gebiet von Jerewan 1410 Häuser.

Am 15. Juli 1959 wurden im Tal des Flusses Prut 285 Brücken, 365 Kilometer Eisenbahnlinie und Straßen vernichtet.

Als ein in dieser Hinsicht besonders gefährdetes Gebiet wurde in der UdSSR schon von altersher die Umgebung von Alma-Ata angesehen. Die Gletscher, die fast über der Stadt hängen, der heiße, trockene Sommer, der das schnelle Tauen der Gletscher und die Bildung von Moränen bewirkt, die ergiebigen Steinfelder an den

Berghängen, die Schluchten, die ein natürlicher Weg für die Schlammströme sind – alles das führte dazu, daß die Großstadt ständig unter der drohenden Gefahr lebte.

An geeigneten Plänen zum Schutz von Alma-Ata vor Schlammströmen arbeiteten viele Forschergruppen. Nach einer gründlichen Erörterung aller Pläne im Präsidium der Akademie der Wissenschaften der UdSSR wurde ein Projekt gebilligt, das unter der Leitung des Akademiemitglieds *M. A. Lavrentev* erarbeitet worden war. Der Grundgedanke des Projektes bestand darin, mit Hilfe einer zielgerichteten Explosion in der Schlucht Medeo einen Erdwall aufzuschütten.

Am 21. Oktober 1966 wurden 5200 Tonnen Sprengstoff gezündet, die 2,5 Millionen Kubikmeter Granitgestein an die vorgesehenen Stellen beförderten. In wenigen Augenblicken wurde ein 120 Meter langer und am Fuß 400 Meter breiter Damm aufgeschüttet. Den Berechnungen zufolge sollte er für künftige Schlammströme eine zuverlässige Sperre darstellen. Und diese Berechnungen erwiesen sich als richtig.

Der Damm bestand im Sommer 1973 die Prüfung. In diesen heißen Tagen wälzte sich aus den Gletschermoränen ein Schlammstrom auf Alma-Ata zu, der zweimal mächtiger war als der berüchtigte Schlammstrom des Jahres 1921, als über 3 Millionen Tonnen Gestein in die Stadt transportiert wurden. Und der Damm hielt stand! Nur an einigen Stellen mußte er mit Bulldozern um eineinhalb bis zwei Meter erhöht werden. Als der Schlammstrom zurückging, war der Damm noch mächtiger – der Schlammstrom selbst hatte ihn durch die herangeschafften Gesteinsmassen verstärkt. Jetzt braucht Alma-Ata auch den stärksten Schlammstrom nicht zu fürchten.

Die Wissenschaftler denken schon an die Zähmung der Naturgewalten, daran, wie man sie zwingen kann, nicht Tod und Zerstörung zu bringen, sondern nützliche Arbeit zu leisten. Es gibt keine Grenze für die Kühnheit des Menschen, es gibt keine Grenze für den Flug seiner Phantasie und seiner Gedanken.

Nachwort zur deutschsprachigen Ausgabe

Das Wort „Katastrophe“ kommt aus dem Griechischen und bedeutet in dieser Sprache das tragische Ende einer Handlung.

Sind Katastrophen vermeidbar?

Wer den Abschnitt über die Wahrscheinlichkeitstheorie aufmerksam gelesen hat, wird wissen, daß es eine absolute Sicherheit nicht geben kann. Es ist aber möglich, das Katastrophenrisiko sehr klein zu machen; wie klein, das ist dann eine Frage der aufzuwendenden Mittel.

Die römischen Aquädukte wurden mit einer großen Sicherheit gebaut, und sie stehen nun bald 2000 Jahre; der Materialaufwand war sehr groß. Jahrtausendelang war eine Vergrößerung des Materialaufwandes die wichtigste Maßnahme zur Erhöhung von Sicherheit und Zuverlässigkeit, obwohl es auch schon immer Neigungen zum Leichtbau gab, wie die Erfindungen des Fachwerkbaus, des Speichenrades sowie von gekrümmten und gebuckelten Schilden und Helmen zeigen.

Es wurden auch schon immer für besonders gefährdete oder besonders schutzbedürftige Bauwerke, Maschinen und Geräte Wächter eingesetzt, die diese beobachteten und notfalls schützten. Erst heute gelingt es der elektronischen Industrie, Schutzmechanismen – elektronische Wächter – einzusetzen. Dadurch konnte der Materialaufwand gewaltig verringert werden. Der Aufwand an Elektronik – das geht aus dem Abschnitt über die modernen Flugzeuge deutlich hervor – kann allerdings auch wieder gewaltig sein, zumal dann, wenn diese Systeme aus Gründen besonderer Sicherheitsvorkehrungen verdoppelt oder vervielfacht werden. Es gibt aber heute auch schon wieder Bemühungen, den elektronischen Aufwand dort zu senken, wo ein erhöhter Einsatz von billigem Baumaterial dies nahelegt.

Wir rechnen unsere historische Zeit seit dem Erscheinen schriftlicher Quellen. Diese gibt es seit ungefähr 5000 Jahren.

Als *Archimedes* in Syracus lebte und man den Parthenon zu Athen noch hochmodern fand, da waren die ägyptischen Pyramiden schon uralt; genauso alt, wie für uns heute das klassische Athen ist. Als die Pyramiden gebaut wurden (um 3000 v. u. Z.), da wußten die Erbauer gerade noch vom Hörensagen von den uralten zerfallenen Städten Ur, Uruk, Jericho und anderen (5000 v. u. Z.).

Wir wissen nicht, ob der berühmte Babylonische Turm einstürzte, wie es die biblischen Propheten in ihrem Zorn gegen die fremden Religionen gewünscht hatten, oder ob er einfach in Jahrhunderten zerfiel, so wie das ganze Land ringsherum verödete, weil seine Natur verbraucht war.

Der Eiffelturm in Paris zählt knapp 100 Jahre, und schon wird überlegt, wann und wie man ihn abträgt, denn der Rost zerfrißt ihn schnell, so schnell, daß die rettenden Anstreicher Mühe haben, ihn einzuholen.

Was währt lange in der Technik?

Ein Gebäude, eine Brücke, die 30 Jahre stehen, sind jung; Auto, Radioapparat, Rechenmaschinen – vor 30 Jahren gebaut – sind dagegen Oldtimer, begehrte Sammlerobjekte ihres ehrwürdigen Alters wegen. So ist die Dauerhaftigkeit ein Faktor in der Zuverlässigkeit eines Erzeugnisses, der die beherrschende Rolle spielt, der aber, über Jahre gerechnet, auch uninteressant sein kann.

Ich erinnere mich an eine gemeinsame Arbeit von Flugzeugingenieuren und Bauingenieuren: Man einigte sich schnell über die Probleme der technischen Mechanik; bei der Art der Detailgestaltung gab es jedoch größte Verständigungsschwierigkeiten, einfach deshalb, weil ein Bauwerk mindestens 10mal so lange wie ein Flugzeug leben muß. Die Flugzeugkonstrukteure kämpften gegen Materialermüdungserscheinungen, die Bauleute kämpften gegen Korrosion – die Korrosion der Jahrzehnte und Jahrhunderte.

Mathematik und Physik lieferten uns im Laufe ihrer Entwicklung seit 1600, also seit *Kepler, Galilei, Pascal, Descartes, Newton, Leibnitz, Lomonossov,* den *Bernoullis* u. a., einzigartige Methoden zur Beschreibung und Beherrschung der Natur, die Möglichkeit, Vorgänge in Zahlen auszudrücken und durch zahlenmäßige Analysen Vorhersagen treffen zu können.

Im September 1846 spürten wohl nur die Eingeweihten das Vorbeben einer aufregenden Zukunft, als *Leverriere* aus beobachteten Unregelmäßigkeiten der Bahn des Planeten Uranus Bahn und Größe eines neuen Planeten, des Neptun, auf dem Papier errechnete, den der Astronom *Galle* dann auch nach den angegebenen Daten tatsächlich entdeckte. Das war die erste dramatische Bestätigung der Leistungsfähigkeit eines derartigen mathematisch-physikalischen Apparates. Computer, Roboter, künstliche Raumflugkörper sind die Urenkel jener Väter.

Die Entwicklung der modernen Wissenschaft forderte auch ein großes Opfer: den Verzicht auf Anschaulichkeit. *Goethe* war wohl der prominenteste Kritiker dieser Entwicklung. Naturwissenschaftler höchsten Ranges, wie *Heisenberg*, beschäftigten sich bis heute immer wieder mit Goethes Einwänden, die zu diskutieren hier zu weit gehen würde, deren Grundgedanken aus dem folgenden aber hervorgehen.

Der Verzicht auf Anschaulichkeit konnte als Erfolg buchen, daß von der Dimensionierung eines Balkens über das Auffinden ungesehener Gestirne bis zur Entwicklung kosmischer Fahrzeuge sich alles aus ganz wenigen Grundgleichungen ableiten läßt. Ich glaube, es wäre aber beweisbar, daß verschiedene der im Buch zitierten Katastrophen durch den Verzicht auf Anschaulichkeit mit heraufbeschworen wurden, der ja auch die Trennung von Theorie und Praxis zur Folge hatte.

Die Theorie ihrerseits muß, um überhaupt zu Ergebnissen zu kommen, sogenannte vereinfachte Randbedingungen einführen, die es genaugenommen kaum gibt. Dazu gehören der Begriff der Homogenität sowie die idealisierten Auflagerungen eines Balkens (Schneidlagerung in der Lotrechten, ein absolut reibungsfreies Lager in Horizontalrichtung, zahlenmäßig festlegbare Einspannungen eines Balkens). Aber wer kann die Zulässigkeit solcher Vereinfachungen vorher einschätzen, wo doch die Einspannung eines Balkens auch eine Funktion der Belastung an den Auflagern ist, und diese wechselt ununterbrochen. Wir kommen also zwangsläufig wieder zu einer Situation, in der nur erfahrene Ingenieure sagen können, was anzunehmen ist.

Weil diese Überlegungen sehr wichtig sind, seien sie noch an Beispielen erläutert:
Nach geltenden Bauvorschriften müssen Gebäude so konstruiert werden, daß die Decken bei einem Wohnraum mit 150 kg/m^2, einer Schule mit 400 kg/m^2, einem Industriebau mit 500, 750 oder 1000 kg/m^2 belastbar sind. Die Beanspruchung ist aber hier eine ruhende. Sie wird als vorhanden betrachtet, nicht hervorgerufen durch das Absetzen oder gar durch das Fallenlassen eines Gegenstandes.

Ein Gegenstand, den ich nur absetze, also nicht fallenlasse (exakt gesagt: fallenlasse von einer infinitesimalen Höhe nahe Null), ruft gegenüber einem ruhenden Gegenstand in dem betreffenden Bauteil doppelt so hohe Spannungen hervor.

Der gleiche Gegenstand, von einer größeren Höhe fallengelassen, z. B. von den Schultern, vervielfacht diese Spannungen und führt zu ganz neuen Effekten, wie Schwingungserscheinungen, die je nach der Masse der betroffenen Konstruktion unterschiedlich wirken.

Wir kommen hierdurch zu einer Verzweigung und Vervielfältigung der Möglichkeiten, die trotz Computer bald unlösbar werden. Also muß auch hier wieder der erfahrene Ingenieur klären oder Entscheidungen treffen.

Im Flugzeug spielen selbstverständlich dynamische Berechnungen eine weitaus größere Rolle als statische; die Problematik der Annahme mehr oder weniger plausibler Randbedingungen bleibt aber auch hier eine der wichtigsten Aufgaben des Ingenieurs: Manche nennen das auch Intuition.

Wie lang der Weg zur Beherrschbarkeit abstrahierter Sachverhalte war, sei am Beispiel der Balkenbiegung (einem verhältnismäßig einfachen Problem) beschrieben:

Galilei stellte seine Versuche 1630 an. Es vergingen fast 100 Jahre, bis die Geistesgrößen *Leibnitz, Huygens, Bernoulli* und *Euler* feststellten, daß eine spannungslose Ebene, die sogenannte 0-Faser, bei einem homogenen Material in der Balkenmitte liegen muß und daß sich die Druck- und Zugspannungen dann symmetrisch und proportional zu dieser Linie verteilen.

Die Berechnung der Biegelinie aus der Balkengeometrie und der Belastung mit allen Beweisen würde hier mehrere Seiten in Anspruch nehmen. Sie umfaßt von *Galilei* bis zu *Otto Mohr* in Dresden 250 Jahre Geistestätigkeit.

Der weitaus größte Teil der Techniker nahm bis zu Beginn unseres Jahrhunderts davon kaum Notiz. Die notwendigen Abstraktionen sind so groß, daß es keinen Balken gibt, der den angenommenen Bedingungen genau entspricht. Zum Beispiel genügt bei einem Holzbalken schon ein Astauge, um die angenommene Homogenität empfindlich zu stören und die 0-Faser aus ihrer Mittellage zu drängen.

Im Stahlbetonbau wird die Lage der 0-Faser durch Größe und Lage der Stahleinlagen bestimmt, die beim Betoniervorgang oder meist schon beim Verlegen verbogen und verschoben werden. Dafür vor allem gibt es ganze Bände voller Bestimmungen und Sicherheitsfaktoren, die das Auseinanderklaffen von Theorie und Praxis überbrücken müssen.

Während in der Kosmosforschung oder bei Flugzeugen tatsächlich jede Materialcharge und in bestimmten Teilen jedes Konstruktionselement geprüft wird, ist das bei den großen Bauwerken (Häusern, Brücken, Türmen, Dämmen) gar nicht möglich. Wir wissen, daß früher Steinmetze und Zimmerleute noch ihre Materialien abklopften; selbst Bäume wurden schon im Wald für besonders beanspruchte Balken ausgesucht.

Wenn auch heute noch viele Techniker der Mathematisierung ihrer Disziplin eher skeptisch gegenüberstehen, so ist doch die Formalisierung technischer Vorgänge kaum zu überschätzen. Es ist z. B. mit Hilfe von Bilanz- und Transportgleichungen sowie der Spieltheorie möglich, Prozesse, wie das Rosten von Stahl, das Brötchenbacken, die Vorgänge in einem Flußbett und die Warensituation in einem Kaufhaus, zahlenmäßig zu erfassen und damit vorausplanend zu bearbeiten.

Es seien hier vor allem zwei Beweggründe für eine Mathematisierung genannt:

- Bis dahin unüberblickbare Prozesse können mittels elektronischer Rechenmaschinen bewältigt werden.
- „Das mathematische Modell", schreibt *Rényi*, „und sei es nur ein sehr grobes, führt zu einem tieferen Verständnis der zu untersuchenden Situation, weil wir dabei gezwungen sind, alle Möglichkeiten von Anfang bis Ende durchzudenken."

Des weiteren soll noch ein Problem hervorgehoben werden: der grundsätzliche Charakter der Wahrscheinlichkeit. Die Wahrscheinlichkeitstheorie, wie sie heute vorliegt, ist keine Brücke zur Beschreibung von Prozessen und Situationen, über die wir noch ungenügend informiert sind, sondern sie ist eine mathematische Disziplin mit einem geschlossenen logischen Aufbau. Es ist verlorene Liebesmüh, zu hoffen, daß mit fortschreitender Zeit die Wahrscheinlichkeit in der Mechanik durch Gewißheit ersetzt werden kann.

Im Gegenteil, die Ingenieur-Mechanik wird statischer werden. Aber gerade dadurch wird sich der Grad ihrer Gewißheit erhöhen und infolgedessen der Grad an Sicherheit.

Dr.-Ing. Otto Patzelt

Bildnachweis

Seite I: ADN-ZB/dpa, ADN-ZB/Votava; Seite II: ADN-ZB/AP-Tele; Seite III: ADN-ZB/AP-Tele, ADN-ZB/K. Böttcher; Seite IV: ADN-ZB/TASS-Tele, ADN-ZB; Seite V: ADN-ZB/AP-Tele, ADN-ZB/UPI-Tele; Seite VI: ADN-ZB/AP-Tele; Seite VII: ADN-ZB/TASS-Tele; Seite VIII: ADN-ZB/TASS-Tele; Seite IX: ADN-ZB/Grafik, ADN-ZB/AP-Tele; Seite X: ADN-ZB/AP-Tele; Seite XI: ADN-ZB/AP-Tele; Seite XII: ADN-ZB/TASS; Seite XIII: ADN-ZB/Link, ADN-ZB/AP-Tele; Seite XIV: ADN-ZB/AP-Tele, ADN-ZB/Grafik; Seite XV: ADN-ZB/AP-Tele; Seite XVI: ADN-ZB/AP-Tele; Seite XVII: ADN-ZB/Koard, ADN-ZB/AP-Tele; Seite XVIII: ADN-ZB/TASS-Tele, ADN-ZB/epa-Tele; Seite XIX: ADN-ZB/Schaar; Seite XX: ADN-ZB/PANA; Seite XXI: ADN-ZB/AP-Tele; Seite XXII: ADN-ZB/AP-Tele; Seite XXIII: ADN-ZB/Grafik; Seite XXIV: ADN-ZB/AP-Tele, ADN-ZB/UPI-Tele

Während des Baus knickten am 24. November 1971 von der bis dahin rund 120 m langen Rheinbrücke in Koblenz etwa 50 m in den Fluß ab. Etwa die Hälfte der zum Zeitpunkt des Unglücks auf der Baustelle tätigen mehr als 30 Bauarbeiter kam ums Leben, und mehrere wurden verletzt.

In Wien stürzte am 1. August 1976 die 1937 errichtete und 1951 rekonstruierte Reichsbrücke über die Donau vollständig ein.

Der mit unzureichender Sicherheit in der Nähe von Phönix, USA-Staat Arizona, gebaute Stewart Mountain Damm wurde am 16. Februar 1980 von den Wassermassen durchbrochen. Ursache der Katastrophe war der porös gewordene Beton der Staumauer.

Hinter dieser Straßensperre liegt das durch eine dioxinhaltige Giftwolke des Chemie-Konzerns „Icmesa“ in Seveso verseuchte Gebiet.

Die Kleinstadt Times-Beach, USA-Staat Missouri, wurde nach einem verheerenden Hochwasser im Dezember 1982 von den Einwohnern verlassen, weil die Fluten hochgiftiges Dioxin aus dem Boden spülten, das in einem Gemisch enthalten war, mit dem etwa 10 Jahre zuvor Straßen, Pferdekoppeln, Parkplätze und Farmen im ganzen Bundesstaat zur Staubbindung besprüht worden waren.

Mehrere Waggons eines Güterzuges entgleisten in der Nacht zum 1. Februar 1988 in der sowjetischen Stadt Jaroslawl. Weil aus einem der Wagen stark toxische Flüssigkeit ausgelaufen war, wurden die Einwohner aus Wohngebäuden im Umkreis von 500 m für mehrere Stunden vorsorglich evakuiert.

Das brennende Luftschiff „Hindenburg" in Lakehurst am 6. Mai 1937.

Löschboote bekämpfen den Brand auf dem japanischen Tanker „Hakuyu Maru“, der am 12. Juli 1981 im Hafen von Genua von einem Blitz getroffen wurde.

Im Juli 1980 ist der unter liberianischer Flagge fahrende 240000-Tonnen-Tanker „Energy Concentration“ während des Löschens von 110000 t Rohöl im Rotterdamer Hafen gesunken. Unsachgemäßes Entladen führte dazu, daß das 326 m lange Schiff in der Mitte brach und Bug und Heck auf Grund sanken.

Mehrere zehntausend Menschen sind am 11. November 1979 aus einem Gebiet westlich der kanadischen Stadt Toronto evakuiert worden, weil infolge eines Achsbruchs an einem Waggon mehrere, mit brennbaren, explosiven und giftigen Stoffen beladene Waggons eines Güterzuges entgleisten, in Brand gerieten und explodierten.

Die Explosion von drei mit 120 t Sprengstoff beladenen Waggons eines Güterzuges forderte am 6. Juni 1988 in der sowjetischen Stadt Arsamas bei Gorki mehr als 70 Todesopfer.

So sah die Unglücksstelle im Mittelural aus, nachdem Anfang Juni 1989 eine neben der Eisenbahnstrecke Tscheljabinsk–Ufa verlaufende Flüssiggasleitung explodiert war. Hunderte Menschen kamen ums Leben, weil im Augenblick der Detonation zwei Reisezüge die Unfallstelle passierten und zahlreiche Waggons entgleisten und in Brand gerieten.

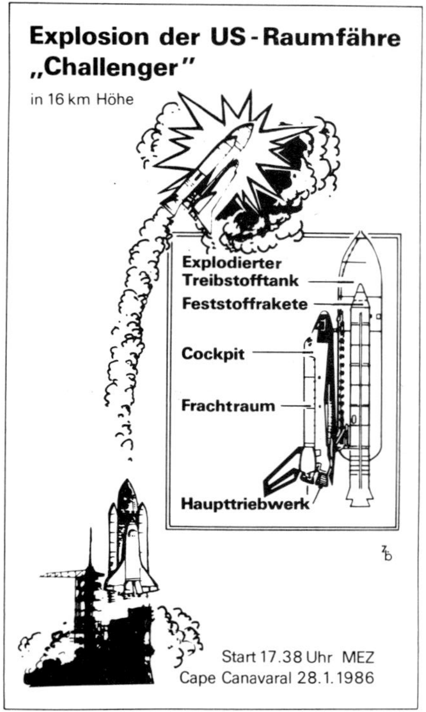

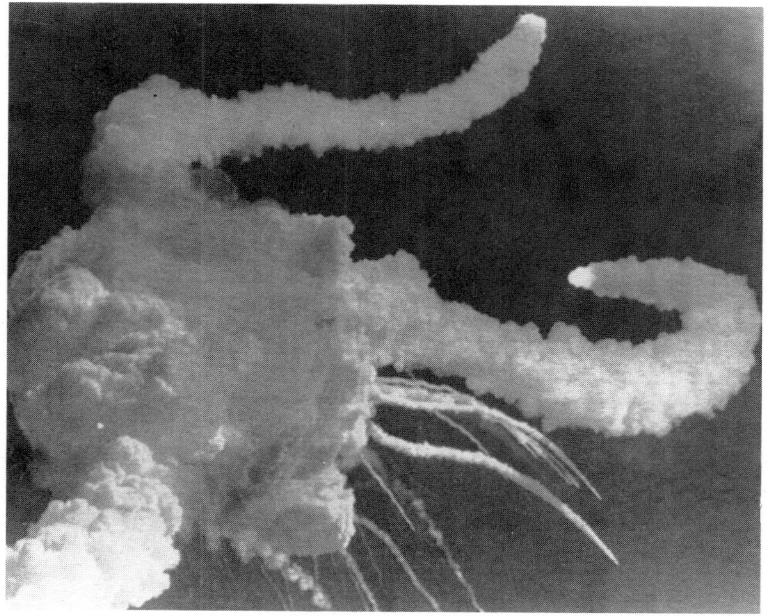

Zwei Minuten nach dem Start explodierte die amerikanische Raumfähre „Challenger".

Ein Großraumflugzeug vom Typ DC-10 ist am 25. Mai 1979 bei Chikago kurz nach dem Start abgestürzt, weil es ein Triebwerk verloren hatte.

Diese Boeing 747 der amerikanischen Fluggesellschaft United Airlines verlor am 24. Februar 1989 in fast 7000 m Höhe eine Laderaumtür und Teile der sie umgebenden Außenhaut.

Der bisher ernsthafteste Kernkraftwerksunfall ereignete sich am 26. April 1986 in Tschernobyl. Die Bilder von September und Oktober 1986 vermitteln einen Eindruck vom Umfang der Arbeiten, die notwendig wurden, um den havarierten vierten Reaktorblock strahlensicher in einem 60 m hohen „Sarkophag“ aus 300 000 m³ Beton und 6 000 t Metallkonstruktionen einzuschließen.

Am 17. Juni 1989 rollte eine IL-62 der Interflug beim Start in Berlin-Schönefeld etwa 500 m über die Startbahn hinaus und geriet in Brand.

Dieses philippinische Verkehrsflugzeug geriet am 18. September 1972 bei der Landung in Manila über die Landebahn hinaus und kam nur wenige Meter vor einer Schnellstraße zum Stehen.

In der Nacht zum 20. Juni 1989 rammte das sowjetische Kreuzfahrtschiff „Maxim Gorki“ im Nordpolarmeer einen Eisberg und geriet in Seenot.

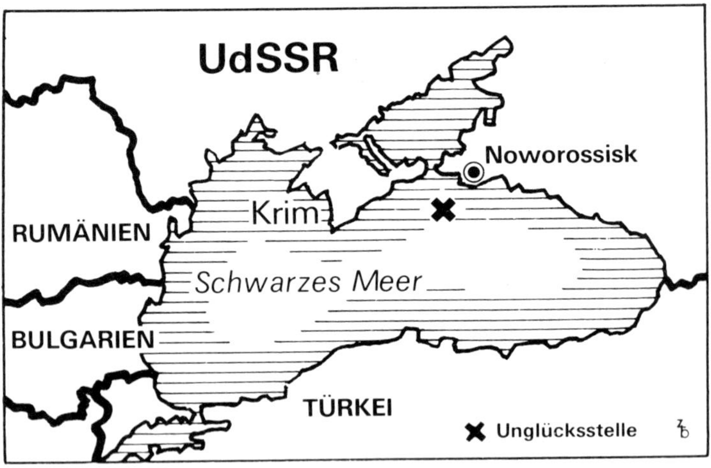

Vor dem sowjetischen Schwarzmeer-Hafen Noworossisk kollidierten am 31. August 1986 das Fahrgastschiff „Admiral Nachimow“ und der Frachter „Piotr Wassew“. Beim Untergang des Fahrgastschiffes kamen fast 400 Menschen um.

Die britische Kanalfähre „Herald of Free Enterprise“ kenterte am 6. März 1987 beim Auslaufen aus dem belgischen Hafen Zeebrugge, weil die Ladetore nicht ordnungsgemäß geschlossen waren.

Zur Untersuchung des Ablaufs des Fährunglücks vor Zeebrugge wird mit einem Modell der „Herald of Free Enterprise“ im Versuchsbassin die kritische Geschwindigkeit simuliert, bei der durch die offenen Bugtore Wasser in den Rumpf gelaufen war.

Mehr als 100 m hohe Flammen loderten im Juli 1988 auf der Plattform der Ölbohrinsel „Piper Alpha“ etwa 180 km vor der schottischen Nordseeküste.

Gemona in Norditalien, im Mai 1976

Eureka, 30 km nördlich von San Francisco, im November 1980

Spitak, Armenien, im Dezember 1988

Okuli, Tadshikistan, im Januar 1989

Durch Verpressen von Kalibergbau-Abwässern wurde im März 1989 im Süden der DDR ein Gebirgsschlag – gewissermaßen ein „künstliches Erdbeben“ – ausgelöst, von dessen Folgen besonders die Gemeinde Völkershausen betroffen war. So mußte dieses nicht mehr bewohnbare Sechsfamilienhaus vollständig abgerissen werden.

Gespenstisch und unwirklich muten diese Bilder an, die sich im April 1984, ein halbes Jahr nach dem Ausbruch des Vulkans Oyama am 3. Oktober 1983, in dem Bezirk Ako auf der japanischen Insel Miyake dem Auge des Betrachters boten.

Nicht nur das Erscheinungsbild eines Tornados (hier am 21. Juli 1987 bei Edmonton/Kanada) ist gewaltig, auch die Schäden (hier in Raleigh, USA-Staat North-Carolina im November 1988) sind es.

Der Taifun „Kelly“ warf im Oktober 1987 diesen 12 000-Tonnen-Frachter vor der Küste der japanischen Insel Shikoku gegen die Felsen.

Im Ostlondoner Stadtteil Woolwich wurde von 1975 bis 1984 in der hier etwa 500 m breiten Themse eine Flutbarriere errichtet, die die britische Hauptstadt seitdem vor Hochwasser schützt.

Satellitensystem für Such- und Rettungsaufgaben

SARSAT / КОСПАС

USA · Kanada · Frankreich · UdSSR

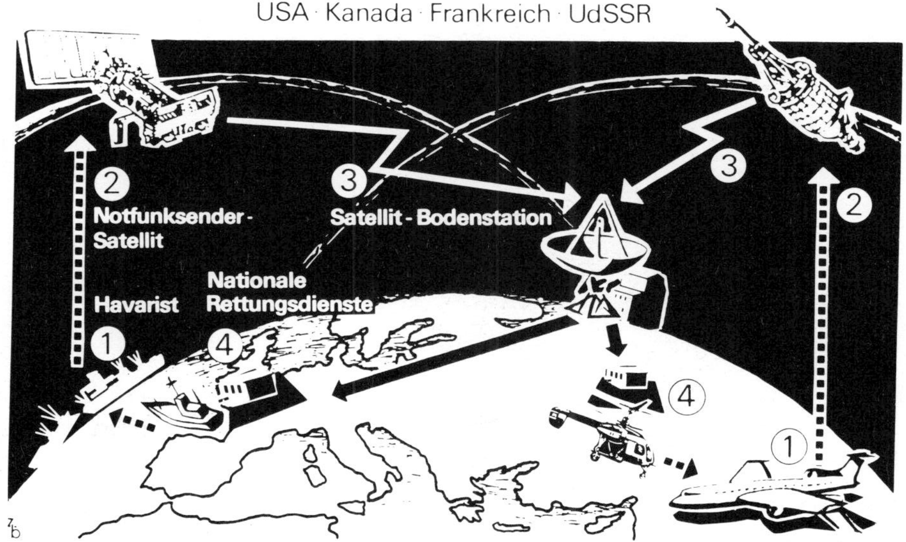

Schema des internationalen Satellitensystems SARSAT/KOSPAS zur Suche und Rettung in Not geratener Schiffe und Flugzeuge.

Auch das passierte:

Ohne Verletzte ging dieser Verkehrsunfall im Dezember 1981 in Chikago aus. Die Mercedes-Fahrerin unterfuhr den geparkten Chevrolet, weil sie „etwas durcheinander" gewesen sei.

Glück im Unglück hatten sowohl die Bewohner dieses Hauses in Long Beach als auch die zwei Insassen des darin „gelandeten" Sportflugzeuges. Den Hausbewohnern passierte so gut wie nichts, und auch die „Bruchpiloten" wurden nur leicht verletzt.